Activación energética
para el cambio según
el modelo ecosistémico clínico

Activación energética para el cambio según el modelo ecosistémico clínico

Nelly Aide Fajardo Ibarra

Número de Control de la Biblioteca del Congreso de EE. UU.:   2014916598
ISBN: Tapa Dura   978-1-4633-9237-6
                         Tapa Blanda   978-1-4633-9235-2
                         Libro Electrónico   978-1-4633-9236-9

Este libro fue impreso en los Estados Unidos de América.

Fecha de revisión: 23/09/2014

Para realizar pedidos de este libro, contacte con:
Palibrio LLC
1663 Liberty Drive
Suite 200
Bloomington, IN 47403
Gratis desde EE. UU. al 877.407.5847
Gratis desde México al 01.800.288.2243
Gratis desde España al 900.866.949
Desde otro país al +1.812.671.9757
Fax: 01.812.355.1576
ventas@palibrio.com
665681

ÍNDICE

DEDICATORIA...

A mi hijo Juan Fernando, Motivo inspirador de mi existencia...

A mi familia y superamigos por el apoyo incondicional, en el transcurso de mi vida, y sobre todo por su respaldo, en momentos difíciles, que la vida nos presenta a cada instante...

Finalmente... A las diferentes personas con las que he trabajado, con quienes he podido compartir espacios en la vida cotidiana y recibir de ellos la retroalimentación, a mi quehacer profesional, Aprendiendo cada dia a ser mejor "ser Humano"...

CONTENIDO

FASE SEIS: CONSOLIDACION DEL
ENTRENAMIENTO: de consolidacion y desarrollo humano.

FASE SEPTIMA: SOSTENERSE Y FORTALECERSE: de
fortalecimiento y autoapoyo y autotrascendencia.

FASE OCTAVA: AUTOTRASCENDENCIA
RESPONSABLE: inclusion social y prevencion de recaidas.

EVENTOS DE INTERVENCION en el proceso de atencion
según el modelo ecosistemico clinico "ECOCLINICO".

ENTREVISTA PSICOLOGICA de ingreso y compromisos
iniciales.

FUNCIONES DE LA ENTREVISTA

DEFINICIÓN OPERATIVA DEL PROBLEMA

ETAPAS DE LA ENTREVISTA

PRE-ENTREVISTA

ENTREVISTA

POST ENTREVISTA

ANÁLISIS Y COMPRENSIÓN DEL PROBLEMA.

HIPÓTESIS DIAGNÓSTICAS.

PRONÓSTICO,

CARACTERÍSTICAS DE UN BUEN ENTREVISTADOR

HABILIDADES DE ESCUCHA QUE DEBE TENER EL
PROFESIONAL ENTREVISTADOR

EL PROCESO TÍPICO DE PSICODIAGNOSTICO

UBICACIÓN EVOLUTIVA DEL SUJETO, CLIENTE O CONSULTANTE.

DIAGRAMA DE FLUJO PARA EL DESARROLLO DE LA PSICOTERAPIA Y LA TOMA DE DECISIONES EN CADA ETAPA DEL PROCESO

MECANISMOS PARA LA TOMA DE DECISIONES.

COMPORTAMIENTO NO VERBAL QUE ASUME EL SUJETO EN EL PROCESO PSICOTERAPEUTICO. COMPORTAMIENTO VERBAL EN LA PSICOTERAPIA.

EL PSICOTERAPEUTA INTENCIONAL EN COMPARACION CON EL PSICOTERAPEUTA INEFICAZ

TECNICAS DE INTERVENCION

EN CUANTO AL PROCEDIMIENTO.

EN CUANTO AL PSICOTERAPEUTA.

ENTREVISTA DE VALORACION Y DIAGNOSTICO INICIAL,

SISTEMATIZACION DEL PROCESO DE EVALUACIÓN DE LOS CONTENIDOS DEL PROCESO PSICOTERAPEUTICO

NIVELES DE INTERVENCIÓN DESDE EL MODELO ECOSISTEMICO CLINICO.

CAPITULO TRES

PSICODIAGNOSTICO, INTERVENCION Y SUPERVISION PARA PSICOTERAPEUTAS DESDE EL MODELO ECOCLINICO.

GRAFICACION DEL CICLO DE LA EXPERIENCIA EN MOVIMIENTO.

MENSAJES FRECUENTES QUE SE PRESENTAN COMO RESULTADO DE LAS ALTERACIONES PERCEPTUALES O EL AUTOBLOQUEO O AUTOINTERRUPCION EN LA ACTIVACION ENERGETICA SEGÚN LAS EXPERIENCIAS VIVIDAS POR CADA SUJETO EN SU ENTORNO INMEDIATO Y CONTEXTUAL.

LAS ALTERACIONES PERCEPTUALES O LOS AUTOBLOQUEOS O AUTOINTERRUPCIONES

ETIOLOGIA Y DESARROLLO DE LA PERSONALIDAD.

EL DESARROLLO DEL "YO O SI MISMO".

EL DESARROLLO DE LA NECESIDAD DE EGOÍSMO.

EL DESARROLLO DE LAS CONDICIONES DE DIGNIDAD O INTROYECTOS DEL SI MISMO.

EL DESARROLLO DE INCONGRUENCIA ENTRE EL YO Y LA EXPERIENCIA ORGANISMICA O ACTIVACION ENERGETICA.

EL DESARROLLO DE DISCREPANCIAS EN LA CONDUCTA.

LA EXPERIENCIA DE AMENAZA Y EL PROCESO DE DEFENSA.

CONFLICTO PSICOLÓGICO.

LOS ORIGENES DEL TRASTORNO.

PSICOTERAPIA GESTALT, OTRO PUNTO DE VISTA DEL ORIGEN DE LOS TRASTORNOS.

EL CICLO DE FORMACION – DESTRUCCION DE UNA GESTALT.

PSICOTERAPIA APLICADA, FUNDAMENTADA EN EL MODELO ECOSISTEMICO CLINICO.

AREA PERSONAL E INTERPERSONAL

LAS ESTRATEGIAS DE PROCESAMIENTO, RECONTEXTUALIZACIÓN Y RESIGNIFICACIÓN EXISTENCIAL A NIVEL INDIVIDUAL

AREA FAMILIAR.

DESARROLLO DE HABILIDADES, DESTREZAS Y COMPETENCIAS, REFERIDAS AL EMPODERAMIENTO DEL ROL FAMILIAR PATERNO, MATERNO O FRATERNAL

CORRESPONSABILIDAD DE LA FAMILIA COMO CAPITAL SOCIAL.

LA FAMILIA COMO PROMOTORA DEL EMPRENDIMIENTO Y LA AUTOGESTIÓN DE VIDA CON SENTIDO Y PROPÓSITO

AREA DISFUNCIONAL O TRASTORNOS DEL FUNCIONAMIENTO Y DESARROLLO DEL YO.

PROCESO DE INTERVENCION DESDE EL MODELO ECOCLINICO.

ENTREVISTA DE DEVOLUCION Y PROPUESTAS PARA ASUMIR EL PLAN DE TRATAMIENTO

ENTREVISTA DE DEVOLUCIÓN DEL DIAGNÓSTICO.

CONTRASTACIÓN DE LA PERCEPCIÓN DE LA PROBLEMÁTICA DEL USUARIO Y LA FAMILIA CON RESPECTO AL TERAPEUTA

CONSTRUCCIÓN DEL PLAN DE ATENCIÓN INDIVIDUAL

ENTREVISTA DE MOTIVACION, ENGANCHE Y COMPROMISOS TERAPEUTICOS.

ENTREVISTA DE PLANIFICACION DEL TRABAJO PSICOTERAPEUTICO, TRABAJANDO JUNTOS UN PROCESO DE DECISIÓN EN COMÚN

QUÉ ES LA MOVILIZACION ENERGETICA PARA EL CAMBIO.

PRINCIPIOS GENERALES DE LA MOVILIZACION ENERGETICA PARA EL CAMBIO

TÉCNICAS MÁS UTILIZADAS EN EL PROCESO DE MOVILIZACION ENERGETICA PARA EL CAMBIO.

TÉCNICAS DE APOYO NARRATIVO

AFIRMACIONES DE AUTOMOVILIZACION Y AUTOMOTIVACIÓN

TÉCNICAS PARA INCREMENTAR EL NIVEL DE CONCIENCIA RESPECTO AL CAMBIO

TRAMPAS A EVITAR

ESTRATEGIAS TERAPEUTICAS PUNTUALES Y AYUDAS DIDACTICAS

EL DIARIO DE VIDA

FORMATO DE BALANCE DECISIONAL

FORMATO DE ACTIVACIÓN ENERGÉTICA HACIA EL CAMBIO

FORMATO DE EVALUACIÓN DE LA INTENSIDAD DE LOS EVENTOS ESTRESORES O ANSIEDAD Y EL NIVEL DE COMPROMISO PARA EL CAMBIO.

FORMATO DE LA REALIZACIÓN DE CAMBIOS ACTIVOS

FORMATO DE MANTENIMIENTO DE LOGROS

FORMATO DE EVALUACIÓN DE REINCIDENCIAS O RECAÍDAS

FORMATO DE DARSE CUENTA Y DE ACEPTACION CON PAUTA DE NO VIOLENCIA O AGRESION

FORMATO DE PAUTAS DE CO-CONSTRUCCION DEL PROCESO PSICOTERAPEUTICO

FORMATO DE PAUTA DE RESPONSABILIDAD INTERSUBJETIVA

FORMATO DE PAUTA DE COMPRENSIÓN PROCESAL

FORMATO DE PAUTA DE COMPLEJIDAD

OBSERVACION Y APLICACIÓN GRADUAL DE LAS REGLAS BASICAS

SOBRE LA DISTINCIÓN SUJETO/OBJETO

SOBRE LA RELATIVIDAD TEMPORAL

SOBRE LA RELATIVIDAD CONTEXTUAL

FASE ACTIVAR EL CONTACTO

FASE DE VIVIR EN CONTACTO

FASE DE AUTODESCUBRIR, ACEPTAR Y
AUTOLIBERAR

FASE DE RECREAR LA REALIDAD

FASE ENTRENAMIENTO CON INICIATIVA

FASE DE CONSOLIDACION DEL ENTRENAMIENTO

FASE DE SOSTENERSE Y FORTALECERSE

FASE DE AUTOTRASCENDENCIA RESPONSABLE

TAREAS Y ESTRATEGIAS DE RESIGNIFICACIÓN
EXISTENCIAL ADAPTADAS A LA ACTIVACIÓN
ENERGÉTICA DE LA PSIQUIS PARA LA OBTENCIÓN
DE EL CAMBIO SEGÚN EL MODELO ECOCLINICO.

RECURSOS DEL CONSULTANTE O CLIENTE.

LOGROS EN LAS FASES DE ACTIVACION
ENERGETICA DE LA EXPERIENCIA RELEVANTES

USO POSITIVO DE LAS DEFENSAS

APROXIMACIÓN SIMBÓLICA

CALIDAD DE LA RELACIÓN TERAPÉUTICA

PRESENTACION

El presente libro presenta los principios y técnicas básicas de la intervención psicoterapéutica basada en la evidencia científica, del modelo ecosistémico clínico, de manera clara, concisa, útil y procesual para el abordaje en salud mental, específicamente en materia de conductas adictivas o consumo de drogas.

Este modelo de intervención psicoterapéutico, no pretende debatir los procesos interventivos tradicionales, mi interés se dirige, en aportar con intervenciones aplicadas en la clínica psicológica por más de una década con esta población; razón por la cual, se presenta de manera amena, diferentes estrategias de intervención lúdico pedagógicas formativas centradas en un contexto protectivo preventivo, encaminado a la resignificación existencial, mediante la activación energética de los mecanismos intrapsíquicos del ser humano, para favorecer el cambio a corto, mediano y largo plazo, ampliando el panorama de conflicto, reestructurando conceptos y significados y por ende facilitando la toma de conciencia y resignificación del sentido de vida desde la resiliencia, apoyado en la coconstrucción aplicada experiencial a través de la psicoterapia individual, familiar, grupal y comunitaria.

De esta manera, cuando se habla de activación energética neurobiológica o intrapsíquica, se refiere al proceso interno de manejo de la información externa que llega a la psiquis de cada ser humano y esta asu vez es procesada internamente en nuestro YO, como respuesta a los diferentes estimulos, tanto internos como externos estimulando las miles de neuronas existentes en nuestro cerebro, la cual genera multiples imputs nerviosos sensoriales los cuales activan el accionar psicológico que posee cada ser humano y la manera de reaccionar frente a los acontecimientos que la vida le presenta en cada momento. Con el único propósito de trascender y cada dia ser un mejor ser humano, resignificando las experiencias y trascendiendose a si mismo frente a los acontecimientos o circunstancias que cada momento de la existencia le confronta y enfrenta.

Por estas razones es fundamental fomentar en los profesionales de las ciencias humanas y sociales, específicamente en la rama de la psicología sobre los conocimientos teóricos y las habilidades terapéuticas necesarias para realizar evaluaciones e intervenciones psicológicas, psicoeducativas, pedagógicas e investigaciones, tanto de forma individual, como familiar, grupal y comunitaria, mediante la aplicación de las estrategias o herramientas psicoterapéuticas enfocadas a diferentes problemas en el campo de la salud, específicamente en los procesos de adaptación social y comportamental debido a las alteraciones de la salud mental como consecuencia de las conductas adictivas y las alteraciones perceptuales o de significación existencial que la mayoría de los seres humanos experimentamos diariamente frente a los acontecimientos que enfrentamos cada dia.

Hoy en dia, los profesionales de las ciencias humanas y de la salud tales como psiquiatras, psicólogos clínicos y personal asistencial, utilizan un sinnumero de técnicas y procedimientos de intervención, que han resultado de los conocimientos adquiridos en la academia y en la práctica clínica, de tal manera que en este tratado se recogen aquellas estrategias, técnicas y procedimientos más frecuentes que se usan en el ámbito clínico psicoterapeutico, adaptados y propuestos desde el modelo ecosistémico clínico, llamado activación o accionar psicológico para la resignificación existencial, y por ende generar procesos de cambio, centrado desde el enfoque de derechos y de genero, para la intervención integral de la población que presenta alteraciones del comportamiento afectando la salud mental en general, como consecuencia de las conductas adictivas, las cuales afectan directamente su funcionalidad y adaptación social, agrupadas en los grandes epígrafes teóricos que lo sustentan, por lo tanto se presenta el siguiente manuscrito en cinco capítulos, de la siguiente manera:

En el capitulo UNO, se exploran las generalidades de la intervención psicoterapéutica, con definiciones claras comprensibles y amenas, esbozando de manera general los principios y técnicas básicas de la intervención psicoterapéutica, basado en la evidencia, expresado de manera sencilla clara, concisa, útil y procesual, como mecanismo de ayuda en el proceso de abordaje en lo referente a la salud mental, específicamente en la temática de las conductas adictivas o consumo de drogas.

En el capitulo DOS, se esboza lineamientos generales a la hora de implementar el procedimiento terapéutico, desde el enfoque ECOCLINICO, como realizar un psicodiaagnostico y elemento básicos a tener ene cuenta a la hora de evaluar, e intervenir, adicionalmente en líneas generales se revisara la aplicación de pruebas psicotécnicas.

En el capitulo TRES, se profundiza el proceso de intervencion y supervisión para psicoterapeutas desde el modelo ecoclinico, en el cual se desarrolla de manera procesual cada uno de los aspectos que lo contienen con las diferentes estrategias que se desarrollan para el proceso de intervencion.

En el capitulo CUATRO, se presenta la psicoterapia aplicada según el modelo ecoclinico, como las estrategias de psicoterapia centradas en los conflictos y su interaccion en el entorno inmedito y próximo del cliente, partiendo del principio de movilización energética mediante la descodificación biológica del síntoma y la resignificación existencial para el cambio, apoyada en cuatro niveles de intervención,los cuales contienen ocho fases evolutivas dentro del recorrido procesual de la intervención psicoterapéutica, específicamente aplicada por varios años a población infantojuvenil y sus familias que presentan alteraciones comportamentales que han afectado su saud mental, entre ellas las conductas adictivas toxicas y no toxicas, a nivel individual, familiar, grupal y comunitario

Bienvenidos a profundizar esta increíble aventura, espero que este trabajo de compartir con ustedes es una manera de ayudarnos mutuamente en el crecimiento personal y profesional en el transcurso de la vida.

Espero sea de su agrado, y por ende cualquier comentario y contribución al respecto, será bienvenida.

Su amiga y compañera de camino en este recorrido que la vida nos brinda cada dia.

Nelly Aide Fajardo Ibarra.

CAPITULO UNO

En este capitulo, se exploran las generalidades de la intervención psicoterapéutica, con definiciones claras comprensibles y amenas, esbozando de manera general los principios y técnicas básicas de la intervención psicoterapéutica, basado en la evidencia científica por diversos autores con sus respectivas técnicas, los cuales han realizado un aporte importante al tratado que presento en este libro, los cuales están expresados de manera sencilla clara, concisa, útil y procesual, como mecanismo de ayuda en el proceso de abordaje en lo referente a la salud mental, específicamente en la temática de las conductas adictivas o consumo de drogas.

BASES TEORICAS DE APOYO DONDE SE FUNDAMENTRA EL MODELO "ECOCLINICO". Con la presentación de este tratado, no se pretende, ni mucho menos debatir la gran relevancia de las intervenciones psicoterapéuticas tradicionales en los procesos interventivos, el único interés se dirige más bien en complementar y aportar positivamente desde la experiencia en las diferentes intervenciones desde la practica clínica psicológica, por tal razón se ha estructurado una presentación actualizada y amena desde el enfoque ecosistémico, las diferentes estrategias de intervención lúdico pedagógicas reeducativas centradas en un contexto protectivo preventivo, donde este enfoque ecoclinico se fundamenta desde el modelos mencionados en líneas generales que mas adelante se desglosan, estos aportes fundamentales para el modelo ecoclinico son: Los estadios del cambio de Prosascka y Diclemente, La movilización energética y los estratos del YO propuestos pr Fritz Perls en la psicoterapia de la Gestalt, Los presupuestos básicos de la Logoterapia propuestos por Viktor Frank, donde se le da prioridad al sentido de la vida y el modelo ecológico propuestos por Urie Salomon Bronfenbrenner enfatizando la importancia de los diferentes ambientes que rodean al sujeto los cuales ejercen influencia directa en la formación del individuo, y el desarrollo de la conducta humana; teorías fundamentales en la búsqueda de la resignificación existencial de cada ser humano, para favorecer el cambio a corto, mediano y largo plazo, facilitando la ampliación del panorama de conflicto, o darse cuenta, empoderando al cliente en la toma de conciencia de la problemática y por ende la resignificación del sentido de vida y el empoderamiento de su vida, por medio de la reconstrucción del discurso desde la resiliencia, apoyado en la co-construccion aplicada experiencial a través de la psicoterapia, psicoeducacion y consejería individual, familiar, grupal y comunitaria, desde el primer nivel de atención en salud.

De esa manera, el proceso psicoterapéutico desde el *"modelo ecosistémico clínico o modelo de intervencion ECOCLINICO"* constituye en la actualidad uno de los enfoques terapéuticos mas recientes y útiles para el abordaje de las conductas adictivas y la multitud de alteraciones psicológicas o problematicas de la salud mental. Sin embargo, en la actualidad se presentan algunos aportes importantes, pero, sin profundizar su aplicación y funcionalidad, en cuanto a la intervencion integral con sujetos, donde no se conocen guías o manuales para el abordaje psicoterapéutico. Por lo tanto, este tratado se fundamenta desde los principios mencionados anteriormente, donde se conceptualiza y propone un modelo de intervención integral, procesual y experiencial por los logros obtenidos durante una década de trabajo con población adolescente y sus familias, al que se llama **"modelo de intervención ecoclinico"** con el énfasis psicopedagógico, reeducativo, protectivo, preventivo, con el que se pretende aportar a la construcción de tejido social y el restablecimiento de la adaptación social y el manejo temprano y oportuno del problema álgido que lo constituyen las alteraciones mentales a causa de la presencia de las conductas adictivas toxicas como el consumo de drogas y no toxicas o comportamentales como la ludopatía, las nuevas tecnologías,las relaciones afectiva dependientes y codependientes entre otras.

Asi que, al partir de la estructura aplicada por mas de una década de atención a población infantil, adolescente y sus familias propuesta bajo los *parámetros de los estadios del cambio esquematizados por Prosascka y Diclemente (1984),* referidos a los estadios del cambio, argumentando tres factores, tales como que: primero, Los procesos del cambio se dan de acuerdo a lo que la gente piensa y hace para cambiar su conducta. Segundo, Que el balance de decisión, se da según la evaluación entre los pros y los contras del cambio; y tercero, La autoeficacia, se presenta según la confianza y capacidad que posea el sujeto para conseguir el cambio; pasando por las siguientes etapas: *Precontemplación:* referido al estado en el cual el sujeto no tiene intención de cambiar; *Contemplación:* o estado en el cual el sujeto tiene la leve intención de cambiar a futuro, el cual esta suficientemente advertido de los pros del cambio pero también tiene muy en cuenta los contras; realizando un proceso de valoración del balance entre costos y beneficios, donde se produce una fuerte ambivalencia, respondiendo a ella con largos periodos de tiempo de abstinencia y volviendo a recaer con cierta frecuencia, fenómeno caracterizado como contemplación crónica o procastinación; *Preparación:* estado caracetrizado en el cual el sujeto tiene la intención de cambiar en el futuro próximo, generalmente medido como el próximo mes. Sujetos que ya han realizado alguna acción significativa durante periodos anteriores como consultar a un consejero, hablar con el médico, comprar un libro de autoayuda, reducir el consumo de la sustancia y cambiar a una sustancia de menor riesgo o legal, etc.; *Acción:* estado en el cual el sujeto ya ha realizado modificaciones específicas en su estilo de vida en el curso de los seis meses pasados, y debido a esta acción observable en el cambio de conducta, se dice que el sujeto se encuentra en esta etapa. Sin embargo, no todas las modificaciones de conducta se pueden equiparar con la acción, ya que sujeto involucrado en el consumo de drogas debe atenerse a criterios médicos para poder argumentar que son suficientes para reducir el riesgo de enfermedad. *Mantenimiento:* estado en el cual el sujeto se esfuerza en prevenir recaídas, es quien presenta mucha más autoeficacia que los sujetos que se encuentran en el estado de acción. Y *Terminación:* estado en el cual los sujetos no tienen tentación y cuentan con mayor nivel de empoderamiento de autoeficacia, ya que no importa si están deprimidos, ansiosos, aburridos, solos, enojados o estresados, ya que estos sujetos están seguros de que no volverán al antiguo hábito[1].

Otro fundamento teorico puntual en el que se apoya el modelo ecoclinico son los **conceptos y teorías de la movilización energética de la psicoterapia Gestalt propuesta por Fritz Perls (1959)**, que mediante la intervención psicológica busca la activación energética para la acción y el deseo de cambio del cliente, centrado en la antropología, la fenomenología y la filosofía existencial la cual facilita para el cliente asumir una visión y una actitud positiva y propositiva frente a la existencia de si mismo, como ser humano con potencialidades, el cual puede empoderarse y manejar su conducta o comportamiento adictivo, ampliando la visión de hombre en todo el sentido de la palabra, como ser humano único con posibilidades de una manera mucho más amplia, integrada, ética y, sobre todo, más humana, fundamentadose en en el ciclo de la experiencia, como nucleo básico de la vida humana; dado que ésta no es más que la sucesión interminable de ciclos experienciales, llamado también *"Ciclo de la autorregulación organísmica"*, donde se considera que el organismo sabe lo que le conviene y tiende a regularse por sí mismo; donde se conceptualiza que este ciclo pretende reproducir cómo los sujetos establecen contacto con su entorno y consigo mismos, asumiendo un proceso de formación figura/fondo y el cómo surgen las figuras de entre el fondo difuso, y cómo una vez satisfecha la necesidad esta figura o necesidad vuelve a desaparecer; donde el ciclo de la experiencia se inicia cuando el organismo, estando en reposo, siente emerger en sí una necesidad, donde el sujeto toma conciencia de ella e identifica en su espacio algún elemento u objeto que la satisface, y a su vez este elemento se convierte en figura, destacando sobre los demás que son el fondo. Acto seguido, el organismo moviliza sus energías para alcanzar el objeto deseado hasta que entra en contacto con él, satisface la necesidad y vuelve a entrar en reposo nuevamente. Adicionalmente, mediante el esquema clásico del ciclo de la experiencia se identifican seis etapas sucesivas tales como: **Reposo:** o retraimiento donde el sujeto ya ha

---

[1] Prochaska, J.O. y DiClemente, C. C. (1984). El enfoque transteorico: Cruzando las fronteras tradicionales de la terapia. Homewood. Illinois: Dorsey de prensa.

resuelto su necesidad o una Gestalt y se encuentra en estado de equilibrio, sin ninguna necesidad; **Sensación:** donde el sujeto es movilizado de su reposo porque siente "algo difuso" que aun no define su necesidad, como por ejemplo siente inquietud física y ansiedad o intranquilidad; **Darse cuenta o formación de la figura:** aquí se identifica claramente la necesidad especifica, siguiendo el ejemplo anterior, la necesidad especifica de solucionar su preocupación y darse cuenta como solucionarla, donde surge la respuesta de las acciones a realizar, adquiriendo un sentido vital por parte del sujeto, donde se forma la figura, que emerge del fondo; **Energetización:** aquí el sujeto reúne sus fuerzas y capacidad de conentracion necesaria para llevar a cabo las acciones necesarias y suplir las demandas que requiere para solucionar su preocupación, según el ejemplo dado; **Acción:** aquí el sujeto moviliza su cuerpo y todo un arsenal de estrategias para satisfacer su necesidad, concentrando sus energías tanto físicas, como congnoscitivas, afectivas e intelectuales para encaminarse activamente a lograr lo que desea, como lo es el de solucionar su preocupación según el ejemplo dado; y finalmente, **Contacto:** en esta etapa se produce la conjunción o unión del sujeto con el objeto deseado o suplir la necesidad que se presento, que siguiendo el ejemplo dado es resolver su preocupación que le estaba ocasionando ansiedad e intranquilidad, en consecuencia al satisfacer dicha necesidad, se culmina el ciclo, ya que el sujeto se siente satisfecho y se despide de este ciclo y comienza otro, por un sinnúmero de veces, ya que el transcurrir de la vida es asi, terminar un ciclo y comenzar otro debido a las experiencias y aontecimientos diarios que la vida nos presenta en cada instante.

Bajo esta perspectiva de los cliclos de la experiencia que aporta la terapia Gestalt entre los diversos eslabones que conforman este ciclo, se pueden presentar o formar las autointerrupciones, dando lugar a diversos tipos de disfunciones o patologías, donde actúan los mecanismos de defensa presentes en cada sujeto, según las expereincias obtenidas a lo largo de su vida y de como a resuelto los diversos acontecimientos que se le han ido presentando; por lo tanto en términos generales, se puede argumentar que el ciclo de la experiencia, dado en un contexto especifico y significativo, constituye en si mismo una Gestalt; donde un ciclo interrumpido es una Gestalt inconclusa,la cual permanecerá o parasitara consumiendo su energía hasta que el organismo o sujeto satisfaga dicha necesidad.

De igual manera dentro de la terapia de la Gestalt propuesta por Fritz Perls, es importante retomar y tener en cuenta para el presente manuscrito **LOS ESTRATOS DEL YO** propuestos por este autor, el cual plantea que en el YO de todo ser humano existen seis capas que recubren, a manera de una cebolla, al Ser autentico de cada sujeto. Estas capas o estratos del Self, se les conoce como: El *Estrato Falso:* El cual se representa como nuestra "fachada" lo que se coloca en la vitrina de nosotros mismos, aquello que permitimos dejar ver a los démas; El *Estrato del como sí:* Aquí están los roles, los juegos que empleamos para relacionarnos con los demás, para manipular a los demás, es el actuar "como si" fueramos esto o aquello, es lo que mostramos como parte de nuestro carácter o forma habitual y rigida de actuar y relacionarnos con los otros; El *Estrato Fóbico:* Aquí se encuentran todos nuestros temores y todas nuestras inseguridades frente a nosotros mismos, se encuentran aquí los secretos mejor guardados y las experiencias dolorosas adquiridas en el transcurso de la vida, en fin las heridas narcisísticas, la pena, el dolor, la tristeza o la desesperación; aquello que no se quiere ver, ni tocar de nuestra personalidad y menos aun descubrir frente a los demás, ya que cuando se permite analizar esta experiencia del estrato fóbico, se experimenta la sensación de vacio o falta de energía, frente a los acontecimientos vividos en nuestra vida; El *Estrato Implosivo o del Atolladero:* Se refiere a la sensación de sentirse "atorado, ahogado" sin salida, sin embargo detrás se encuentra *el estrato implosivo,* donde se hallan todas nuestras energias sin usar, nuestra vitalidad "congelada" o dirigida hacia nosotros mismos para mantener nuestras defensas ocultas; generalmente por temor al dolor fisco o emocional; El *Estrato Explosivo:* Aquí se encuentran todas las fuerzas estancadas, que se disparan hacia afuera en un arranque de autenticidad, dando paso al yo verdadero, que permanece oculto, aquí existen cuatro tipos de de explosión, tales como el gozo, la aflicción, el orgasmo y el coraje; por ultimo se encuentra *El Self verdadero:* es aquel que es capaz de reaccionar a estimulos sin trauma, porque el estimulo tiene una contraparte en su realidad interior psíquica, con capacidad de discernimiento o razonamiento acorde al estimulo presentado, que se presenta cuando el sujeto a experimentado repetitivamente los aciertos en el transcurso de su vida y que proviene del acompañamiento y formación de una vinculación segura con la madre.

En base a lo anterior, expuesto en la terapia Gestalt de Frizt Perls, se puede imaginar a un sujeto, que para el ejemplo lo llamaremos Pedro, que al comenzar la terapia se mostrará superficial, formal o convencional, expresando argumentaciones básicas de saludo, que al profundizar en el encuentro terapéutico, encontraremos los temores, "traumas", evitaciones, que es necesario confrontar, llevándolo a un atolladero temporal, en donde él se vivenciará sin fuerzas, ahogado casi muerto; Sin embargo, si confía en su organismo y le da libertad a éste, le mostrará sus fuerzas sin utilizar, que emergerán libremente como figuras al despejarse el campo de evitaciones, apareciendo su verdadero potencial, y experimentará una verdadera explosión de alegría, placer, ira o pena (todas ellas positivas, terapéuticas y necesarias) que darán paso al verdadero ser humano que hay detrás del sujeto llamado Pedro. Esto debe hacerse repetidas veces, a cada momento de la terapia, hasta que el sujeto (Pedro) se conozca lo suficiente y puede realizar el proceso por sí mismo. De esta manera, una persona madura es capaz de experienciar y sostener todo tipo de experiencias emocionales en el "aquí y ahora"; además, se encontrara en capacidad de utilizar sus propios recursos de autosoporte en lugar de manipular a los demás y al ambiente para conseguir apoyo, y de esta manera satisfacer sus necesidades.

En síntesis la terapia Gestalt busca que el sujeto (Pedro)..., viva en el ahora, viva en el aquí en este preciso instante, que deje de imaginar y fantasear en exceso, sustituyendo el contacto con la realidad, que deje de pensar innecesariamente, sustituyendo el ponerse en acción, el dejar de aparentar o jugar al "como si", dando paso al aprender a expresarse y comunicar, al aprender a sentir las cosas desagradables y el dolor, a NO aceptar ningún "debería", mas que los propios deberías impuestos por si mismo en base a sus necesidades y experiencias, a tomar completa y responsablemente las acciones, sentimientos, emociones y pensamientos propios, a ser un ser autentico, como cada sujetos es... sin importar lo que el sujeto sea[2].

---

[2] PERLS, Fritz: El Enfoque Gestáltico. Ed. Cuatro Vientos, Santiago de Chile.1976 / Perls, Fritz, Sueños y existencia (12ª ed.). Santiago de Chile: Cuatro Vientos, 1998.

Otro eslabon importante y fundamental, es la ***conceptualización de la Logoterapia propuesta por Viktor Frank (1954),*** la cual asume la importancia del sentido de la vida, aplicando las herramientas de la logoterapia como método psicoterapéutico, aplicando y desarrollando las estrategias que favorecen el desarrollo del sujeto, conduciéndolo a la autodeterminación, el descubrimiento de los valores, la búsqueda del sentido y el dominio personal; ya que al descubrir el sentido de la vida, cada sujeto que sufre problemas emocionales, asuma una postura de cambio de costumbres, valorización de los valores y de las tradiciones como medio de soporte a fortalecer el sentido de vida y por ende disminuir el riesgo de crisis personal existencial y junto con ello, la disminución del riesgo de la experimentación del vacio existencial, el que hay que intervenir previniendo su aparición o disminuyendo el riesgo de que se instale en el sujeto, cuando esta sintomatología se presenta, frente a la cual se responde con técnicas logoterapeuticas enfocadas en descubrir el sentido de la vida de cada persona.

Adicionalmente, la Logoterapia es reconocida a nivel mundial como la Tercera Escuela Vienesa de Psicoterapia, entendiendo como la primera al Psicoanálisis de Sigmund Freud y como la segunda a la Psicología Individual de Alfred Adler[3]-

Finalmente, otro soporte teorico que fundamenta el modelo ecoclinico se refiere y se complementa con el **marco teorico del Modelo Ecológico propuesto por Urie Salomon Bronfenbrenner,** expresando que los diferentes ambientes que rodean al sujeto ejercen influencia directa en la formación del individuo, proponiendo una perspectiva ecológica del desarrollo de la conducta humana.

Esta perspectiva concibe al ambiente ecológico como un conjunto de estructuras seriadas y estructuradas en diferentes niveles, en donde cada uno de esos niveles contiene al otro. **Bronfenbrenner** denomina a esos niveles Microsistema, Mesosistema, Exosistema y Macrosistema. Donde el microsistema constituye el nivel más inmediato en el que se

---

[3]   FRANK, Viktor: El Hombre en busca del Sentido y Ante el Vacío Existencial.

desarrolla el individuo, usualmente la familia; el Mesosistema comprende las interrelaciones de dos o más entornos en los que la persona en desarrollo participa activamente; al Exosistema lo integran contextos más amplios que no incluyen a la persona como sujeto activo; finalmente, al Macrosistema lo configuran la cultura y la subcultura en la que se desenvuelve la persona y todos los individuos de su sociedad. Asi mismo, Bronfenbrenner (1987) argumenta que la capacidad de formación de un sistema depende de la existencia de las interconexiones sociales entre ese sistema y otros, donde todos los niveles del modelo ecológico propuesto dependen unos de otros y, por lo tanto, se requiere de una participación conjunta de los diferentes contextos y de una comunicación entre ellos; que posteriormente Bronfenbrenner y Ceci en 1994 han modificado su teoría original y plantean una nueva concepción del desarrollo humano en su teoría BIO-ECOLÓGICA, donde el argumento de esta teoría, se centra en el desarrollo humano, concebido como un fenómeno de continuidad y cambio de las características bio-psicológicas de los seres humanos, tanto de los grupos como de los individuos.

El elemento crítico de este modelo es la experiencia que incluye no sólo las propiedades objetivas sino también las que son subjetivamente experimentadas por las personas que viven en ese ambiente, adicionalmente, estos autores expresan que en el transcurso de la vida, el desarrollo toma lugar a través de procesos cada vez más complejos en un activo organismo bio-psicológico. Por lo tanto el desarrollo humano es un proceso que deriva de las características de las personas, incluyendo las genéticas y del ambiente, tanto el inmediato como el remoto y dentro de una continuidad de cambios que ocurren en éste a través del tiempo, por lo tanto el **modelo teórico es referido como un modelo Proceso-Persona-Contexto-Tiempo** (PPCT); el cual posteriormente Belsky en 1980, retomó el modelo original de Bronfenbrenner y lo aplicó a la problemática del abuso infantil, expresando que la familia representaba al microsistema, como el nivel más interno del modelo localizado en el entorno más inmediato y reducido al que tiene acceso el individuo; de esta manera el microsistema se refiere a las relaciones más próximas de la persona y la familia, es el escenario que conforma este contexto inmediato, el cual puede funcionar como un contexto efectivo y positivo de desarrollo humano o puede desempeñar un papel destructivo o disruptor de este desarrollo (Bronfenbrenner, 1987). Por otro lado, el mundo de trabajo, el vecindario, las relaciones sociales informales y los servicios sociales constituirían al Exosistema, y los valores culturales y los sistemas de creencias se incorporarían en el Macrosistema. Como lo mencionábamos, para Belsky (1980) el exosistema es el segundo nivel y está compuesto por la comunidad más próxima después del grupo familiar. Ésta incluye las instituciones mediadoras entre los niveles de la cultura y el individuo, tales como: la escuela, la iglesia, los medios de comunicación, las instituciones recreativas y los organismos de seguridad. Donde la escuela constituye un lugar preponderante en el ambiente de los jóvenes; ellos permanecen una gran parte de su tiempo en este lugar, el que contribuye a su desarrollo intelectual, emocional y social. Por otro lado, El Macrosistema comprende el ambiente ecológico que abarca mucho más allá de la situación inmediata que afecta a la persona, siendo este un contexto más amplio el cual remite a las formas de organización social, los sistemas de creencias y los estilos de vida que prevalecen en una cultura o subcultura (Belsky, 1980; Bronfenbrenner, 1987). En este nivel se considera que la persona se ve afectada profundamente por hechos en los que la persona ni siquiera está presente. La integración en la sociedad es parte de la aculturación de los individuos a las instituciones convencionales, las normas y las costumbres[4], donde el **modelo ecológico** supone una herramienta conceptual que permite integrar conocimientos, examinarlos con una perspectiva particular, elaborar nuevas hipótesis y brindar un encuadre teórico a partir del cual se puedan elaborar estrategias de intervención en la comunidad (Caron, 1992).

Las bases sobre las que Bronfenbrenner escribió su teoría del desarrollo humano que propone en el modelo ecológico se encuentran en los trabajos de Freud, Lewin, G. H. Mead, Vigosky, Otto Rank, Piaget, Fisher… aunque fue su propia experiencia personal y profesional, tal como lo describe en su libro, lo que le llevó a considerar la importancia del contexto social y de la fenomenología frente a la investigación experimental y las pruebas psicométricas. Sus investigaciones interculturales le hicieron reflexionar sobre la capacidad del ser humano de adaptación, tolerancia y creación de ecologías en las que vive y se

---

[4]   Frías-Armenta, Martha. *Predictores de la conducta antisocial juvenil: un modelo ecológico.* Brasil: Red de Estudos de Psicologia, 2006. Pp 16 – 17).

desarrolla. Por lo tanto la orientación ecológica en la intervención comunitaria tiene por objeto de trabajo la interacción de la persona y su ambiente. A la persona se la ve en permanente desarrollo y se concibe éste como un cambio perdurable en el modo en que una persona percibe su ambiente y se relaciona con él; donde los distintos ambientes definidos en el modelo ecológico son a su vez sistemas, funcionando como tales, en los cuales el ser humano es un elemento más. El cual se encuentra inmerso dentro de estos sistemas, los aspectos físicos (vivienda, configuración de un barrio, ruidos...) son también elementos en interacción que han de ser considerados en la valoración e intervención comunitaria. Y que a partir de esta conceptualización surgen los modelos ECO SISTÉMICOS, los cuales describen los procesos adaptativos e inadaptativos de las personas y los factores situacionales e individuales que median en esos procesos. Como es el caso de la aportación de Dohrenwend (1974, 1978) el cual se aproxima a una comprensión Ecosistémica de los procesos de inadaptación, autora que elaboro un modelo conceptual de inadaptación que se apoya en el concepto de "Tensión psicológica", y no necesariamente psicopatológica, frente a acontecimientos vitales estresantes, la cual consideró "el crecimiento psicológico como un posible resultado del proceso de reacción frente al estrés" (Dohrenwend y Dohrenwend, 1974). También definió como factores situacionales moderadores del estrés predictores de adaptación, los aspectos relacionados con la presencia de recursos materiales y de una red de Redes sociales, conceptos importantes en la implicación del apoyo social y el fortalecimiento de los factores psicológicos, las aspiraciones, los valores y las competencias o recursos personales, como factores protectores; frente a los cuales Caron (1992) integra los postulados de Dohrenwend en la perspectiva ecosistémica y describe los factores que pueden variar los procesos de adaptación de las personas, haciendo referencia a la calidad de los microsistemas y la explotación adecuada de estos contextos, donde la estabilidad de ellos dependen de las competencias y habilidades requeridos para asumir estos roles en el contexto de los microsistemas, donde las competencias cognoscitivas y la estima de si mismo y las predisposiciones biológicas, fortalecen o disminuyen los factores protectores. Si reflexionamos, sobre los anteriores postulados aplicándolos a los distintos colectivos usuarios de los Servicios Sociales y a contextos marginales, podremos entender desde la perspectiva ecosistémica los procesos adaptativos e inadaptativos que en ellos se generan, donde la perspectiva ecosistemica nos permite conocer las interacciones entre los microsistemas de las personas y por tanto, donde y como surgen las redes de apoyo social, como funcionan y que papel podríamos jugar los profesionales al respecto como lo menciona Garbarino en 1985[5].

De esta manera, estos marcos referenciales que han aportado sustancialmente en la construcción del modelo de atención integral, **ECOCLINICO** o ecosistémico clínico, se centra en abordar la problemática multicausal de las conductas adictivas o problemáticas asociados a la salud mental, afirmando que la funcionalidad y capacidad de adaptación psicológica y existencial de este tipo de sujetos que presentan este tipo de conductas o comportamientos, en gran medida se presentan, en función de la interacción del sujeto consigo mismo, con el ambiente o entorno que le rodea; donde el desarrollo humano integral, la capacidad de resiliencia y el manejo de la conducta adictiva que presentan este tipo de sujetos, se presentan como una progresiva orientación y actualización hacia la acomodación entre el individuo activo y sus entornos inmediatos cambiantes, el cual al interactuar con el medio inmediato, se ve influenciado por las relaciones que se establecen entre el sujeto y los entornos o contextos de mayor alcance en los que están incluidos, los contextos propuestos por Bronfenbrenner, 1979, en su modelo ecológico, donde los aportes de estos tratados o teorías mencionados anteriormente por separado no son conscientes de las similitudes que los unen y como se complementan, los cuales llevan al ser humano a empoderarse del cambio y del progreso de su existencia; donde las estrategias contenidas en el modelo ecoclinico, las toma como punto de partida para la presentación de este modelo integral de intervencion psicoterapéutico enfocado a la problemática multicausal de las conductas

---

[5] Urie Salomon Bronfenbrenner (1979), Bronfenbrenner, U. (1971). La ecología del desarrollo humano. Barcelona, Paidós/ Villalba Quesada, Cristina. *Redes Sociales: Un concepto con importantes implicaciones en la intervención comunitaria.Intervencion Psicosocial. Revista sobre igualdad y calidad de vida. 1993. Vol 2.* España: Colegio Oficial de Psicólogos de Madrid, 2003. Pp 8 – 9.

adictivas llamado modelo ecoclinico o ecosistémico clínico, el cual propongo[6].

Asi que, este manuscrito presenta una conceptualización del modelo de intervención y un recuento de las diferentes estrategias de intervención, respaldadas con la evidencia científica, resultado obtenido por mas de una década en la practica clínica con adolescentes y familias inmersos en la problemática de las conductas adictivas; experiencia que me ha brindado resultados positivos y favorables; es asi que aquí se explicita las estrategias útiles que se han logrado adecuar e implementar dentro del proceso psicoterapéutico integral del modelo conceptual llamado **ecosistemico clínico "ecoclinico"**, que mediante su aplicación al campo de la salud mental, de varias áreas o trastornos psiquiátricos frecuentes en la clínica psiquiátrica y psicologica, me ha permitido profundizar en la intervención especifica de las diferentes conductas adictivas toxicas y no toxicas o comportamentales, en las modalidades de interconsulta o manejo ambulatorio, tratamiento en internado de protección y en las áreas de prevención o intervención comunitaria. Que para cada uno de ellos se exponen cuatro niveles de intervención donde se contienen siete fases de manejo procesual, siguiendo los principios terapéuticos mencionados con anterioridad, facilitándome la adopción de estrategias puntuales y especificas según el modelo ecoclinico, como modelo de intervencion psicológico propio.

Por lo tanto, el proceso psicoterapéutico para las conductas adictivas es una disciplina reciente que carece de un marco teórico propio. En su lugar se ha ido nutriendo de otras disciplinas de la Psicología como la Psicopatología o la Psicología de la Salud Mental. Según la experiencia por más de una década en el trabajo profesional a nivel de intervención con población que presenta conductas adictivas se plantea que una alternativa válida para afrontar el tratamiento y la investigación con sujetos que presentan dicha problemática, el cual es factible lograrlo, debido a la experiencia amplia en la aplicación de las estrategias, herramientas, guias, procedimientos y protocolos basados en el Modelo

---

[6]   Modelo ecoclinico; Nafi 2009,

Ecosistemico clínico lúdico psicopedagógico reeducativo protectivo preventivo propuesto en este tratado[7] (NAFI 2009).

Este modelo me ha permitido evaluar e intervenir en todas aquellas variables que inciden directa o indirectamente sobre el sujeto y su familia que presenta las diferentes conductas adictivas y/o coadictivas por la presencia del consumo de drogas o la adquisición de pautas comportamentales adictivas toxicas y no toxicas. Variables que son decisivas a la hora de empoderar al ser humano o sujeto para que se de cuenta de su situación personal y tome conciencia de su problemática y por ende que acepte su enfermedad y empiece a conocerla y manejarla, mediante un entrenamiento gradual, procesual, planificado y propositivo el cual es factible manejarlo y controlarlo; como por ejemplo, al igual que cuando nos capacitamos y entrenamos para manejar un automóvil.

Es asi, que los profesionales que trabajamos con este tipo de sujetos que presentan conductas adictivas sabemos y somos conscientes sin reserva alguna que los factores que influyen en la aparición y curso de ésta enfermedad son tan variados, multicausales, numerosos, álgidos y complejos. Además, sabemos que se sitúan en diversos niveles y pueden ejercer su influencia de una forma directa y/o indirecta sobre el sujeto enfermo, manteniendo importantes interconexiones entre sí. La familia, los amigos, las condiciones laborales, el personal de la salud, o la organización institucional y de convivencia con otros pares, lo que puede llegar a convertirse en elementos facilitadores o disruptores en las vidas de estas personas, llegando incluso a afectar el curso y pronóstico de la enfermedad.

Esto hace que las conductas adictivas o consumo de drogas deban ser entendidos como una enfermedad compleja, multicausal en la que se intrincan o enfrentan múltiples variables. No obstante, la investigación referente a las conductas adictivas, en muchas ocasiones, no ha tomado en consideración esta singularidad, diseñando trabajos muy parcelados en los que, generalmente, sólo se analiza al cliente sin tener en cuenta otras circunstancias que lo envuelven. Entendemos que para dar respuesta de

---

[7]   Modelo ecoclinico. Nafi 2009

forma eficaz y certera a las reacciones psicológicas que experimenta el sujeto consumidor de drogas, y sus familiares coadictos, se debe asumir un marco teórico que sea capaz de situarlo en su realidad, en el aquí y ahora, que permita confrontarlo frente a las ganancias y perdidas, con un balance decisional exhaustivo, según las áreas personales e interpersonales afectadas, y el grado de afectación con los compromisos sociales y comunitarios de todos los ámbitos o áreas con las que cuenta y en las que se encuentra inmerso el cliente; cumpliendo con la premisa básica de abarcar, en la medida de lo posible, el mayor número de variables que pudieran incidir de alguna manera en el sujeto consumidor de drogas y su red de apoyo primara codependiente. De esta manera, la revisión realizada me llevo a la conclusión que el Modelo Ecosistemico clínico "ecoclinico" lúdico psicopedagógico reeducativo protectivo preventivo (NAFI 2009) se ofrece como uno de los modelos más amplios y eficaces desde la práctica clínica para abordar la problemática de las conductas adictivas toxicas y no toxicas o comportamentales de este tipo de sujetos usuarios o clientes.

Por lo tanto, la intervención ecosistémica clínica es un proceso de construcción y adaptación flexible y propositivo aplicado con población adolescente y sus familias que presentaban conductas adictivas y coadictivas; tratado que se fue creando, fundamentando y aplicando en la institución en la cual me encuentro laborando como directora científica y asesora de profesionales para el abordaje de esta problemática; reconozco que este trabajo a sido estructurado desde el aprendizaje y aplicación cotidiana de las diferentes técnicas terapeuticas mencionadas con anterioridad; así como otros aportes obtenidos de las terapias humanistas, las cuales han contribuido a estructurar y fortalecer el modelo de intervencion terapéutica **Ecosistemico Clinico (Ecoclinico).**

Espero que este enfoque sea útil tanto para los profesionales de la salud mental como para otros profesionales asistenciales dedicados al campo de la salud en general. No se ha intentado, en ningún caso, la pormenorización exhaustiva y el agotamiento en la descripción de todas las formas de intervención, ya que el propósito se circunscribe a marcar las grandes líneas por las que discurre la actividad terapéutica en la psicología clínica y de la salud.

CONCEPTUALIZACIÓN DEL MODELO ECOSISTEMICO CLINICO O "ECOCLINICO", Fundamentado en la resignificación existencial para el cambio, mediante la aplicación de las etapas de activación o movilización energética, propuestas por el presente modelo, de esta manera la motivación para el cambio de las conductas adictivas o cualquier tipo de alteración del comportamiento a nivel de salud mental, radica en el vacío existencial y la falta de sentido a la vida, por esta razón dentro de la práctica clínica y la intervención experiencial el modelo de intervención de resignificación existencial para el cambio desde el modelo eco sistémico ha dado respuesta mediante la aplicación de las ocho fases de intervención procesual con cada uno de los sujetos que se han integrado al proceso de rehabilitación; este proceso se ha llevado a cabo a nivel individual, familiar y grupal partiendo de la toma de conciencia, (darse cuenta, *Insight*, awareness) hasta la auto-liberación interior (autorrealización); lo que ha generado sostenibilidad en el cambio comportamental, emocional y social para una adaptación social con sentido y significado en su vida.

Al partir de la concepción de ser humano como **"un ser integral ecosistémico e interrelacionado desde lo biológico, psicológico, social, y espiritual con una genética y herencia interrelacionada y sistemática con la experiencia en sí mismo y en relación con el entorno, concebido como ser holístico biopsicosocioespiritual interrelacionado y cambiante; tomando como sustento lo biológico genético desde la estructura psíquica inconsciente, preconsciente y consciente, su desarrollo evolutivo, los procesos de adaptación e influencia del entorno con sus experiencias expresadas en conductas y comportamientos dependiendo de la cultura e influencias de la misma, sus niveles de cognición, percepción, autopoiesis, autoreferencia y autorreflexión según sus características individuales, familiares, sociales, culturales y experienciales; con la finalidad de vivirse, sentirse, experimentarse, adaptarse, comportarse, proyectarse y autorrealizarse, elaborando una reinterpretación, recontextualización, resignificación y autorregulación de sí mismo, como ecosistema dinámico y en continuo movimiento energético mediante el reaprendizaje de nuevos hábitos y estilos de vida en la**

construcción de su proyecto de vida individual, familiar, social y de su especie"[8].

Por lo tanto, las áreas de abordaje terapéutico son priorizadas de la siguiente manera: **BIOLOGICO:** Centrado en el aspecto filogenético a nivel físico, morfológico, anatómico y diferencia de género mediante la recuperación y el equilibrio de cada uno de los sistemas que lo componen asumiendo estilos de vida saludables y de motivación personal y familiar. **PSICOLOGICO:** Centrado en la congruencia de sí mismo y su interacción con el contexto, en la manera de sentir, percibir, pensar, decidir, experimentar y actuar; buscando una recontextualización en el valor de sí mismo y de su entorno con proyección de vida para sí mismo y el futuro de su especie desde una perspectiva resiliente para la adaptación social y convivencia congruente consigo mismo y su entorno. **SOCIAL:** Centrado desde la interrelación congruente desde su sí mismo con su contexto cercano, en su medio familiar y comunitario, desde la aceptación y adaptación a las estructuras sociales que se han ido consolidando en el tiempo a través de la experiencia de sus antecesores, la adquisición de valores, formación personal y profesional desde lo académico y ocupacional como medios de socialización, autogestión y empoderamiento de su formación, según sus aptitudes, actitudes, habilidades y competencias personales; teniendo en cuenta, las diferencias en su desarrollo evolutivo y los procesos formativos, la tolerancia al medio existente y la posibilidad del cambio de paradigmas constructivos frente a la realidad asumiendo procesos de autopoiesis, autoreferencia y autorreflexión encaminados al empoderamiento de su autogestión individual, familiar y social. **ESPIRITUAL:** Centrado en el valor del "ser y existir", de la motivación intrínseca y extrínseca basados en la existencia y auto motivación, priorizando las motivaciones internas en el sentido de vida, motor fundamental para la autopoiesis y por ende su autogestión integral, el proyecto de vida con metas a corto, mediano y largo plazo y significado existencial a nivel individual, familiar y social en pro de la adaptación social y la conservación de su especie.

---

[8] Postulado ecosistémico clinico NAFI, fundación Social Gestar Futuro, 2009, modelo teórico de intervención aplicado.

Por tal razón, al concebir al ser humano desde una óptica integral, se aplican los principios, técnicas y conocimientos científicos desarrollados por la disciplina clínica para evaluar, diagnosticar, explicar, tratar, modificar y prevenir las anomalías o disfunciones del comportamiento relevante en la prevención, manutención o habilitación de los procesos individuales y colectivos basados en una calidad de vida sana que promueva el libre desarrollo de la personalidad; en consecuencia se aplica el conocimiento y las habilidades, las técnicas y los instrumentos proporcionados por la psicología clínica, la pedagogía reeducativa y las ciencias afines en la intervención integral en la salud mental y alteraciones comportamentales.

Es asi, que el Proceso Terapéutico en los diferentes programas de tratamiento se presenta mediante la modalidad de Fases, teniendo en cuenta los ejes transversales sobre la percepción y nivel de consumo, rasgos de personalidad, tipología familiar y red de apoyo, proyecto de vida, inclusión social y prevención de recaídas distribuyéndose de la siguiente manera:

FASE UNO ACTIVAR EL CONTACTO: DE PRE-ACOGIDA O ENCUENTRO Y COMRPOMISO EXISTENCIAL DEL SER, SENTIR, HACER Y ESTAR. *Frecuencia de Asistencia:* lunes a viernes de ocho de la mañana hasta las seis de la tarde, incluyendo la alimentación de entre día y almuerzo.

Tiempo de Duración: Una semana laboral, cuarenta horas.

Acciones: Se realizan valoraciones de psiquiatría, psicología, terapia ocupacional, pedagogía, trabajo social, medicina general, exámenes de laboratorio, acondicionamiento físico, nivel de socialización en círculos de dialogo existencial y terapias grupales, manejo de jerga de calle y conductas adaptativas o desadaptativas, aplicación de pruebas psicotécnicas y cuestionarios de niveles de consumo, adicionalmente se inicia con el acompañamiento de terapia individual para manejo de crisis de ansiedad pauta primordial para manejo farmacológico en caso de necesitarse. Se realiza la acogida y atención personalizada por cada uno de los profesionales

Objetivos:

Realizar diagnóstico integral multiaxial

Definir las causas y motivaciones que ocasionaron el consumo

Realizar estudio de caso y definir las pautas básicas de intervención según el motivo de consulta

Realizar reunión de trabajo en conjunto con el usuario y su familia, clarificando el proceso de tratamiento según los hallazgos encontrados.

Facilitar el darse cuenta y reforzar la motivación al cambio

Llevar a la toma de conciencia del protagonismo personal (autoconocimiento) por parte del usuario y se red de apoyo.

Líneas de acción:

Facilitar la toma de conciencia de la necesidad de desintoxicación física y recuperación nutricional, de suspensión del consumo, de integración y convivencia en grupo y manejo de ansiedad y control de impulsos

Facilitar la toma de conciencia en la exploración de recursos internos y estrategias de afrontamiento junto con el usuario la valoración de factores de protección y de riesgo

Facilitar la toma de conciencia de codependencia y aceptación del tratamiento por parte del grupo familiar o vinculo afectivo de apoyo realizando enganche y compromiso familiar.

Facilitar el auto reconocimiento del ser y sus recursos potenciales logrando la ampliación y conceptualización del panorama de conflicto facilitando la expresión de sentires, acciones y deseos asumiendo un proceso de conocimiento y concientización de la enfermedad y motivación para el manejo de la misma

Análisis de contextos y tipos de relaciones que favorecen o aumentan el riesgo de continuar o suspender el consumo realizando una valoración de ganancias y pérdidas frente al fenómeno del consumo.

FASE DOS VIVIR EN CONTACTO: DE ACOGIDA CENTRADA EN LA MOTIVACION, ADAPTACION Y CONCIENCIACION (DARSE CUENTA). *Frecuencia de Asistencia:* según la valoración realizada y los compromisos adquiridos en la reunión de trabajo realizada en conjunto con el usuario y su familia, en la cual se clarifico el proceso de tratamiento según los hallazgos encontrados, se encuentran las diferentes modalidades de tratamiento, según el sujeto lo requiera, a nivel de interconsulta, de manejo ambulatorio por cuatro horas, de manejo ambulatorio tipo hospital dia, ambulatorio tipo hospital noche o internado las 24 horas de corta duración.

El tiempo de duración: es de sesenta días a partir de la firma del acta de compromiso y consentimiento informado con el usuario y su familia, realizando Psicoterapia individual, grupal, familiar y multifamiliar, encuentros grupales de dialogo existencial, de confrontación y de convivencia y manejo asertivo de conflictos.

Objetivos Generales:

Desarrollar y fortalecer la motivación al cambio

Desarrollar y fortalecer la toma de conciencia de la enfermedad o situaciones problemáticas

Desarrollar y fortalecer estrategias de afrontamiento individual y familiar Mejorar el concepto de sí mismo y de su familia

Profundizar en la toma de conciencia de su realidad personal

Profundizar en el análisis del contexto y el grado de influencia para el usuario

Profundizar en el autoconocimiento, grado de credibilidad frente a sus promesas y compromisos, y la capacidad de elección que tiene frente a su vida.

Líneas de acción:

Tener conciencia clara de la propia realidad, nivel de responsabilidad frente a si mismo y capacidad de elección; conocer y respetar todas las normas de convivencia según la modalidad de tratamiento elegida; Cuidar de todas las pertenencias del centro terapéutico de atecion en cada una de sus modalidades ya que son para su servicio, ejerciendo de esta manera el amor responsable y sentido de pertenencia, logrando un acrecentamiento al sentido de responsabilidad y respeto por todos los integrantes del programa de tratamiento demostrado con acciones concretas tales como ser puntual, asistir a todas las sesiones programadas, etc.

Lograr un mejoramiento del concepto de sí mismo y de su autocuidado, la comprensión del comportamiento y actitud adquirida en el mundo de las drogas y la necesidad de resignificar su comportamiento asumiendo una nueva actitud y actuar en consecuencia, favoreciendo el desarrollo de un proceso de maduración de cada usuario, facilitando la reestructuración de la escala de valores y la adopción de una identidad y un actuar en consecuencia y corresponsabilidad social interiorizando en su vida el concepto de sobriedad y la importancia de la misma, con un NO a la droga incluyendo el consumo del alcohol, facilitando la vivencia y convivencia en un ambiente armónico.

Asumir el compromiso de la desintoxicación física emocional, mental y espiritual, acompañada de acondicionamiento físico y recuperación nutricional, vivenciar el valor de la sobriedad y las ganancias internas y externas.

Facilitar la toma de conciencia y el Darse cuenta de sus vivencias internas y externas, motivaciones, habilidades, destrezas, competencias y sueños, resignificando el concepto de ansiedad y control de impulsos, asumiendo permanente mente la exploración de sus recursos internos y estrategias de afrontamiento

Acompañar a la familia en la recontextualizacion y resignificación de su compromiso existencial con cada integrante de la misma, favoreciendo el análisis de cada uno de los roles asumidos por cada integrante frente al consumo de drogas de uno de sus integrantes.

Facilitar el auto reconocimiento del ser, sus recursos potenciales y la viabilizacion de su proyecto de vida a corto, mediano y largo plazo.

Facilitar la expresión de sentires, acciones y deseos y comprendiendo la enfermedad y aprendiendo estrategias de manejo como mecanismo de prevención de recaídas

Facilitar el análisis de contextos, interacción en el medio y tipos de relaciones que favorecen o aumentan el riesgo de continuar o suspender el consumo, realizando una valoración de ganancias y pérdidas frente al fenómeno del consumo.

FASE TRES AUTODESCUBRIR, ACEPTAR Y AUTOLIBERAR: DE CONVIVENCIA, APRENDIZAJE, AUTODESCUBRIMIENTO, ACEPTACION Y AUTOLIBERACION.

Frecuencia de Asistencia: según la modalidad de tratamiento, según el sujeto lo requiera, a nivel de interconsulta, de manejo ambulatorio por cuatro horas, de manejo ambulatorio tipo hospital dia, ambulatorio tipo hospital noche o internado las 24 horas de corta duración.

Tiempo de duración: de treinta a noventa días después de la firma de ascenso de la segunda fase, aquí se realiza psicoterapia individual, grupal, familiar y multifamiliar, encuentros grupales de dialogo existencial, encuentros grupales de confrontación, encuentros grupales de convivencia y manejo asertivo de conflictos y encuentros grupales de trabajo en equipo.

Objetivos Generales:

Profundizar la toma de conciencia, conocimiento de sí mismo y su núcleo familiar y aceptación del mismo

Favorecer la resignificación y recontextualización personal y familiar, cambios conductuales y actitudinales, crecimiento y desarrollo personal, conciencia de la problemática de las adicciones, aceptación de la misma y compromiso individual de sobriedad y prevención de recaídas.

Profundizar en la contextualización, aceptación y valoración de su núcleo familiar y sus experiencias vividas al interior de la misma, mediante el acompañamiento existencial, afectivo y efectivo en los emprendimientos e iniciativas de los integrantes de la familia, logrando la resignificación de la vivencia de cada integrante al interior de la misma y en el contexto cercano mediante el rescate de los encuentros familiares tradicionales

Líneas de acción:

Vivenciar estilos de vida saludables y el valor de la sobriedad resignificando los conceptos de ansiedad y control de impulsos, aceptando sus fortalezas y debilidades, desarrollando una paulatina y gradual reinserción social.

Desarrollar vivencias internas y externas, motivaciones, habilidades, destrezas, competencias y sueños, encaminadas a la exploración de sus recursos internos y estrategias de afrontamiento, logrando motivarse en la búsqueda de sentido para su vida elaborando las primeras proyecciones hacia la autonomía personal, respetando y vivenciando a cabalidad los principio de la sobriedad y la convivencia

Acompañar a la familia en la recontextualización y resignificación de su compromiso existencial con cada integrante de la misma, por medio del auto reconocimiento hacia si mismo y hacia los otros en las interacciones de convivencia familiar y social

Construcción del proyecto de vida a corto, mediano y largo plazo.

Análisis de contextos, interacción en el medio y tipos de relaciones que favorecen o aumentan el riesgo de continuar o suspender el consumo, realizando la valoración de ganancias y pérdidas frente al fenómeno del consumo en comparación de una conducta adaptativa y estilos de vida saludable.

Lograr un buen desempeño y estabilidad laboral y/o educacional

Lograr la identificación y un manejo adecuado de los mecanismos de defensa

Asistir al proceso terapéutico las veces correspondientes a esta fase

FASE CUATRO RECREAR LA REALIDAD: DE CREACION, REFLEXION Y COMUNICACION.

Frecuencia de Asistencia: según la modalidad de tratamiento según el sujeto lo requiera, a nivel de interconsulta, de manejo ambulatorio por cuatro horas, de manejo ambulatorio tipo hospital dia, ambulatorio tipo hospital noche o internado las 24 horas de corta duración.

Tiempo de duración: Sesenta días después de la firma de ascenso de la tercera fase; aquí se realizar psicoterapia individual, grupal, familiar y multifamiliar, encuentros grupales de dialogo existencial, de confrontación, de convivencia y manejo asertivo de conflictos, de trabajo en equipo y de planeación de proyectos de vida

Objetivos Generales:

Reflexión y auto-empoderamiento del valor de la vida, su sentido, visión y misión como pilares fundamentales en la construcción de su proyecto de vida

Organización de planes de capacitación y psicoeducación en la construcción de proyectos de vida y la interiorización de estilos de vida saludables y desarrollo de estrategias para disminuir el riesgo de recaídas

Manejo de relaciones afectivas y asertivas al interior del núcleo familiar, ser apoyo en los eventuales riesgos o exposiciones para que se presenten las recaídas y reafirmar los lazos familiares como mecanismo de prevención de recaídas.

Desarrollar su proyecto de vida y las diferentes alternativas para conseguirlo

Aceptación del si mismo con sus fortalezas y debilidades desarrollando una paulatina y gradual reinserción social, respetando y viviendo a cabalidad los principio de la sobriedad y la convivencia

Desarrollar la motivación e inquietud de buscar el sentido para su vida

Elaborar planes autogestionarios encaminados a la sostenibilidad individual

Lograr un buen desempeño y estabilidad laboral y/o educacional

Asistir al proceso terapéutico las veces correspondientes a esta fase

Favorecer la re significación y re contextualización personal y familiar, cambios conductuales y actitudinales, crecimiento y desarrollo personal.

Líneas de acción:

Conceptualización y reflexión del valor de la vida, visión y misión encaminadas a la construcción de sentido y proyecto de vida.

Construcción de proyecto de vida a corto, mediano y largo plazo.

Análisis y adaptación de estilos de vida saludables según el contexto

Análisis de disparadores de ansiedad y deseos de consumo para prevenir recaídas

Manejo de la afectividad y la vivencia, confrontación y análisis de roles y el juego de interacciones según necesidades individuales y familiares desarrollando una paulatina y gradual reinserción social

Elaborar planes autogestionarios encaminados a la sostenibilidad individual para lograr un buen desempeño y estabilidad laboral y/o educacional

Lograr el reconocimiento y superación de las diferentes problemáticas personales y la identificación y manejo adecuado de los mecanismos de defensa

Favorecer la re significación y re contextualización personal y familiar, cambios conductuales y actitudinales, crecimiento y desarrollo personal, con conciencia de la problemática de las adicciones, aceptación de la misma y compromiso individual de sobriedad y prevención de recaídas.

Proyecto de vida construido

Asistir al proceso terapéutico las veces correspondientes a esta fase

FASE CINCO ENTRENAMIENTO CON INICIATIVA: DE INICIATIVA Y ENTRENAMIENTO PARA LA VIDA COTIDIANA.

Frecuencia de Asistencia: según la modalidad de tratamiento, según el sujeto lo requiera, a nivel de interconsulta, de manejo ambulatorio por cuatro horas, de manejo ambulatorio tipo hospital dia, ambulatorio tipo hospital noche o internado las 24 horas de corta duración.

Tiempo de Duración: De treinta a sesenta días después de la firma de ascenso de la cuarta fase, donde se realiza psicoterapia individual, grupal, familiar y multifamiliar, encuentros grupales de dialogo existencial, de confrontación, de convivencia y manejo asertivo de conflictos, de trabajo en equipo, de planeación de proyectos de vida, de proyección social y de organización y liderazgo del entorno.

Objetivos Generales:

Proyección Social.

Realizar encuentros familiares libres de consumos de bebidas embriagantes o drogas

Participación activa en el proceso terapéutico y fortalecimiento de pautas funcionales al interior de la familia

Respaldo emocional, afectivo, económico para el desarrollo de su proyecto de vida. (En caso de manejo residencial visitas familiares al centro de tratamiento y visitas del usuario al interior de la familia y nivel de relación y comunicación entre estos)

Convivencia en el contexto y entrenamiento de estrategias funcionales para prevenir recaídas

Consolidación en el auto-empoderamiento del valor de la vida, su sentido, visión y misión

Vivencia cotidiana de estilos de vida saludables.

Manejo asertivo de la sobriedad y su valor

Líneas de acción:

Organización y orientación hacia la proyección Social.

Participar activamente en encuentros familiares libres de consumos de bebidas embriagantes o drogas buscando el respaldo emocional, afectivo, económico para el desarrollo de su proyecto de vida.

Convivencia en el contexto y entrenamiento de estrategias funcionales para prevenir recaídas mediante la vivencia cotidiana de estilos de vida saludables y manejo asertivo de la sobriedad y su valor

Construcción de proyecto de vida a corto, mediano y largo plazo logrando una paulatina y gradual reinserción social

Favorecer la resignificación y recontextualización personal y familiar, cambios conductuales y actitudinales, crecimiento y desarrollo personal logrando tener conciencia de la problemática de las adicciones, aceptación de la misma y compromiso individual y familiar de sobriedad y prevención de recaídas.

Elaborar planes autogestionarios encaminados a la sostenibilidad individual logrando un buen desempeño y estabilidad laboral y/o educacional

Proyecto de vida construido

FASE SEIS CONSOLIDACION DEL ENTRENAMIENTO: DE CONSOLIDACION Y DESARROLLO HUMANO.

Frecuencia de Asistencia: citas programadas por agenda con los diferentes profesionales tanto para el usuario como para la familia.

Tiempo de duración: Sesenta días después de la firma de ascenso de la quinta fase, donde se realiza psicoterapia individual, grupal, familiar y multifamiliar, encuentros grupales de dialogo existencial, de trabajo en equipo, de proyeccion social, organización y liderazgo del entorno, además de la asistencia a grupos de apoyo

Objetivos Generales:

Facilitar el desarrollo de la comunicación asertiva y manejo de habilidades sociales aprendidas en las fases anteriores, además de la vivencia de la responsabilidad, compromiso y libertad en el manejo de su vida

Vivencia de la libertad y desarrollo de la capacidad de elección sin asumir riesgos de posibles recaídas reafirmando la seguridad personal y autonomía en la toma de decisiones

Convivencia en el contexto y entrenamiento de estrategias funcionales para prevenir recaídas y consolidación el auto-empoderamiento del valor de la vida, su sentido, visión y misión mediante la vivencia cotidiana de estilos de vida saludables y manejo asertivo de la sobriedad y su valor por medio de la convivencia social y manejo asertivo de los limites personales en los diferentes contextos

Lograr un buen desempeño y estabilidad laboral y/o educacional con la confianza y respaldo de la independencia controlada

Fortalecer la conciencia de la problemática de las adicciones, aceptación de la misma y compromiso individual de sobriedad y prevención de recaídas retornando a la responsabilidad, libertad y compromiso consigo mismo y las exigencias del medio

Líneas de acción:

Consolidación en el aprendizaje de estrategias de manejo de sobriedad

Consolidación de aprendizaje de estrategias de desarrollo de habilidades sociales y resolución de conflictos

Autoanálisis y reconocimiento de disparadores del deseo de consumo frente a la presión del contexto y vivencia cotidiana de estilos de vida saludables y manejo asertivo de la sobriedad y su valor

Elaborar planes autogestionarios encaminados a la sostenibilidad individual y lograr un buen desempeño y estabilidad laboral y/o educacional

Proyecto de vida construida y en funcionamiento.

FASE SEPTIMA SOSTENERSE Y FORTALECERSE: DE FORTALECIMIENTO Y AUTOAPOYO Y AUTOTRASCENDENCIA, *Frecuencia de Asistencia:* citas programadas por agenda con los diferentes profesionales tanto para el usuario como para la familia.

Tiempo de Duración: De treinta a sesenta días después de la firma de ascenso de la sexta fase, aquí se realiza acompañamiento de psicoterapia individual, grupal, familiar y multifamiliar, encuentros grupales de dialogo existencial y asistencia a grupos de apoyo

Objetivos Generales:

Fortalecer el aprendizaje y utilización de estrategias y mecanismos que fortalezcan los logros obtenidos a nivel actitudinal, comportamental, emocional, cognoscitivo y afectivo fomentando el mantenimiento de un estilo de vida saludable, tanto a nivel individual como en el resto de su red de apoyo socio familiar.

Fortalecer la mantención de la abstinencia física y mental resignificando la autoconfianza, autonomía y libertad en la toma de decisiones potencializando la confianza y respeto frente a sí mismo, los otros y sus interacciones en el entorno

Realizar la evaluación permanente de su sentir, estar y comportarse mediante el desarrollo de actividades incluyentes al interior de la familia y en el contexto social, trabajo, educación, etc

Fortalecer Proyecto de vida construido y sus nuevas redes sociales de apoyo

Asistencia a controles periódicos en salud como mecanismo de prevención de recaídas, y asistencia a grupo de apoyo semanal o quincenal para fortalecerse en la experiencia de todos.

Convivencia social y manejo asertivo de los limites personales en los diferentes contextos respetando y vivenciando a cabalidad los principio de la sobriedad y la convivencia

Retorno a la responsabilidad, libertad y compromiso consigo mismo y en las exigencias del medio logrando un buen desempeño y estabilidad laboral y/o educacional

Facilitar el desarrollo de la comunicación asertiva y manejo de habilidades sociales aprendidas en las fases anteriores

Líneas de acción:

Consolidación en el aprendizaje de estrategias de manejo de sobriedad

Consolidación de aprendizaje de estrategias de desarrollo de habilidades sociales y resolución de conflictos

Autoanálisis y reconocimiento de disparadores del deseo de consumo frente a la presión del contexto

Vivencia cotidiana de estilos de vida saludable y manejo asertivo de la autoconfianza, autonomía y libertad de elección, mediante la evaluación permanente de su sentir, estar y comportarse.

Consolidar los planes autogestionarios encaminados a la sostenibilidad individual

Consolidar el Proyecto de vida construido y sus nuevas redes sociales de apoyo

Consolidación de su responsabilidad personal frente a la adhesión al tratamiento en seguimiento mensual o bimensual como mecanismo de prevención de recaídas

FASE OCTAVA AUTOTRASCENDENCIA RESPONSABLE: INCLUSION SOCIAL Y PREVENCION DE RECAIDAS.

Frecuencia de Asistencia: citas programadas por agenda con los diferentes profesionales tanto para el usuario como para la familia,

Tiempo de Duración: De treinta a sesenta días después o posterior al egreso por ascenso de la séptima fase o cumplimiento de objetivos terapeuticos, aquí se realiza acompañamiento de psicoterapia individual, grupal, familiar y multifamiliar, encuentros grupales de dialogo existencial y asistencia a grupos de apoyo institucionalizados en el centro en la comunidad en su contexto de origen.

Objetivos Generales:

Fortalecer el aprendizaje psicoeducativo aprendido y entrenado en medio controlado

Utilizar estrategias adquiridas y fortalecer mecanismos que fortalezcan los logros obtenidos a nivel actitudinal, comportamental, emocional, cognoscitivo y afectivo fomentando el mantenimiento de un estilo de vida saludable, tanto a nivel individual como en el resto de su red de apoyo socio familiar.

Fortalecer la mantención de la abstinencia física y mental resignificando la autoconfianza, autonomía y libertad en la toma de decisiones potencializando la confianza y respeto frente a si mismo, los otros y sus interacciones en el entorno

Realizar la evaluación permanente de su sentir, estar y comportarse mediante el desarrollo de actividades incluyentes al interior de la familia y en el contexto social, trabajo, educación, etc

Fortalecer Proyecto de vida construido y sus nuevas redes sociales de apoyo con las que interactua.

Asistencia a controles periódicos en salud como mecanismo de prevención de recaidas, y asistencia a grupo de apoyo semanal o quincenal para fortalecerse en la experiencia de todos.

Convivencia social y manejo asertivo de los limites personales en los diferentes contextos respetando y vivenciando a cabalidad los principio de la sobriedad y la convivencia

Retorno a la responsabilidad, libertad y compromiso consigo mismo y en las exigencias del medio logrando un buen desempeño y estabilidad laboral y/o educacional

Facilitar el desarrollo de la comunicación asertiva y manejo de habilidades sociales aprendidas y entrenadas en las fases anteriores

Vivir en concordancia con lo aprendido y entrenado en el programa de tratamiento.

Líneas de acción:

Consolidación en el aprendizaje de estrategias de manejo de sobriedad

Consolidación de aprendizaje de estrategias de desarrollo de habilidades sociales y resolución de conflictos

Autoanálisis y reconocimiento de disparadores del deseo de consumo frente a la presión del contexto

Vivencia cotidiana de estilos de vida saludable y manejo asertivo de la autoconfianza, autonomía y libertad de elección, mediante la evaluación permanente de su sentir, estar y comportarse.

Consolidar los planes autogestionarios encaminados a la sostenibilidad individual y familiar

Consolidar el Proyecto de vida construido y sus nuevas redes sociales de apoyo

Consolidación de su responsabilidad personal frente a la adhesión al seguimiento de post egreso del programa de tratamiento asistiendo a las citas programadas mensual o bimensual como mecanismo de prevención de recaídas

Activar y practicar el plan de prevención de recaídas en el que se entrenó durante el tratamiento.

Desarrollar y aplicar el proyecto de vida instaurado durante el desarrollo del tratamiento, enfocado al cumplimiento de la misión personal.

Vivir su vida con sentido y significado en coherencia con lo aprendido, practicado y entrenado durante el plan de tratamiento.

Comunicar al terapeuta que le hace el seguimiento de los posibles riesgos que se esté encontrando en el medio habitual.

Realizar el programa de prevención ajustado a los riesgos del contexto.

Asumir el proceso de adaptación social con serenidad y confianza en si mismo.

A manera de síntesis desde la perspectiva eco-sistémica confluyen diferentes actores dinámicos y en continua trasformación de tal manera que cada usuario coloca su ritmo de trabajo y asume su tiempo, la estructura de las etapas únicamente son parámetros generales o ruta de camino para encontrar el significado a su existencia y el paso en esta realidad terrenal como mecanismo de proyección personal, desarrollo humano y cumplimiento de una misión existencial como ser humano en cada momento histórico de vivencia y permanencia; donde las premisas teóricas y metodológicas del modelo permiten considerar los procesos de cambio como inherentes a la naturaleza humana y, por lo tanto, la terapia encuadra de forma positiva estos procesos para solucionar las crisis de individuo y su sistema familiar y su dificultad de adaptación, evitando que se incremente o genere alguna patología.

El abordaje señalado en líneas generales, describen las áreas técnicas y estrategias que facilitan el proceso de solución de problemas y los cambios, a nivel individual, en el sistema familiar como en las redes sociales; cambios que se construyen a través de la interacción social y el consenso. Esto implica una relación activa y cooperativa entre las personas, donde la experiencia Inter.-subjetiva está abierta a renegociaciones, resignificaciones y disputas, y se revisan constantemente los efectos de los procesos de cambio en la realidad personal, familiar y social.

EVENTOS DE INTERVENCION EN EL PROCESO DE ATENCION SEGÚN EL MODELO ECOSISTEMICO CLINICO "ECOCLINICO".

En el proceso de atencion según el modelo ecoclinico, se da inicio a la intervencion con la **Asesoria inicial,** que consta del proceso psicoterapéutico oportuno y apropiado, cuya finalidad se centra en la consulta de las situaciones críticas, orientando al sujeto o cliente, donde buscar ayuda secuencial y como adherisrse al proceso psicoterapéutico. Es el método más oportuno y apropiado para brindar ayuda, apoyo y prevenir conflictos. Se trata de un servicio de apoyo profesional a través de una acción preventiva y orientativa a personas, grupos e instituciones, que necesitan apoyo para tomar decisiones o resolver problemas que alteran su ritmo de vida normal. Además de brindar orientación, implica también, dar apoyo, contención, discusión de temas en función del objetivo de consulta, desarrollando una planificación secuencial, estableciendo metas a corto, mediano y largo plazo, etc. Algunos de los temas que se tratan inicialmente son duelos, crisis vitales, accidentales, conflictos personales e interpersonales, familiares, laborales y formativos educacionales. De esta manera, la asesoría psicológica facilita al sujeto o consultante el logro de objetivos personales, los que le permitirán vivir de una manera más satisfactoria, propositiva y plena.

Aquí es fundamental diferenciar la consultoria o asesoramiento psicológico de la psicoterapia propiamente dicha; la diferencia radica en que en el primer caso se abordan patologías y problematicas psicosociales mediante un proceso psicoterapéutico planificado; mientras en el segundo se asiste a personas que tienen que resolver un conflicto puntual, tomar una decisión, resolver un problema. La asesoría o consultoria radica en una primera entrevista donde se analiza el punto central de la consulta o de las situaciones criticas y se orienta donde buscar ayuda secuencial y como adherisrse al proceso psicoterapéutico. Por lo tanto, al recurrir a la consultoria psicológica en momentos de cambios vitales importantes, tales como crisis personales, de pareja, familiares, economicas; estados de insatisfacción general, es importante, sobre todo, cuando ya se han agotado los diversos intentos de solución a un problema y se precisa un enfoque nuevo. En definitiva, en cualquier situación en que la persona precise un apoyo en un momento de crisis, definir los problemas, identificar metas, objetivos y cómo ponerse en marcha para conseguirlos.

Donde las sesiones de acompañamiento o asesoría psicológica, básicamente funciona por sesiones presenciales e individuales y normalmente su duración de las sesiones es de sesenta minutos con cada sujeto o cliente. Y el tiempo de duración de sesiones por proceso de consultoría dependen directamente de la problemática o motivo de consulta, aunque normalmente no se superan las diez sesiones, que por lo general suelan ser semanales o quincenales y que una vez se finalice la consultoría se realicen sesiones de seguimiento inicialmente esporádicas de ser necesario.

Este proceso de asesoría psicológica inicial se fundamenta en el marco general del enfoque ecoclinico, breve estratégico, presentando al individuo como parte de un sistema (social, familiar, laboral) teniendo en cuenta la comunicación y retroalimentación entre el sujeto y su entorno. De esta manera, se utiliza las herramientas de la terapia breve estratégica, reconocida como uno de los modelos sistémicos más efectivos en lo que concierne, a la resolución de problemas, la cual se centra en buscar soluciones sencillas y prácticas para solucionar el problema que afecta al cliente en el menor tiempo posible. La terapia breve estratégica se ha utilizado para diversas patologías, entre las que se hallan los trastornos de pánico, obsesivos, depresiones, psicosis, etc. También ha adoptado la forma de terapia familiar, de pareja o individual. Que por su funcionalidad se ha extendido no solo al área clínica, sino que se implementa también en las organizaciones, escuelas, empresas, instituciones, etc.

Es un Modelo de pensamiento que es utilizado por las diferentes profesiones, tales como educadores, economistas, entrenadores, empresarios, directivos de empresas, sociólogos, políticos, etc. Por lo tanto, la terapia breve estratégica, es aplicable en las diferentes profesiones que interviene con los problemas humanos, a saber, tales como Psiquiatría, trabajo social, Psicología clínica y consejería o consultoría psicológica.

Bajo estos principios, la consultoria procede del verbo ingles *"to coach"* que en español significa *"entrenar"*, *método consistente en dirigir, instruir y entrenar a una persona o a un grupo, con el objetivo de conseguir una meta o el desarrollar habilidades específicas en favor del sujeto o cliente;* visto de esta manera el consultor es un asesor que acompaña y ayuda al desarrollo personal y/o profesional de su cliente o consultante, el cual centra su atención en el desarrollo de habilidades que mejoren las áreas personales del individuo, sea su vida sentimental, relacional, su estado físico y la obtención de metas personales. Desde este punto de vista, los métodos y tipos de consultoria son variados, en los que se incluyen técnicas que puede incluir desde charlas motivacionales, seminarios, talleres y prácticas supervisadas...etc.

ENTREVISTA PSICOLOGICA DE INGRESO Y COMPROMISOS INICIALES. Es una de las técnicas que más se usa y por la naturaleza de la información que aporta es insustituible e indispensable para el psicólogo. La primera entrevista reviste especial consideración y una importancia ampliamente reconocida en el proceso de diagnostico, desde cualquier modelo de intervencion. *La entrevista psicológica conceptualmente es definida por Sullivan y Pope, como una conversación/relación interpersonal entre 2 o más personas, con unos objetivos determinados, en la que se solicita ayuda y otro que la ofrece, lo que configura una diferencia de roles*; estos roles marcan una relación asimétrica, ya que uno es experto y el otro necesita ayuda; teniendo como características especificas previas al diagnóstico; como conversación con una finalidad; que transcurre en espacio y tiempos limitados; donde se presenta una petición de ayuda; se asumen unos roles específicos; y se da una interacción recíproca; en un espacio flexible; bajo un modelo de trabajo; con unos objetivos y funciones diversas, de tal manera que:

Es una técnica previa al diagnostico e intervención, e imprescindible en el proceso por la cantidad de información y conocimiento del Sujeto. La conversación tiene una finalidad al centrarse y identificar las demandas del Sujeto y sus problemas y sentimientos, analizando tanto elementos verbales y no verbales, elaborando hipotesis sobre la consulta para después proponer la estrategia de resolución y dar respuesta a esa solicitud. Se prefija en un espacio de tiempo y lugar para comprender y responder al Sujeto referidas al contenido y forma de solicitarlo (tiempo, ritmo, latencia, organización de ideas,..). Para ambos es el punto de partida de una relación interpersonal donde, en común, se limitan y orientan las demandas; cuya relación que se inicia con desconocimiento mutuo por lo que se necesitan estrategias de acercamiento, donde la responsabilidad recae en el terapeuta para que en poco tiempo logre conocer al Sujeto y su entorno. La información es amplia general, específica y concreta, que hacen que las habilidades del terapeuta de escucha y preguntar sean decisivas.

Es el lugar y espacio donde se recoge la petición de ayuda, especialmente en la primera entrevista, sobre su conflicto, sufrimiento,..No solo busca datos sino también como percibe el Sujeto el malestar. Presentándose la configuración asimétrica de roles, donde el terapeuta usa sus conocimientos, experiencia y técnicas de la profesion para ayudar en la petición del Sujeto. Estas actitudes y roles hacen esta entrevista diferente de la relación de amistad; aquí la variable Examinador modula y condiciona la relación. Su formación, experiencias, estatus, elecciones, conflictos,.. Están implicados.

De esta manera el buen psicólogo, es aquel que diferencia su vida personal, creencias, valores de lo que es mejor para el Sujeto; que bajo estos preceptos, la entrevista psicológica se presenta como un modelo de trabajo clínico, donde no hay libertad absoluta de relación, ya que en este momento de la relación psicoterapéutica se da una influencia reciproca de gran intensidad de sentimientos, e ideas y cuanto más intenso, más significativo. Por lo tanto, esta bidireccionalidad hace difícil el control de variables, por tal razón, se busca respaldo y apoyo de la terapia Gestalt, para fortalecer la conceptualización, la cual expresa que, la relación que se logra en el proceso de comunicación durante la entrevista psicológica, es como una gestalt y no como la suma de las partes, aportando la flexibilidad en el desarrollo de la entrevista, al adaptarse a las características del Sujeto en el "aquí y ahora" pese a los objetivos prefijados. Aún que deja ver la conducta del Sujeto no agota su repertorio conductual en la entrevista, son solo muestras de su condicion. Otras técnicas permiten nuevos datos que se integraran y tendrán sentido gracias a la entrevista.

FUNCIONES DE LA ENTREVISTA, como función motivadora, centrada en estimular y posibilitar el cambio del sujeto o cliente, según el motivo de consulta. Aportando con la función clasificadora, la cual esta centrada en nombrar, clasificar ordenar y buscarles la razón de ser a los problemas, aquí se permite que se clarifique la demanda del sujeto o cliente. Por lo tanto, la Función terapéutica, esta centrada en verbalizar lo que le preocupa al sujeto o cliente y al ofrecer alternativas y estrategias de cambio aporta puntos de vista diferentes que modifican la cognición e indirectamente la conducta.

TIPOS DE ENTREVISTA. No es una técnica unívoca aprendida y aplicada independientemente del nivel de estructuración, objetivos o contexto. Las entrevistas varían en función de las variables que la configuran, asi:

POR EL GRADO DE ESTRUCTURACIÓN, se pueden realizar de manera **Estructurada:** Hay un guión establecido y generalmente estandarizado para formular preguntas. Las hay mecanizadas donde el sujeto responde a las preguntas en un computador (de amplio desarrollo en la última década); y Cuestionarios guiados por el entrevistador: el Sujeto responde al terapeuta o por su cuenta pudiendo preguntar dudas. **Semiestructurada:** Hay un guión previo con cierto grado de libertad para preguntas con un fin específico en la entrevista, ampliando o alterando las preguntas. Y **Libre:** se permite que hable en función de sus necesidades formulando preguntas abiertas que promueven el hablar, facilitando la ampliación del panorama del conflicto.

POR LA FINALIDAD. Están encaminadas a buscar un objetivo, tales como;_**Entrevista Diagnóstica:** Orientadas a un diagnostico ante un problema que se consulta. Es la primera y más importante técnica del proceso que tiene otras técnicas._**Entrevista Consultiva:** Objetivo prioritario, responder a una pregunta en un tema específico con una finalidad concreta, donde no se sigue un trabajo clínico. **Entrevista de Orientación Vocacional:** Orientar que estudios /trabajo elegir según las capacidades, intereses y valores. **Entrevistas Terapéuticas y de Consejo:** La finalidad específica es operar un cambio en una dirección acordada por ambos. Tiene objetivos, estrategias y temática definidos. **Entrevista de Investigación:** para determinar la adscripción o no de un Sujeto a la investigación (definición del caso), conocer, comprobar, confirmar y abrir vías de conocimiento psicológicos, sin olvidar las variables, técnicas de registro, fiabilidad, validez y estructuración.

EN FUNCIÓN DE LA TEMPORALIDAD DEL PROCESO: La entrevista se encuadra en un proceso temporal en diferentes momentos y objetivos. Tal como, la **Entrevista Inicial:** La que en la primera fase del proceso abre la relación, identifica el objeto y objetivos, encuadrando la interacción, reúne las características a examinar. **Entrevista de Información Complementaria:** Para conocer datos más completos del Sujeto con entrevistas a familiares, profesionales,...etc. **Entrevista Biográfica o Anamnesis:** Recorren los estados evolutivos del desarrollo temprano, maduración y autonomía en un esquema ordenado cronológicamente. En la evaluacion infanto-juvenil es imprescindible para el diagnostico y permite la valoración de la vivencia de los padres ante el desarrollo del hijo. **Entrevista de Devolución:** Ofrece información elaborada del diagnostico, pronostico y estrategias planteadas, requiere entrenamiento específico o mayor que la entrevista inicial. Debe haber comprensión del problema del Sujeto, motivación para el cambio y aceptación de las estrategias de tratamiento. Es la comunicación de los resultados de la evaluación realizada al cliente y su entorno familiar, presentando un informe consiso de la situación encontrada en el cliente, para realizar un proceso de motivación para que este asuma un proceso psicoterapéutico si es el caso. **Entrevista de Salida, Egreso, Alta Clínica O Cumplimiento de Objetivos:** Es el proceso de evaluación final, cuando se logran los objetivos planteados en el proceso psicoterapéutico, encaminado a lograr la despedida física y administrativamente al Sujeto para cerrar el caso, donde se puede continuar algunas cesiones adicionales o finalizar los encuentros al cumplirse los objetivos terapéuticos y meta planteada en la entrevista de diagnostico. **Entrevista de seguimiento,** con la finalidad de evaluar estabilidad de resultados del proceso.

EN FUNCIÓN DE LA EDAD DEL ENTREVISTADO: Se encuadra según el ciclo vital del consultante o usuario. **Entrevista a Niños y Adolescentes:** Es una categoría muy amplia que generalmente no piden ayuda, sino que la demanda es de los adultos que suelen ser parte del problema y la resolución. Las capacidades del niño obligan a una adaptación muy personalizada del caso, más que en adultos. El conocimiento evolutivo y experiencia profesional del terapeuta son imprescindibles aquí. **Entrevista a Adultos:** (mayoría edad – vejez) Los problemas dependen en parte de la evaluación la importancia de la pareja y relaciones sexuales, etapa de crianza, dificultades adolescentes, limitaciones físico/psicológicas, laborales o eventos en la vida que son diferentes según la persona y el momento o etapa en que ocurren. **Entrevista en Ancianos o Personas con Deterioro:** Requieren entrenamiento específico, al tipo de lenguaje, modo de preguntar, objetivos del cambio, apoyos económicos, sociales y emocionales con los que cuentan.

Los OBJETIVOS DE LA ENTREVISTA, son variados, por lo tanto, los objetivos de la entrevista inicial varían según el modelo teórico que se fundamenten para su intervención, pero existe puntos de acuerdo en relación a los siguientes parametros:

GUIAR LA ENTREVISTA AL OBJETIVO ESTABLECIDO, desde los diferentes modelos, incluyendo el ecosistémico clínico, se prioriza que la entrevista debe ser guiada a obtener el objetivo establecido, y que para lograrlo es indispensable: Establecer un buen Rapport o clima de confianza para propiciar la comunicación. Percibir al cliente o paciente en su totalidad tal y como es, según las condiciones verbales, no verbales y su grado de coherencia. Contener la angustia del Sujeto. Estimular la expresión verbal con preguntas adecuadas para obtener la información y datos necesarios asumiendo una posición de escucha sin interrupción más que hablar o preguntar, interesarse por lo que cuenta y como lo cuenta.

DEFINICIÓN OPERATIVA DEL PROBLEMA, captando lo que solicita el Sujeto o cliente, supone integrar los datos suministrados por el sujeto o cliente y darles sentido en el contexto terapéutico, conociendo los antecedentes y consecuentes del mismo. De esta manera, conocer las tentativas de solución y sus resultados obtenido en cada una de las tematicas abordadas y tácticas realizadas. Establecer hipótesis diagnósticas según el marco teórico y las clasificaciones nosológicas. Planificar el proceso de evaluación psicológica; comunicar las condiciones de trabajo, horario, duración de las sesiones, técnicas, objetivos, precio (si fuera el caso),... Elaborar un mapa conceptual del caso integrativo de los problemas. (Nota importante) Tras la entrevista conviene reflexionar y elaborar gráficamente el mapa conceptual del caso para aportar una explicación y comprensión del mismo

ETAPAS DE LA ENTREVISTA.

La entrevista inicial tiene una secuencia temporal encuadrada en un contexto mayor del proceso. Esta secuencia tiene sus etapas bien delimitadas: Pre-entrevista; Entrevista (mutuo conocimiento, exploración y despedida) y Post-entrevista

PRE-ENTREVISTA: Los profesionales no reciben al Sujeto o cliente directamente, sino, por otro profesional que lo recepciona a la consulta. Se conoce de él el motivo de consulta y algún otro dato adicional. En Gestar Futuro toma nota de los datos personales, motivo de consulta, el profesional que lo recepciona, deriva o remite al sujeto con otro profesional, al cual se le asigna una nueva cita precisando fecha y hora de consulta. En la institución en algunos casos es el propio profesional el que atiende al cliente, o en su defecto lo atiende la coordinadora de programas, teniendo en cuenta que es otra persona que atiende y que recoge los datos oportunos. Así, cuando llega a la consulta el psicólogo ya sabe de forma breve quien solicita ayuda y por qué. De esta manera, en la pre-entrevista se recoge información sobre: **El cliente o paciente:** Es quien llama o consulta, si es el Sujeto u otra persona en su nombre, años, y datos para contactar. **Motivo de la consulta:** Motivo concreto por el que se solicita la consulta de forma breve para no interferir con el profesional. Hay que anotar que dice (literalmente) y como lo dice. **Referente:** Si es remitido, derivado o por iniciativa. En los servicios públicos de protección o salud deriva o remite el defensor de familia, el juez de familia, las EPS, entidades contratistas o el medico de atención primaria y en salud infantil o servicios privados por iniciativa personal.

ENTREVISTA: El profesional se relaciona directamente con el usuario y se inicia el proceso asi: **Primera fase: mutuo conocimiento,** centrada en tres aspectos básicos: 1ro El **contacto físico.** 2do **Saludos sociales,** momento en que toman contacto los integrantes, necesitan un tiempo para situarse ante el otro interlocutor. Se suceden los saludos y presentaciones. Extendiendo la mano y saludando y presentándose o saludando y presentándose sin contacto físico. Como la preocupación y ansiedad del Sujeto es elevada, conviene tener una actitud acogedora, cálida y empática y con esmero, también en comunicación no verbal. Esta cortesía inicial será definitiva de la relación establecida y el clima de confianza determinará y condicionará el proceso. Tras los saludos se toma asiento y se le indica el asiento al Sujeto. 3ro **Tentativas de conocimiento mutuo,** donde se abre la entrevista clarificando los objetivos, tiempo a invertir, conocimientos de su demanda con: -- "Usted. Solicitó una consulta o entrevista porque…"; -- "Usted. Llamó preocupado porque…puede indicarme qué desea / necesita / le preocupa…". Si el Sujeto no prosigue, se le puede dar tiempo (para verse en el sitio y situarse para poder iniciar el relato sin tanta ansiedad) diciendo unas cuantas frases: -- "Vamos a tener un tiempo de 40 minutos o de una hora para hablar de lo que a usted le preocupa. Puede usted. Contarme en el orden y modo que vea más fácil aquello por lo que ha venido. Yo intervendré cuando considere necesario e iré tomando notas para mi trabajo posterior".

Segunda fase: Exploración e identificación del problema: Es el cuerpo de la entrevista donde el Sujeto explica su demanda, formula un problema y solicita ayuda y el profesional deberá analizar las demandas, quejas y metas, centrada en: El psicólogo trata de escuchar, observar y preguntar adecuadamente para elaborar las hipotesis a confirmar / rechazar durante el proceso para dar respuesta a la demanda. El tiempo entre que el Sujeto explica el problema y que el profesional identifica la naturaleza e importancia del contenido y elabora hipótesis no es homogéneo de una entrevista a otra ni con Sujetos diferentes y no suele durar más de 50-60 minutos y esta segunda fase de cuarenta minutos. El profesional atendiendo a sus verbalizaciones y comunicación no verbal, elabora hipótesis en el proceso, para ello deberá dejar constancia de su rol, guiar al Sujeto y usar conocimientos, experiencias, técnicas y habilidades comunicacionales para conseguir esos fines. Aquí la actitud, experiencia y habilidades personales y profesionales son la base para comprender *porqué y para qué el Sujeto acude.* Importa saber escuchar, saber qué preguntar y cómo y cuándo hacerlo. Lograr la comprensión del problema implica conocer el motivo real y como lo percibe el Sujeto, sus antecedentes y consecuentes y que soluciones previas ha implementado.

Antes de la fase final conviene que el profesional haga una síntesis de los problemas planteados y los formule de forma breve para obtener feed-back comprensivo. Eso acuerda un foco de trabajo común y clarifica la consulta y es el punto de partida del trabajo clínico posterior, esas síntesis pueden ser como sigue: -- "Si he entendido bien, lo que en definitiva a usted. Le preocupa es..."; -- "Me gustaría saber, tras lo que hemos hablado, si su principal preocupación en este momento es..."; -- "Quizá, como síntesis, podemos decir que usted. Está sufriendo especialmente por... ¿He entendido bien?".

Tercera fase: despedida: Es la garantía de la continuidad o no frente al proceso terapéutico; sus aspectos básicos: Encuadre o plan de trabajo, Nueva cita y Despedida física. La fase final o de cierre de la entrevista es donde se despide al Sujeto. Conviene clarificar el modo de trabajo en la próxima/s sesión/es, horarios, duración, frecuencia, coste económico,.. Si ya se ha hecho antes, ahora debe recordársele. Se concreta una nueva fecha de sesión y tras eso, levantarse y despedirse. En esta fase final los Sujetos reaccionan diferente, unos tranquilos por exponer su problema, y pasar el primer momento de ansiedad a lo desconocido, otros se sienten mal por no decir lo que querían y plantean nuevos e importantes datos, generalmente deberá dar por finalizada la consulta y proponer hablarlo en la siguiente sesión, por respeto al trabajo del profesional y de otros sujetos o pacientes que esperan.

Post-entrevista: Tras despedir al Sujeto conviene completar las notas, anotar las impresiones y formular los objetivos de la entrevista y un mapa conceptual sobre los problemas. Esto implica reflexionar y elaborar una representación gráfica que estructure el caso y aporte una explicación y comprensión del mismo. En función de los problemas las hipótesis deberán comprobarse con técnicas de evaluación en las siguientes sesiones, fundamentándose en los diferentes elementos o variables que parten o se configuran a través de la comunicación, tales como:

Emisor o entrevistado: Persona que está interesada en comunicar algo. La motivación de acudir, grado de insight o nivel de conciencia del problema, actitud, motivación para el cambio, consecuencias y áreas afectadas, grado de sufrimiento, nivel de desorganización de aspectos cognitivos, nivel intelectual, y variables laborales, de pareja, apoyos familiares, sociales…

Receptor o examinador: El interlocutor del que se espera escuche y responda al emisor. Las variables implicadas son más importantes, en los diversos aspectos de su formación y experiencia, destrezas y habilidades personales en comunicación; y también tanto aspecto físicos como el sexo, raza, vestimenta, arreglo personal, como característica de su personalidad y distancia física al entrevistado, voz, entonación, ritmo, tipo de lenguaje; si es cálido o distante, tono vital, minuciosidad, orden, etc.

Mensaje: El tema sobre el que versa la comunicación o exposición de problema o problemas. Es aquello de lo que se trata y habla. Es primordial al ser el motivo del encuentro y para el posterior análisis de los datos.

Conducta verbal → QUÉ se dice es el contenido verbal y CÓMO se dice tiene componentes verbales y no verbales tales como, el tono emocional, orden de los temas tratados, secuencia, lógica de los sucesos, olvidos, repeticiones, tartamudeos, indiferencia, jerga propia, muletillas,… El análisis posterior tendrá en cuenta el QUÉ pero el CÓMO mediatizara las conclusiones.

Conducta no verbal → Asociada a lo que se dice, se observa el nivel de confirmación o contradicción entre ambas formas de conducta. Registrar la forma de situarse, moverse, de brazos, piernas, manos, dedos, pies. Cuando hay ansiedad, manipulación de objetos, dedos, cara, arrancarse la piel, comerse las uñas (onicofagia),… La cabeza y cara son los más elocuentes: sonrisas, bajar cabeza, sostener mirada, evitar contacto ocular, apretar labios, cabeceos, fruncir ceño, morder labios, cerrar ojos… y gestos de angustia, malestar, ira, miedo, distensión,…

Sonidos no verbales: Tos, carraspeos, bostezos, ¿mm? extrañeza ¡mm!, uhum,… Esto ocurre rápido y simultáneamente y requiere habilidades entrenadas siendo de gran dificultad su evaluación.

Variables contextuales: Que encuadran o enmarcan la reunión, estas variables no son neutras sino que influyen en la entrevista:

El espacio físico. Tales como la luminosidad, ventilación, temperatura, ruidos, dimensiones, privacidad confort, orden, y muy importante la disposición de mesas y sillas, hay que lograr cercanía física y emocional pero con la diferenciación de roles. Indicar visiblemente si se puede fumar. Si hay sala de espera igualmente crear un espacio acogedor, cálido y discreto. No hay normas en como sentarse, de frente o no y donde, con o sin mesa, butaca, sillón,… lugar institucional o particular, duración, hora, dia,..

Interacciones: Las motivaciones de ambos, las actitudes y las que se derivan de los roles específicos de cada uno. Entrevistar es atender simultáneamente a todas estas variables y captarlas como una gestalt del paciente de enfrente, de su demanda, de sí mismo, y establecer hipótesis para el proceso. Así hay un bucle o puente de intercacciones entre el Sujeto y el profesional.

ANÁLISIS Y COMPRENSIÓN DEL PROBLEMA. Este se centra en el *motivo de la consulta*, con la finalidad de identificar el problema o los problemas en todas sus dimensiones, su naturaleza, donde se puede abordar o tratar de síntomas, los cuales deben quedar contextualizados en un problema más global, o en otras ocasiones, no es el exceso de concretismo sino la excesiva generalidad lo que se debe trabajar. Es la razón de la consulta, aunque a veces el profesional considera que no es ese el problema principal. Ser feliz, dejar de sufrir o cambiar no es operativos, deben identificarse correctamente los problemas. Donde la *percepción del sujeto*, cobra muchísima importancia, ya que el conocer cómo percibe el sujeto dicho problema y las emociones vinculadas al mismo y escuchar su exposición de los hechos, o el sufrimiento, que pueda estar experimentando, tiene una carga subjetiva y afectiva de donde se partirá para trabajar. Cada Sujeto intenta analizar como y porque ocurrió y al responsable. Aquí surge el **Análisis de la demanda,** por qué acude ahora, consultas previas, expectativas de solución. Quien le animó a venir, si se agravaron los síntomas,…Todos ellos importantes para el diagnóstico y pronóstico del caso.

Donde los antecedentes de sus problemas y la aparición en el momento actual, como su repersusion en el presente, es importante ya que nos permite visualizar que precipita los síntomas y que los mantiene y los factores asociados a los riesgos de precipitar la problemática o mantener los síntomas, suelen requerir tiempo y una gran variedad de cuestiones muy diversas de unos sujetos pacientes a otros y de diferente índole. Para algunos Sujetos es absolutamente necesaria la biografía, para otro solo saber en qué o ante quién se produce el problema.

Consecuencias del problema: observar el grado de compromiso clínico que conllevan estos problemas, en su vida diaria, para el paciente es tarea primordial para analizar posteriormente la gravedad, pronóstico y perspectivas de cambio. A veces hay que modificar la visión de cómo perciben los problemas en su vida, más ajustada a la realidad, y de esta manera, **determinar la severidad del problema,** por medio del análisis de las diferentes áreas implicadas y el nivel de implicación en su vida posibilita determinar la severidad. Ciertos trastornos son graves pero otros según las variables del Sujeto tales como la edad, sexo, estatus, cronificación, apoyos sociales,..etc. permitirán **las tentativas de solución,**

que el sujeto, cliente o paciente ha implementado hasta el momento algunas tentativas de solución y ha contrastado y practicado los resultados obtenidos de las mismas. Algunos han ido previamente a otro psicólogo. El análisis de las propuestas de solución, las expectativas y los fracasos previos en la resolución de los problemas son indicadores diagnósticos y pronósticos importantes.

Jerarquizar los problemas. Se presenta una gama de posibilidades, dependiendo de la gravedad de los mismos, de la urgencia en solventarlos o bien de la viabilidad del cambio. El profesional trata de ordenar y dar sentido en funcion de algunos parámetros según la importancia que puede no coincidir con la que le da el Sujeto. Donde hay que realizar la definición operativa del problema o problemas del cliente o paciente, para complementar las hipótesis diagnosticas, ya que al término de la entrevista hay dos (2) tareas que el psicólogo debe complementar o realizar

Las Hipótesis diagnósticas, como parámetros generales iniciales en los términos que cada profesional entienda en función de su marco teórico, para dar coherencia a los datos suministrados por el cliente o Sujeto de intervencion, entablando relaciones causa-efecto, asociando síntomas con antecedentes y consecuentes, jerarquizando y contextualizando los parámetros generales de cada hipotesis diagnostica. Todas las lagunas que aparezcan deben preverse que en las sesiones siguientes de exploración clínica, para que pueda continuarse con el proceso de evaluación y terminar de formular un diagnóstico. Así se prevee la exploración y técnicas que necesitará. Todo ello puede realizarse mediante un mapa conceptual. Finalizando con el **Pronóstico,** el cual determina el mismo sujeto atendiendo a las variables implicadas tales como personales, familiares, sociales y comunitarias.

CARACTERÍSTICAS DE UN BUEN ENTREVISTADOR, Todo entrevistador debe reunir tres (3) características básicas: 1ª) Caracteristicas actitudinales, 2ª) Habilidades de escucha y 3ª) Estrategias de manejo de las verbalizaciones; donde las actitudes fundamentales básicas que debe reunir un buen entrevistador son:

EMPATÍA: Capacidad para comprender al cliente o paciente en sus preocupaciones cognitivas y emocionales, y ser capaz de transmitir dicha compresión. Es un camino que genera un feed-back receptivo-expresivo. Supone ponerse en lugar del Sujeto, aceptar lo que dice, como lo dice y desde su punto de vista personal del cliente y profesional del psicólogo, teniendo en cuenta los valores personales de cada uno de los sujetos, cliente y profesional que aborda la problematica. Bleger en 1977, llamó este proceso como la Disociación instrumental, consistente que el psicólogo o profesional que interviene en la problemática del sujeto mostrando una actitud de cercanía emocional con el problema del paciente y se mantiene lo suficientemente distante cognitiva y emocionalmente para permitirse pensar sobre lo que escucha y realizar hipótesis diagnósticas congruentes y válidas[9]. En este aspecto prima el componente no verbal sobre el verbal, y favorece el rapport donde se da confianza al entrevistado y se propicia la interrelación. No interpreta el panorama expuesto por el cliente o paciente, aquí se intenta captar los sentimientos y emociones del sujeto, no valora ni juzga, se respeta la libertad y no aconseja o consuela prematura e indiscriminadamente. La importancia de este momento es "Ser empáticos", lo que significa entender los problemas del otro, captar sus sentimientos, ponerse en su lugar, confiar en su capacidad para salir adelante, respetar su libertad y su intimidad, no juzgarle, aceptarlo tal como es y como quiere ser, ver al otro desde sí mismo; donde la empatía presupone tres (3) condiciones básicas, tales como: 1ª) Congruencia CONSIGO MISMO, partiendo del vivir como se piensa. 2ª) Aceptación incondicional positiva del OTRO. 3ª) Esfuerzo por ponernos en el lugar del otro sin dejar de ser UNO MISMO.

CALIDEZ: Es una actitud de acogida, cercanía y contención que se transmite tanto en el lenguaje verbal como no verbal y en las posturas y gestos de aceptación. Esta actitud cálida comunica al cliente o paciente la aceptación positiva y aproximación afectiva del mismo. La frialdad o pérdida de afectividad nunca ayuda al Sujeto. Aquí se da prioridad a la asertividad, desarrollando en el cliente o sujeto de intervención, la capacidad de ser asertivos, encaminándolo a enfrentar los conflictos,

---

9   BLEGER, Jorge. Temas de Psicología. Bs. As. Nueva Visión. 1977

mantener la serenidad, y crear las condiciones óptimas para solventarlos; buscando que el cliente o paciente sea capaz de mantener su opinión y autoaafirmarse en sus criterios, a pesar de la no aceptación o incluso oposición del cliente o paciente. La calidez es una capacidad imprescindible para desempeñar con seguridad el rol del profesional en el abordaje de las diferentes problemáticas del cliente o paciente.

COMPETENCIA: El cliente o paciente, como sujeto entrevistado, debe recibir mensajes que le aseguren haber consultado con un experto. Aquí es importante, que el profesional muestre sin ostentación, su experiencia en este ámbito de trabajo, capacidad para entender al cliente o paciente y de ofrecerle posibilidades de cambio; partiendo inicialmente con su forma de hablar y referirse a los temas o problemas del cliente o paciente, manteniendo un discurso marcado por su saber profesional, mostrando su competencia profesional, desde el conocer y reconocer sus limitaciones y derivar al cliente o paciente si considera que él no es suficientemente competente para trabajar con él.

FLEXIBILIDAD Y TOLERANCIA: Capacidad para adaptarse a las distintas personas y de aceptar otros puntos de vista que no son el suyo propio permite realizar el trabajo desde el lado del cliente o paciente, no sólo desde el punto de vista del profesional. Tolerancia y flexibilidad son cualidades imprescindibles para poder aplicar las técnicas individualizadas a cada Sujeto. Debido a la imposibilidad de saber qué va a ocurrir en una entrevista, debe saber responder ante situaciones imprevistas sin perder su juicio objetivo frente al panorama de conflicto del cliente o paciente.

HONESTIDAD Y ÉTICA PROFESIONAL: Siendo coherente con sus principios, sus valores, su modelo teórico, se busca desarrollar el principio de honestidad, sinceridad, actitud abierta y honrada; mostrando respeto al cliente o paciente en todos los aspectos idiosincráticos y personales que no entran a formar parte de la valoración terapéutica o del cambio. Inclusive los aspectos a modificar deben ser tratados con profundo respeto y desde la autenticidad y coherencia que el psicólogo debe mostrar, teniendo en cuenta las normas deontológicas de su profesión, el cual debe regular su actuación y la toma de decisiones a lo largo de todo el proceso diagnóstico y terapéutico, informando explícitamente que las practicas, con el consentimiento informado, la confidencialidad y protección de la información están garantizadas.

HABILIDADES DE ESCUCHA QUE DEBE TENER EL PROFESIONAL ENTREVISTADOR: Hay habilidades de escucha que no son verbales como el contacto visual, distancia, gestos y expresiones "puede continuar con tranquilidad", "siga por favor..", Este clima de aceptación y ayuda puede tomarse su tiempo. Y merecen destacarse técnicas tales como: **DEJAR HABLAR:** Para saber que ocurre es importante escuchar, ¡Deje hablar!, Demuestre interés en escuchar, propicie un ambiente de confianza, evite distracciones, establezca un buen Rapport, No interrumpa, dé y dese a usted tiempo, controle la impulsividad y el enojo, no hacer valoración crítica o entrar en discusiones con el cliente o paciente, pregunte lo necesario, pero no interrogue, y ¡Deje hablar![10], Según Colombero la escucha implica dos (2) actitudes basicas: 1ª) **Actitud Receptiva,** que implica atención; no hacer ruidos u otras distracciones; ser una presencia elocuente y estimulante; responder a la escucha y a la comunicación con el mundo interior del Sujeto; mantener los silencios sin angustia; no interrumpir y ofrecer un tiempo de reactividad baja, colocándose "en la piel del cliente o paciente", facilitando que exprese sus sentimientos, sus expectativas, sus esperanzas y como este panorama de conflicto le afecta su vida cotidiana. 2ª) **Actitud Directiva,** Facilitar y brindar ayuda operativa; rectificar errores cognitivos; distorsiones,..; clarificar identificar y aceptar las emociones; guiar al sujeto en la comprensión de su malestar; reconceptualizar el problema; proponer cambios[11], permite al cliente o paciente empoderarse de su proceso; ya que al facilitar la expresión de sentimientos, permite el contacto emocional de si mismo, facilita la comunicación, al permitir la expresión de sentimientos de pesar por el malestar que experimenta, o de alegría por sus progresos, sin que ello suponga un desbordamiento emocional, potencia la sensación de confianza y comprensión; además que le permite al cliente o paciente participar en su proceso, tomando

---

[10] DAVIS y Newstrom. Comportamiento humano: Comportamiento organizacional. Ed. Mc Graw Hill. "Decálogo de escucha de Davis y Newstron"

[11] Colombero (1987) Habilidades de la escucha.

conciencia de lo que desea obtener al finalizar el proceso psicoterapeutico. Para ello deberemos darle toda la información posible, intentando facilitarle su comprensión del panorama de conflicto subyacente. Adicionalmente, cuando el cliente o paciente no esté de acuerdo con nuestra opinión profesional deberemos negociar para llegar a un acuerdo común. La negociación no nos degrada como profesionales; no por negociar perdemos autoridad. La "imposición" de nuestro criterio nos conducirá a que el paciente no siga nuestras indicaciones y se vea afectada nuestra relación con él[12].

Asumir una posición de **ESCUCHA ACTIVA:** Para Alemany empatía y escucha activa están íntimamente implicados por lo que considera que algunos términos utilizados por autores que siguen este modelo de relación, son distintas formas de conceptualizar esta esucha activa como un proceso de atención psicológica interna[13]. **Pallarés** afirma que los signos de escuha activa se manifiestan a través del mantenimiento ocular, afirmando "sí" o con la cabeza, mostrando que se comprende lo que dice, dejar pausas, sin llenar los silencios, como mecanismo de motivación y animación para que siga hablando, no desplazar la conversación mostrando desacuerdo o hablando de uno mismo, formular preguntas abiertas, responder a los sentimientos, mostrar que se comprende cómo se siente[14], de tal manera que la escucha activa significa escuchar y entender la comunicación desde el punto de vista del que habla (cliente). Al mismo tiempo **Carls Rogers** expresa que los beneficios de la escucha activa e incondicional genera relajación progresiva, crece el deseo de seguir hablando de sí mismo, disminuye el estado de tensión y miedo, cambio de visión, es capaz de aceptar estados de ánimos o pensamientos antes rechazados, proceso de objetivación que corresponde a clarificarse a sí mismo, identificarse con lo que ocurre, sin negarlos ni sobrevalorarlo,

---

[12] Castro Gomez JA, Quezada Jimenez F, Carrillo A, Clavero P, Nogales Fernandez F. Como mejorar nuestras Entrevistas Clinicas. Aten Prim 1996; 18. 399-402.

[13] Alemany (1994) Escucha activa como proceso de atención psicológica interna.

[14] Pallarés (1980) signos de la escucha activa.

propicia experimentar bienestar emocional al ser comprendido[15], por lo tanto, en la escucha activa, resulta fundamental hacerle ver al cliente o paciente, que hemos entendido no únicamente lo que nos ha dicho sino también lo que siente. El hecho de captar y comprender los sentimientos del cliente o paciente, no significa que estemos de acuerdo con lo que dice o piensa, sino sencillamente que entendemos su situación, frente al panorama de conflicto por el cual acude a la consulta.

Baja reactividad verbal o latencia prolongada del profesional: Es entendida como el tiempo que tarda en contestar el entrevistador desde que el entrevistado intervino. Una latencia prolongada favorece la expresión verbal de la entrevistada y manifiesta capacidad de escucha, antes de una pregunta u ofrecer una respuesta. Otro aspecto a tener en cuenta son los llamados **Silencios instrumentales:** Que favorecen la relación Interaccional y promueven en el entrevistado o cliente el seguir hablando. Están al servicio de facilitar la reflexión y comprensión, promueven profundizar en el tema o bien deshinhibir el bloqueo en la comunicación. No son fruto del no saber que hacer o decir ni fruto del nerviosismo. Mantiene la cercanía y favorece la escucha. El silencio suele ser mal soportado por los entrevistadores nóveles, viviéndolo con tensión y como un fracaso personal. Sin embargo, hay silencios que favorecen la relación interaccional y promueven en el entrevistado seguir hablando (Giordano, 1997). El silencio instrumental favorece la escucha y mantiene la presencia del entrevistador y la cercanía al entrevistado.

Habilidades comunicacionales: Son estrategias en el manejo de las verbalizaciones, donde el evaluador es responsable del manejo de las verbalizaciones propias y del paciente. La conducta del profesional condiciona la del Sujeto y la conducta verbal y no verbal de cada uno facilita el desarrollo de respuestas diferentes en el otro. Ambos se realimentan en un feed-bak progresivo. Se ha confirmado que la duración del discurso del profesional, interrupciones y tipo de intervenciones modifican el discurso verbal del sujeto (por ello es de suma importancia entrenarse en el manejo de las verbalizaciones). Generalmente las

---

[15] **ROGERS, Carls, Psicoterapia centrada en el cliente. Ediciones Paidós, Barcelona (1997).**

verbalizaciones cumplen dos funciones especificas tales como el de preguntar e informar; por lo tanto, el desarrollo de las estrategias comunicacionales están encaminadas a favorecer, motivar y mantener la comunicación con el cliente o paciente, en elmanejo de las diferentes verbalizaciones que se realizan en el proceso de intervención, de esta manera, será pertinente facilitar las que ayuden a esclarecer el problema y a definirlo operativamente o a comprenderlo y serán desestimables los que están fuera de la relación psicológica.

ELEMENTOS Y TECNICAS FACILITADORES DE LA ESCUCHA ACTIVA.

Aquí es indispensable tener una **DISPOSICIÓN POSITIVA E INTERÉS**: Mostrar interés y favorecer que el cliente o paciente hable, es fundamental transmitirle al cliente que se le esta escuchando. ¿Cómo? A través de señales de escucha verbales, empleando sonidos confirmatorios tales como: "claro", "comprendo", "ajá", "ya", "umm", "uh", etc. y no verbales (asentir, mirar a los ojos, postura orientada y relajada, proximidad física y, si tenemos confianza con esa persona, el contacto físico ligero. **CLARIFICAR LA INFORMACIÓN RECIBIDA:** Aclarar lo que ha dicho, obtener más información a través de preguntas. Las preguntas abiertas van a fomentar más el diálogo, "¿qué piensa de...?, "¿qué sintió cuando...?", etc... **PARAFRASEAR:** Es una manera de comunicarle al cliente que le hemos escuchado. Se trata de repetir con nuestras palabras lo que la otra persona nos ha dicho. Por ejemplo: "si lo he entendido bien, lo que me esta diciendo es...". El parafraseo no debe expresar nuestro punto de vista sino el del cliente, pero sí empleamos nuestro lenguaje. **REFLEJAR:** Mostrar al cliente o paciente que entendemos lo que siente. Esta técnica permite reflejar los sentimientos de la persona que habla. Por ejemplo: "entiendo que se sintiera triste", "entonces, ¿esto le enojo?", "¿le dolió cuando le dije eso?, etc. **RESUMIR:** Centrar el tema destacando las ideas principales de lo que el cliente o paciente ha explicado. **MOSTRAR EMPATÍA:** Escuchar activamente las emociones del cliente, consiste en tratar de "meterse en su piel" y entender sus motivos. Se trata de escuchar sus sentimientos y hacerle saber que "nos hacemos cargo", intentar entender lo que siente el cliente. No se trata de mostrar alegría, ni siquiera de ser simpáticos o de dar ánimos y consejos. Simplemente, expresar que somos capaces de ponernos en su lugar. Sin embargo, empatizar no significa aceptar, ni estar de acuerdo con la posición del cliente. Para demostrar esa actitud es indispensable usar frases como: "entiendo lo que siente", "noto que…", "imagino lo que habrá pasado", etc. **EMITIR PALABRAS DE REFUERZO POSITIVO O CUMPLIDOS:** Pueden definirse como verbalizaciones que suponen un halago para la otra persona o refuerzan su discurso al transmitir que se le aprueba, que se está de acuerdo o comprende lo que acaba de decir. Algunos ejemplos serían: "esto es muy divertido"; "me encanta hablar con usted" o "me gusta esa actitud, que esta asumiendo". Utilizar la **TÉCNICA ESPECULAR, LLAMADA ECO:** Es una de las que más facilitan el mantenimiento de la comunicación y por ende una conversación. Tiene componentes no verbales importantes pero en lo verbal se expresa con una frase similar a la dicha por el cliente o por la repetición de su última frase, como un espejo. Ello permite al cliente o paciente centrarse y orientarse en el tema. Puede ser un simple movimiento de cabeza, mueca de consentimiento, o parpadeo confirmatorio. Alvarez lo denomina técnicas-no-inducidas ya que las verbalizaciones del profesional son neutras y no comprometen, solo indican que siga adelante que se le esta escuchando[16]. **DARLE LA PALABRA:** La técnica de apoyo verbal más común es la de frases dichas sin prisas: "continúe, por favor", "Que más le ocurre", "Si, ya entiendo, siga si lo desea",… realizar **COMENTARIOS CONFIRMATORIOS:** Para alentar al cliente a continuar su discurso, se le llama Expresar Aprobación. Son comentarios generalmente verbales, pero los no verbales van en el mismo sentido. "efectivamente, usted tiene razón, yo también creo que sus problemas de… tienen que ver con…"

REALIZAR LA RETROALIMENTACIÓN COMUNICACIONAL:

Es una de las técnicas que más ayuda, y hay varias, entre ellas se encuentran: **Retroalimentación informativa:** Hechos, repetir lo que el cliente ha dicho para asegurarnos que lo entendemos "si no he entendido mal, me decía que las cosas se complicaron con el accidente". **Retroalimentacion del comportamiento:** Cuando le decimos las reacciones que sus palabras o comportamiento tienen. "cuando usted habla con ese tono de voz su hijo se queda bloqueado". Es una forma

---

[16]   Alvarez, V. (1984). Diagnóstico pedagógico. Sevilla: Alfar.

de retroalimentación muy importante al dar a conocer la reaccion a su condición, sobretodo a personas importantes para él. No prejuzga, ni atribuye intenciones ni sentimientos, solo expone la reacción a la conducta. **Una retroalimentacion eficaz tiene como características**; 1ª) Ser mas descriptiva que valorativa, sin juzgar y el cliente puede corregir su conducta; 2ª) Ser concreta y no general; tener en cuenta las necesidades del otro, sino puede ser inoportuno o herirle; son condiciones modificables, y no limitaciones del Sujeto no modificables; 3ª) Es contrastada por el Sujeto favoreciendo que la contradiga y debe darse en el momento oportuno y lo antes posible. **El Señalamiento:** El profesional pretende evidenciar un problema que el cliente ha verbalizado sin tomar conciencia de ello. Eso permite focalizarse en aspectos de mayor interés. **La Interpretación:** El objetivo, establecer causas y consecuencias de los hechos narrados. A veces va más allá de lo manifiesto, pero la relación causal debe ser comprendida por el cliente para poder profundizar. Esta técnica supone conocimiento profesional de los problemas desde otra dimensión. "creo entender que usted está preocupado por lo que hizo hace años, y que ahora se siente culpable". **Aterrizaje en Paracaidas:** El cliente no está planteando un tema necesario y es el profesional el que lo hace de manera sorpresiva y directa, debiendo el cliente encararlo directamente, ayudándolo a desbloquear la situación que no sabia como afrontar. No tiene porque ser una intervención aversiva o negativa.

ESTRATEGIAS IMPORTANTES EN EL MODO DE HACER PREGUNTAS.

PREGUNTAS ABIERTAS: El entrevistado (cliente) se expresa con sus propias palabras, a su ritmo y en el orden que a él resulte más cómodo. Son para explorar el campo ya que si es información inducida por el profesional será menos fiable y cierra la exploración. **PREGUNTAS CERRADAS:** Suelen contestarse con un monosílabo, acotan la información y estrechan el foco de investigación. Son para confirmar datos, o un aspecto particular, para esclarecer las causas de los hechos y para delimitar el diagnostico. Para **DEVOLVER LA PREGUNTA:** Hecha por el cliente pero formulada de otro modo, facilita o favorece que siga hablando y pueda él mismo encontrar la respuesta y gane confianza en su capacidad de indagar.

PREGUNTAS FACILITADORAS: Que no crean ambigüedad, facilitan una respuesta en una dirección. Permiten hablar de él mismo y el tema o contestar directamente sin sentirse mal. "Qué hace cuando se pone nervioso". **PREGUNTAS CLARIFICADORAS O TÉCNICA DE SONDEO:** Forma neutra de solicitar información de cómo entiende lo que se está hablando, con preguntas o gestos que demuestran interés y no prejuzgan. "¿Qué quiere decir para usted?", "Me podría explicar algo más". **PREGUNTAS CON ENCABEZAMIENTO** del que surgen varias posibilidades. "suele presentar las mismas conductas que en la escuela?". **PREGUNTAS GUIADAS O INDUCIDAS,** lleva implícita una respuesta monosilábica. Son preguntas de respuesta inducida por el profesional "ha pensado que quizás no dedica el tiempo suficiente".

Por otro lado las **PREGUNTAS DE CONFRONTACIÓN:** Además de inductivas y guiadas, confrontan al cliente o paciente con el problema que se está planteando. Generalmente se enuncian para responder sí o no. Conviene ser cauto en la primera entrevista. En algunos clientes la motivación al acudir a la entrevista, su actitud ante el entrevistador, el modo de expresar sus problemas y el deseo de cambio no siguen patrones esperados. Sin llegar a estos límites, algunos necesitan una intervención verbal diferente a la expuesta anteriormente, algunas técnicas que favorecen el desarrollo de las preguntas de confrontación son: las **técnicas de presión:** Como la confrontación directa, la presión del tiempo, como otras, pueden ser técnicas útiles si se conocen los objetivos a conseguir y se hacen con cautela. **Técnica de la confrontación directa:** Hacer tomar conciencia al cliente o entrevistado de las contradicciones entre lo que está diciendo y la conducta no verbal, o bien entre lo que ha dicho en un momento y lo que dice en otro. Confrontar un dato o hecho que es falso en sí mismo, pero que dice para salir de la situación y no quiere admitirlo. Son situaciones difíciles que requieren de experiencia, respeto y asertividad.

RECORDAR LÍMITES: Presión del tiempo, en el caso de que los clientes no se acomoden al tiempo determinado o a los límites establecidos en la entrevista, se trata de observar cómo trabaja un individuo bajo la presión del tiempo, cómo organiza la información restante y se encara con el límite temporal.

CENTRAR EL PROBLEMA / REVISIÓN DE SÍNTOMAS: Cuando el cliente o paciente tiene tendencia escapatoria, evasiva o trivializante, la presión respecto a las preguntas que se hagan y los cambios de conversación que introduzca deben de permitir al cliente o paciente encarar los conflictos, cuidando de no bloquearle aún más. Para Othmer y Othmer es una técnica básica de conducción de entrevista, en el manejo de las verbalizaciones de la primera (1ª) entrevista, donde se aconsejan técnicas facilitadoras de la comunicación, tales como: 1ª) Empezar con preguntas abiertas, de lo general a lo particular, 2ª) Centrarse progresivamente en el problema o problemas consultados, son deseables las preguntas no inductivas, 3ª) Los aspectos verbales deben cuidarse para propiciar la comunicación, 4ª) Escuchar activamente favorece la comunicación, y 5ª) Dejar hablar y no interrumpir son las reglas de oro básicas[17]. **Algunas consideraciones relevantes,** cuando se consulta por un niño o adolescente, las personas que directamente intervienen en la entrevista inicial son el psicólogo infantil, los padres que consultan y el sujeto o cliente que es objeto de la evaluación.

ENTREVISTA DE INTERVENCION CON POBLACION INFANTO-JUVENIL.

Aparte del conocimiento y experiencia en la entrevista, debe ser también un profundo conocedor del desarrollo evolutivo y de la psicopatología infantil; Esto permite contextualizar los motivos de consulta en una edad y en una etapa del desarrollo, discriminando las conductas transitorias de las estables, no patologizando las consecuencias naturales de las crisis evolutivas, diferenciando cuándo la intervención precoz es adecuada o propiciando morbilidad y tomando decisiones a tiempo evitando la cronificación de los síntomas. Estar al día de los aspectos que configuran el contexto social, hasta todas las variables del microcontexto familiar y escolar. Donde las características personales del profesional para el abordaje con poblacion infanto-juvenil; debe tener encuenta de contar con: Buen sentido del humor, curiosidad crítica, ser plástico, riguroso, pero, flexible y tener respeto al sujeto o cliente evaluado. Debe cuidar las

---

[17]   **9. Othmer, E. y Othmer, S.C. (1996). DSM-IV. La entrevista clínica. Tomo I. Fundamentos. Barcelona: Toray Masson, S.A.**

actitudes hacia el cliente evaluado y entrenarse en habilidades de escucha y comunicación en función del desarrollo del niño. El psicólogo indicará a los padres la necesidad de explicar al niño con las palabras que estos consideren oportunas, los siguientes aspectos: a) su preocupación por lo que ocurre; b) la consulta a un profesional psicólogo; c) el modo de trabajo de dicho profesional y su significado; d) la necesidad de que él asista con el objetivo de recibir ayuda en sus problemas.

El psicólogo averiguará qué le han explicado al niño con relación a por qué viene, qué ha entendido en el caso de que lo hayan hecho, y qué grado de acuerdo tiene él con los problemas por los que consultan.

El psicólogo solicitará de forma explícita su consentimiento para realizar una evaluación, le informará del derecho a la intimidad y confidencialidad, así como del derecho a conocer los resultados de la evaluación y las decisiones terapéuticas que se tomen por él.

La presencia de los padres en la entrevista, es una oportunidad privilegiada en la vida del hijo, pero ambos están personalmente implicados en la información que aportan. Hay que mantener una relación abierta y fluida en varios aspectos o a varias bandas → con la pareja como tal, con cada uno de ellos como progenitores diferenciados, además de la relación con el hijo, y también todos ellos como sistema familiar. En ocasiones se necesitan profesionales como informantes. Y además **QUIEN DECIDE LLAMAR O ACUDIR A LA CONSULTA, LA PRESENCIA DE AMBOS PADRES,** donde el motivo para decidirse acudir a consulta suele ser la repercusión que la conducta de los menores tiene para ellos mimos o para el ambiente → y el grado de responsabilidad que los padres mismos le atribuyan ante el problema va a condicionar su participación en el proceso.

PRE-ENTREVISTA CON POBLACION INFANTO-JUVENIL: Demandará a la persona que inicia la consulta, que es necesaria la presencia de ambos padres en la entrevista inicial, porque supone asumir la responsabilidad de ambos en la educación de los hijos, en las dificultades que presentan y en las soluciones que se planteen para resolverlas. a) Si uno de los cónyuges se exime de acudir a consulta, es difícil que se responsabilice del problema y el modo que se considera más idóneo para resolverlo, b) Es primordial conocer a ambos no sólo como personas sino también como pareja, la versión que cada uno de ellos tiene sobre el problema del hijo y el modo que considera más idóneo para resolverlo. c) Existen excepciones dadas por los diferentes modos de convivencia familiar que se van incrementando en la sociedad actual.

IMPLICACIÓN DE AMBOS PADRES EN EL DIAGNOSTICO DE LOS NIÑOS Y JOVENES: Evaluar a un niño, niña o adolescente obliga a conocer: primero, La salud mental de los propios padres, así como parte de sus antecedentes e historia personal. Los deseos y expectativas de tener hijos y formar una familia, así como la experiencia emocional y vinculante con ellos → la familia sistema microsocial. Las relaciones o vínculos de cada uno de ellos con el hijo por el que consultan. Las tentativas de solución que han planteado anteriormente, así como las consultas previas que han realizado. Los sentimientos de culpa que se atribuyen, ya sean mutuamente o aisladamente, o si en absoluto consideran que son responsables de lo que acontece. Y todos aquellos aspectos de la vida de los padres que el psicólogo considere de interés. La evaluación para los padres entraña cambios mayores o menores, que implican → modificar la visión del problema, corregir errores cognitivos, discriminar mejor responsabilidades, realizar atribuciones más correctas, situar más objetivamente los antecedentes y consecuentes, focalizar con más precisión las expectativas de cambio y ajustar con más realismo metas inmediatas y metas a largo plazo, así como objetivos imposibles. Se producen cambios personales que vienen en cadena o como efecto onda a consecuencia de los cambios que también acontecen en el cliente, sujeto infantil o en otros miembros de la familia → derivado de ello suelen plantearse cambios comportamentales.

Cómo percibe cada uno de los cónyuges los problemas del hijo: Difieren en aspectos tan importantes como: + Qué considera cada uno que es o no es un problema. + Cuál de los problemas por los que consultan es más importante. + Qué percepción tiene cada uno de cómo afecta al hijo el motivo de consulta. + La gravedad que cada uno infiere sobre lo que le ocurre al hijo. + La explicación que cada uno atribuye a los antecedentes del problema, incluyéndose a sí mismos y a la familia extensa del padre o madre. + La responsabilidad que le atribuyen al propio hijo en el conflicto que sufre. + Las posibilidades de cambio que preveen + La propia motivación para acudir a un psicólogo. + Lo que el profesional observa en la primera entrevista sobre la conducta de los progenitores, es una muestra de la conducta que el niño percibe en el ámbito familiar → diferencias parentales respecto a su propia persona, en relación con aspectos que entraña la educación y la crianza (+ y –relevantes).

DIMENSIÓN EVOLUTIVA DEL CLIENTE INFANTO JUVENIL Y LA RELACION DEL PSICÓLOGO DESDE EL PUNTO DE VISTA EVOLUTIVO.

ENTRE LOS CERO Y DOS AÑOS: El sujeto de evaluación es en realidad una parte de la díada madre-hijo. La consulta sepresenta por duda o sospecha de retrasos en algún área del desarrollo, o por termor o sospecha de un retraso generalizado.

ENTRE LOS 2 - 3 AÑOS → se utiliza las herramientas anteriores para explicarle el motivo de la consulta, por qué y para qué está ahí, y lo que se espera de él.

ENTRE LOS 4 – 5 AÑOS, Se presenta la exploración → observación juego y comunicación. Aquí la madre ya puede estar ausente momentáneamente y el juego libre o semiestructurado y la expresión gráfica y plástica, mediante las técnicas proyectivas, son herramientas de trabajo clínico aceptadas. Aquí se mantienen las demandas por adquisición evolutivas sin resolver, los primeros aprendizajes básicos y el fracaso en los mimos genera un incremento de consultas y por algunos problemas de conducta como déficit de atención, hiperactividad,… que se inicia en estas edades.

ENTRE LOS 6 Y 11 AÑOS, Nivel relacional verbal → reducido, pero diversos de unos niños a otros, y diferente de 6 a 11 años. 6-8 años → el juego y dibujo son dos estrategias de la entrevista con las que se expresan de forma espontánea y fácil. Con posterioridad el lenguaje empieza a ser un medio válido para exponer el motivo de consulta y dialogar sobre la situación de la evaluación. Es relevante la mediación e intervención de terceras personas.

ENTRE LOS 12 Y 18 AÑOS: La relación es más directa y personal, y las figuras parentales pierden protagonismo. Capacidad de comunicación y de relación interpersonal, a similitud con el examen del un adulto. Aquí se induce a desarrollar la capacidad de reconocer el problema y y facilitar la expresión verbal para hablar de su preocupación y malestar. Se profundiza el desarrollo de la capacidad introspectiva para analizar las cuestiones planteadas, las causas y su propia responsabilidad, anticipándose a generar los cambios posibles y la mejoría de estos, así como la toma de decisiones sobre la evaluación.

PUBERTAD Y ADOLESCENCIA → la demanda proviene de la necesidad de valorar habilidades cognitivas, orientación profesional/ laboral, o bien evaluar los trastornos de conducta de mayor prevalencia en estas edades (trastornos de conducta, conducta alimentaria, depresión y ansiedad).

PAUTAS DE ABORDAJE A LA POBLACION INFANTO-JUVENIL. Es importante recordar, que la **ANAMNESIS,** Supone una recogida de información sistematizada y cronológica de los hitos o límites evolutivos del sujeto o cliente a saber: **PAUTAS DE CRIANZA** y el desarrollo alcanzado pro el niño en distintos momentos de su proceso evolutivo. **INTERESA ESPECIALMENTE CONOCER LAS ADQUISICIONES Y LOS RETRASOS**, el modo de afrontar los cambios y la adaptación a situaciones nuevas. **SE REQUIERE PARTICULAR LA ATENCIÓN E INVESTIGACIÓN DE LAS SIGUIENTE ÁREAS:** embarazo y parto, lactancia, destete, alimentación, el sueño, desarrollo motor grueso y fino, aprendizaje del control de esfínteres, autonomía en el aseo personal y en el cuidado de sus cosas, historia escolar, intereses, juegos, hobbies, enfermedades infantiles, hospitalizaciones y estado de salud, socialización y relaciones interpersonales, cambios en la adolescencia, la sexualidad, acontecimientos vitales. Tan importante como lo anterior, es observar qué progenitor informa más y de qué aspectos evolutivos, cuándo interviene cada uno, cómo lo cuenta, en que orden, qué ansiedad y satisfacción se produce a revivirlo, quién expone preferentemente lo negativo o lo positivo, qué repiten, omiten,... Antes de finalizar la entrevista el psicólogo interrogará específicamente por los aspectos adaptativos del sujeto, cuáles son a juicio de los padres. Esto propicia en los progenitores la posibilidad de comprender los aspectos de normalidad y patología como una realidad integrada.

LA ENTREVISTA CON EL NIÑO: Hughes y Barker (1990) siguiendo los parámetros de estos autores, en la entrevista con los niños son similares, los aspectos comunes de la entrevista ya expuestos anteriormente en el abordaje con adultos, aquí se prioriza la bidireccional de la comunicacion, los objetivos definidos, los roles específicos y diferenciados, con un propósito específico, para facilitar la toma de conciencia y la activación del campo energético individual, fortaleciendo los elementos y estrategias que cofiguran la comunicación, tales como emisor, receptor, mensaje, con relación a las experiencias contextuales e interaccionales del cliente en su entorno familiar y social. En el caso de niños y adolescentes, en la entrevista ha de hacerse explícito el conocimiento del motivo de consulta y el tipo de trabajo que realiza el profesional, ya que los niños no tienen una representación mental sobre lo que es un psicólogo. El modo específico de llevar la entrevista difiere de los adultos fundamentalmente por la edad de los sujetos y del problema por el que se consulta. La edad es una variable crítica porque mediatiza dos aspectos fundamentales: el modo de interacción y el método a utilizar para obtener información[18].

FASES O ETAPAS DE LA ENTREVISTA CON NIÑOS Y ADOLESCENTES.

PRIMERA FASE: MUTUO CONOCIMIENTO precisan de un tiempo para situarse en el contexto en el que están pendientes del lugar, el examinador y apenas atienden a lo que se les dice. Se les explica la función del psicólogo, centrada en ayudar, al cliente o paciente, donde se le indicará brevemente al cliente su modo de trabajo, apoyando y animando que se presente la comunicación o conversación, la realización o expresión grafica, realizando algunos dibujos para fortalecer el trabajo psicoterapeutico por parte del profesional encargado del cliente y qué se espera que haga él cliente, durante el proceso psicoterapeutico.

---

[18] BARKER, R. G. (1968). *Ecological psychology*. California: Stanford University Press. Hughes y Barker (1990).

SEGUNDA FASE: IDENTIFICACIÓN DEL MOTIVO DE CONSULTA Y DE LOS PROBLEMAS DEL CLIENTE O SUJETO, se fundamenta específicamente en buscar una clarificación de la información por parte de ambos (cliente y profesional); exposición de lo que conoce de él, el psicólogo y recabar su opinión en lo relacionado a visualizar lo qué piensa, siente, por qué y cambio de los acontecimientos ocurridos. A continuación se explora generalmente con preguntas abiertas o más cerradas, dependiendo de la edad y características, los siguientes aspectos:

Aspectos generales, intereses, emociones, preocupaciones, etc. **Aspectos relacionados con la escolaridad**, rendimiento académico y responsabilidad asumiendo el compromiso de su propio proceso. **Relaciones sociales,** saber si es un sujeto aislado, o es sujeto sociable que tiene amigos, que vivencia una actividad y relaciones interpersonales y sociales, asumiendo un papel proactivo y empoderado con liderazgo personal, familiar y social, como colaborador en los diferentes campos de acion, como por ejemplo en los deportes, etc. **Conocimiento familiar**, cuéntame cómo es tu familia, pregunta abierta que abre el campo a cada integrante del nucleo familiar, para ampliar el panorama de conflicto, en el nucleo familiar, social y contexto relacional, asumiendo la asimilación de estrategias y técnicas proyectivas para mostrar su realidad actual. **Preguntas específicas para adolescentes: 1º) Aspectos adaptativos** preguntarle en qué áreas considera que no tiene ningún problema, puntos fuertes o aspectos potenciadores. **2º) Expectativas de cambio** qué cambiarias, es fácil o difícil, quienes te ayudarían, que puedes hacer tu, hacer tus padres, como puedo ayudarte. **3º) Después de lo hablado se le explica como se ve la situación** y qué acuerdo se establece para trabajar juntos.

TERCERA FASE: DESPEDIDA despedida precedida de una fecha de encuentro acordando el método de trabajo para ambos y los compromisos a los que llegan, asumiendo y aplicando las normas deontológicas, inherentes a la profesion.

CÓMO REGISTRAR LA INFORMACIÓN: Sólo hay ventajas e inconvenientes entre las distintas modalidades de registro, en cualquier caso, lo que se registra es confidencial, aspectos que pueden favorecer el registro de información: **Tomar notas en la entrevista:** Puede ser conveniente, pero también puede inhibir al entrevistado. **Anotaciones al final de la entrevista:** Puede ocurrir que sólo se recoja aquello que puede ser objeto de hipótesis del momento presente.

Registro mecánico: Necesita consentimiento informado de los pacientes. Exactitud alta y permite el análisis con otros profesionales, Se suele utilizar en instituciones que tienen una finalidad didáctica. **Sirve para entrenamiento de examinadores**, aprender sobre los pacientes y patologías específicas y necesita mucho tiempo

FIABILIDAD Y VALIDEZ: El intento de dotar a esta técnica de garantías científicas ha promovido estudios sobre fiabilidad y validez con resultado menos fructuosos de lo deseable o Ilimitado número de variables y la dificultad de controlar las mismas o de operativizarlas. El aspecto interaccional propicia ausencia de objetividad a la investigación científica, el investigador y el entrevistado no pueden considerarse objetivos o La entrevista es una muestra de la conducta de un sujeto en parte irrepetible, y por otra, el exponente de un estilo relacional en parte repetible. Kvale (1996) propone valorar la validez y la fiabilidad junto a la generalización de la metodología de investigación más amplia a través de siete etapas[19]: tales como, **Delimitar el tema:** Es imperioso formular el propósito, de lo que se busca, antes de iniciar la entrevista, centrada en el por qué, para que y el qué debe preceder al cómo. **Diseñar el plan a seguir:** Para obtener la información, es importante considerar las implicaciones éticas del conocimiento que se busca y obtiene. **Entrevistar a la persona:** Guiando la entrevista al objetivo planteado y considerando la relación interpersonal de la situación de entrevista. **Transcribir lo ocurrido:** Utilizar un sistema de registro mecánico o escrito, es importante para que pueda ser analizado con posterioridad sin problemas. **Analizar los datos obtenidos:** Considerar el análisis de los datos obtenidos con los métodos de análisis rigurosos, para fortalecer el proceso investigativo encaminado a lograr la fiabilidad y la validez de las estrategias de recolección deinformacion, mediante la utilización

---

[19] Kvale, S. (1996), Entrevistas: Una introducción a la entrevista de investigación cualitativa. Thousand Oaks, CA, Sage.

de estudios de caso para fortalecer los procesos intervéntivos con este segmento poblacional. **Verificar la generalización de los resultados:** Su fiabilidad y validez con una metodología propia de entrevista, esta encaminada a fortalecer procesos y protocolos en las guias de atencion. **Informar y/o comunicar verbalmente o por escrito dichos resultados:** Teniendo en cuenta criterios científicos y la comprensibilidad de los mismos, en el fortalecimiento de las guias y protocolos de atencion. Sin olvidar el **Concepto de objetividad:** para Bernstein (1983) existe si el conocimiento que se obtiene reúne las características de verdadero, real y estable, independientemente del observador que participa en la entrevista[20]. Para Kvale (1996) y Polkinghorne (1989) no es un concepto unívoco y se precisan estudio que delimiten y clarifiquen el concepto antes de valorar la objetividad o subjetividad de esta técnica[21].

ESTREVISTAS DE DIAGNÓSTICO: Son técnicas y estrategias estructuradas que intentan mitigar la variación de los mecanismos de intervención, como lo menciona Ezpeleta (2001) que para mejorar el abordaje y recogida de información se necesita mayor nivel de estructuración y la contrastación de la información cuando la entrevista es de nuevo recogida por el mismo examinador. **Variable examinador:** El estudio de la fiabilidad analizada a través de la variable el examinador ha demostrado ser la de mayor variabilidad sesgos. **Validez de contenido:** El modelo conductual, el análisis topográfico y funcional de la conducta, proporciona alta validez de contenido al delimitar variables antecedentes o consecuentes del problema. **Validez de criterio:** Trata de confirmar que la conducta que expresa tiene que ver con su vida real.

RECOMENDACIONES A MODO DE SÍNTESIS: Puntos primordiales de la primera entrevista:

---

[20] Bernstein RJ. (1983) Más allá del objetivismo y el relativismo: la ciencia, la hermenéutica y la praxis. Philadelphia: University of Pennsylvania Press; 1983.

[21] Polkinghorne, D. E. (1989). Métodos de investigación fenomenológica. En R.S. Valle y S. Halling (Eds.), perspectica fenomenológica existencia en psicología (pp. 41-60). Nueva York: Plenum.

En la fase inicial de la entrevista: Es fundamental tener en cuenta que: 1º) Preparar la entrevista en función de la pre-entrevista. 2º) Ser puntual, cortés y empático en el momento inicial. 3º) Informar del modo de trabajo actual y en sesiones posteriores. 4º) Explicitar al Sujeto las normas deontológicas básicas.

En la fase media de la entrevista: Es fundamental tener en cuenta que: 1º) No dejar que sea exclusivamente el Sujeto quien dirija la entrevista. 2º) Usar discriminadamente refuerzos positivos con el Sujeto 3º) No perder el control o directividad en la comunicación 4º) No hacer demasiadas preguntas en un solo momento 5º) Escuchar, dejar hablar y no interrumpir frecuentemente. 6º) Usar adecuadamente preguntas abiertas y cerradas

7º) Centrar el tema e interrogar sobre los problemas por los que consulta, sin obviarlos por miedo a angustiar o hacer sufrir al Sujeto 8º) Atender la comunicación no verbal, 9º) Tomar notas de forma pausada, no continua, a fin de no bloquear la espontaneidad del cliente 10º) No emitir juicios de valor,

11º) Eliminar distractores. 12º) Alentar al Sujeto con comentarios o conductas no verbales 13º) Elaborar adecuadamente la información recibida. 14º) Cuidar el tiempo de la entrevista. 15º) Ofrecer informaciones profesionales cuando sea necesario 16º) Exponer un resumen de lo tratado en la entrevista.

En la fase final de la entrevista: Es indispensable: 1º) Explicar el modo de trabajo en las sesiones de evaluación próximas. 2º) Despedirse proponiendo otra cita. 3º) Darse tiempo para elaborar un mapa conceptual del problema.

EN SINTESIS

Las características básicas de la entrevista se realiza en función de la edad, por el nivel de estructura, por el proceso y por la finalidad; según los objetivos se incia observando y escuchando, se continua obteniendo información, guiándola entrevista hasta establecer hipótesis; aquí se distingen las etapas de la entrevista en un primer momento la pre-entrevista, luego con la entrevista en su primera fase de conociientomutuo, luego la fase de exprloracion e identificación del problema y se da continuidad con la despedida para finlizar con la post entrevista, la variables de comunicación se centran en el emisor enfatizando en la conducta verbal y no verbal, con el receptor enfatizando en la conducta verbal y no verbal,teniendo en cuenta el mensaje del que y como sin olvidar las variables del contexto de interaccion.

También se enfatiza en el análisis del problema con el motivo de consulta según el análisis de la demanda con sus antecedentes y consecuentes, jerarquizando los problemas y la definición operativa de los mismos obteniendo las hiptesis o mapa conceptual y el pronostico según sea el caso particular.

Las características del entrevistador, se centran en actitudes específicas y desarrollo de habilidades comunicacionales, específicamente de escucha y manejo de verbalización, teniendo en cuenta consideraciones especificas dependiendo de quien consulta, como por ejemplo si lo hace un niño o si la demanda de atención proviene de un adulto, teniendo en cuenta criterios específicos de valores, expectativas y nivel de estrés de los síntomas; en el caso de la consulta de un niño se tiene en cuenta situaciones especificas como por ejemplo si esta en presencia de ambos padres y si hay información, colaboración, motivación, o si se encuentra en presencia de la pareja/famlia como un todo, donde los padres implicados en en el problema, facilitan el proceso de evaluación y se encaminan a la búsqueda de soluciones, en todo el proceso de evaluación dando prioridad a la solución del conflicto como resultado del proceso de obtención de información, obteniendo resultados de como llevar a cabo el proceso psicoterapéutico, orientando el cambio a los padres consecuentes y/o asociados a la evolución del proceso; es asi que la entrevista con el niño, se mantiene elestilo interaccional en función de la edad y el mnejo de interacciones, por lo tantose debe asumir de la siguiente manera: 1°)Motivo consulta, 2°) Rol psicólogo 3°)Normas deontológicas 4°)Análisis del problema, 5°) Motivación de cambio, 6°) Contrato terapéutico, que dependiendo del compromiso con el trabajo, se obtienen optimos resultados, con cuales se debe registrar la información durante la entrevista, y después de la entrevista, utilizando metodos de grabación mecanizada, para obtener la fiabilidad y validez del proceso psicoterapéutico, donde la dificultad para validez y fiabilidad es muy evidente cuano se trabaja con nliños: de esta menor se estan realizando intentos de dotarlas de rigor científico reconceptualizando la metodología, abriendo nuevas vías de investigación al respecto,

PAUTAS DE EXAMEN MENTAL EN SUJETOS O CLIENTES QUE NO COLABORAN.

PORTE Y ACTITUD, GENERALIDADES: Examen de postura: Posición asumida (permanencia, cambio, variedad). Grado de actividad. **Tono:** Estado de tensión o de relajación (constancia, irregularidad). Catatonia. **Primera reacción a la presencia del examinador:** Se percata de su presencia o se oculta. **Expresión facial:** Cambiante, fija, tensa, fláccida, apática, vacua, tonta, triste, miedosa, complaciente, dramática, colérica, suspicaz, estática, exótica, erótica. **Mirada:** Miradas furtivas, miradas perdidas en el espacio, globos, oculares móviles, inmóviles, vueltos hacia arriba bajo los párpados, consistencia de los globos oculares, presencia o ausencia de parpadeo, parpadeo reflejo de defensa, estado de las pupilas, sensibilidad corneal. **Espontaneidad:** Anotar toda expresión del rostro, gestos, palabras y acciones que aparezcan con espontaneidad. En este caso aprovechar la oportunidad para iniciar una conversación sencilla. Si la mímica demuestra tristeza, preguntar el porqué; si empieza a hablar y luego interrumpe la conversación, puede preguntársele si algo le molesta o le preocupa. Algo le impide responder. Insinuar si acaso se siente atemorizado o avergonzado de hablar. **Reflejos:** Respuesta a las diversas estímulos, pruebas o situaciones naturales. **Sensibilidad:** Sensibilidad al dolor. Anotar las reacciones consiguientes (grado, naturaleza, adecuación). Sensibilidad a las posiciones incómodas y a los estímulos molestos (moscas, contra-sol, etc.). **Movimientos:** normales o estereotipados o bizarros La **comunicacion no verbal:** Perspectivas en la clasificacion del comportamiento No Verbal, los escritos y las investigaciones sobre comunicación no verbal pueden dividirse en las siguientes áreas:

MOVIMIENTO CORPORAL O MOVIMIENTO CINÉSTESICO:
Los emblemas, gestuales o faciales, manuales o ademanes y lapsus emblemáticos. **Los ilustradores,** movimientos que acentúan o acompañan a una palabra o frase, esbozan una vía de pensamiento,

señalan sujetos u objetos presentes, describen una relación espacial o el ritmo de un acontecimiento, trazan un cuadro del referente o representen una acción corporal. **Las muestras de afecto,** Son configuraciones faciales o corporales concientes o inconscientes que pueden repetir, aumentar, contradecir o no guardar relación con las manifestaciones afectivas verbales. **Los reguladores,** Indican al hablante que continúe, repita, se extienda en detalles, se apresure, haga más ameno su discurso, conceda al interlocutor su turno de hablar; el saludo y la despedida indican el inicio o fin de una comunicación cara a cara; el tipo de movimientos de la cabeza y/o el contacto visual pueden indicar que la comunicación continúe, se corte o acelere. **Los adaptadores,** Son conductas o comportamientos autodirigidos como agarrarse, frotarse, apretarse, rascarse, apoyarse o pellizcarse a sí mismo; los heteroadaptadores, tales como los movimientos de las piernas pueden ser adaptadores que muestran residuos de una agresión a puntapiés, una invitación sexual, una fuga o evasión, etc; y los adaptadores dirigidos a sujetos u objetos, tales como llevar del brazo o de la mano a una persona, fumar un cigarrillo, balancear un llavero, o mascar una goma. **Características físicas:** Son aspectos que se mantienen relativamente sin cambio durante el período de interacción, tales como, la estructura y forma del cuerpo, los olores o "humores", la contextura en correlación talla- peso, el tipo y cantidad de cabello, los rasgos de la piel, etc. **Comportamientos táctiles:** Frecuencia, grado y forma de contacto con otras personas y cosas, como por ejemplo en las caricias, en el saludo, en la agresión, etc. **Paralenguaje:** Cualidades de la voz (altura, ritmo, el tiempo, articulación o pronunciación, la resonancia, el control labial y de la glotis, etc.), vocalizaciones (caracterizadores vocales como por ejemplo la risa, el llanto, el suspiro, el bostezo, el estornudo, la tos, el ronquido, la "queja", etc; los cualificadores como las intensidades o extremos de la voz y su altura, y la extensión que va desde el arrastrar las palabras hasta el hablar extremadamente cortado; las segregaciones vocales como por ejemplo "ah", "huy", "ya", "hum", "ehm", "mmm", etc.; y otros tales como las pausas, los sonidos intrusos, errores al hablar y estados de latencia. **Proxémica:** Percepción, uso y control del espacio personal, de la territorialidad grupal o distancia social, etc. Puede ser impuesto por el sistema social o propuesto por el individuo. Puede estar predispuesto por las condiciones del medio físico o las circunstancias sociales entre el individuo y el grupo, también puede estar referido al flujo de la comunicación y la actividad estudiantil, laboral o recreativa. La distancia conversacional varía de acuerdo con el sexo, el status socio económico o laboral, el nivel cultural o educativo, los roles sociales, la crianza familiar e inclusive el prejuicio personal. **Artefactos:** Preferencia por cierta ropa y accesorios (corbata, pañuelo, gorra, zapatos, cartera, billetera, bolso o maletín, alhajas, postizos, cosméticos y perfumes, anteojos, etc.), adquiridos o usados voluntariamente.

ENTORNO O MEDIO CONTEXTUAL Y RELACIONAL: Esta categoría comprende aquellos elementos que favorecen o interfieren en la relación humana pero que no son parte directa de ella. Los factores del entorno o medio relacional incluyen los muebles, el estilo arquitectónico, el decorado de los interiores, las condiciones de luz y ventilación, los olores, colores, temperatura, orden, ruidos o música, elementos arquitectónicos y huellas de acción (colillas de cigarros, residuos de comida, deshechos de materiales, etc.).

LA COMUNICACIÓN NO VERBAL, No debería estudiarse como una unidad aislada, sino como una parte inseparable del proceso global de comunicación. Puede servir para repetir, contradecir, sustituir, complementar, acentuar o regular la comunicación verbal. Es por otro lado, importante debido al papel que desempeña en el sistema total de la comunicación, la tremenda cantidad de señales informativas que proporciona en toda situación particular, y a que se la utiliza en áreas fundamentales de la vida cotidiana.

ALGUNOS MITOS COMO PREMISAS: Lo mismo que ocurre en cualquier campo de estudio relativamente nuevo y muy promocionado en la prensa popular, se asocian a la comunicación no verbal algunos mitos comunes. Knapp (1978) esperaba que se disipen tales mitos que incluyen[22]: **El mito del aislamiento,** que ve en el sistema no verbal una entidad distinta y aislada de la totalidad del sistema de comunicación humana. Si bien este apartado se centra casi exclusivamente en los procesos no verbales, se advierte al lector que éstos se hallan

---

[22]   Knapp, M. L. (1978). La comunicación no verbal en la interacción humana. Nueva York: Holt, Rinehart y Winston.

inexplicablemente unidos a los aspectos verbales y contextuales de la comunicación. La separación es artificial porque en la interacción cotidiana real los sistemas verbal y no verbal son interdependientes. **El mito de la clave del éxito**, que sostiene que la comprensión de la comunicación no verbal es algo así como un elíxir mágico que asegura el éxito en las relaciones interpersonales. Comprender el "lenguaje corporal" equivale a comprender los matices de la persuasión, la información, la diversión, la expresión de emociones y el dominio de la interacción a través del comportamiento verbal. No es más que una parte del proceso global de la comunicación, una parte de la habilidad necesaria para llegar a ser un comunicante eficaz. Puede ser muy importante en algunas situaciones e irrelevante en otras. Un mito relacionado con el anterior tiene que ver con el miedo a quedarnos totalmente al descubierto ante la gente que ha "dominado" el código no verbal, el miedo a que haya gente capaz de conocer nuestros pensamientos más profundos porque no podemos controlar las señales no verbales. En realidad, somos conscientes de algunas conductas no verbales y ejercemos sobre ellas un considerable control y una vez que hemos advertido que alguien trata de utilizar su conocimiento de nuestro comportamiento no verbal de un modo interesado o manipulador, lo modificamos y lo adaptamos. **El mito del significado único**, se basa en el supuesto de que cuando estamos ante una señal no verbal particular (una cabezada, por ejemplo), podemos con toda seguridad asociar ese comportamiento con un significado determinado (acuerdo). Pero la conducta no verbal, exactamente lo mismo que la verbal, puede tener muchos significados diferentes en función del contexto social. El dar rápidas cabezadas, antes que expresar acuerdo puede significar el deseo de que el interlocutor se dé prisa y termine de hablar.

PERSPECTIVAS EN LA DEFINICIÓN DE LA COMUNICACIÓN NO VERBAL:

Conceptualmente, la fórmula no verbal es susceptible de una gran cantidad de interpretaciones, exactamente igual que el término comunicación. Parece que la cuestión básica consiste en establecer si los hechos que tradicionalmente se estudian como no verbales lo son realmente. Se dice que Birdwhistell, un pionero en la investigación no verbal, ha comparado el estudio de la comunicación no verbal con el estudio de la fisiología no cardiaca. Es una comparación bien escogida. En efecto, no es fácil hacer una disección únicamente del comportamiento humano verbal y otra exclusivamente del comportamiento no verbal. Tan íntimamente tejida y tan sutilmente representada está la dimensión verbal en una parte tan considerable de lo que hemos clasificado antes como no verbal, que a menudo la expresión no describe correctamente la conducta en estudio[23]. Algunos de los más notables investigadores ligados al estudio del comportamiento no verbal se niegan a separar las palabras de los gestos, razón por la cual utilizan las expresiones más generales de comunicación o interacción cara a cara (comunicación total o integral). Otra posible fuente de confusión en la definición de la comunicación no verbal estriba en que se sabe con certeza si se habla de la señal producida (no verbal) o del código interno de interpretación de la señal (a menudo verbal). En general, cuando la gente habla de comportamiento no verbal se refiere a señales a las que se ha de atribuir significado y no al proceso de atribución de significado. La borrosa línea de demarcación entre comunicación verbal y no verbal se complica con una distinción igualmente difícil, la distinción entre fenómenos vocales y no vocales. Es importante tener en cuenta los siguientes aspectos: **No todos los fenómenos acústicos son vocales**, como por ejemplo, el ruido de golpear con los nudillos, un gorgoteo de estómago, las ventosidades, las palmadas en el muslo o en la espalda de otra persona, o un golpe en el escritorio, el hacer chasquear los dedos o el aplaudir. **No todo fenómeno no acústico es no verbal**, como por ejemplo, algunos de los gestos del lenguaje que utilizan muchos sordos. **No todos los fenómenos vocales son iguales**, pues algunos son respiratorios y otros no. Un suspiro o la aspiración antes de hablar pueden considerarse fenómenos vocales y respiratorios; un chasquido de la lengua, en cambio, debe clasificarse como vocal, pero no como respiratorio. **No todas las palabras o "aparentes" series de palabras son claras o característicamente verbales**, como, por ejemplo, palabras onomatopéyicas tales como cuchichear o murmurar, así como el habla no proposicional que utilizan los subastadores y ciertos afásicos. A menudo es difícil clasificar precisamente cada una las conductas que se considere. Con criterio realista hemos de esperar que haya zonas en que se superpongan conductas que satisfagan ciertos aspectos de una categoría y ciertos aspectos de otra. **En vez de tratar de clasificar la**

---

[23] Birdwhistell R, (1979),El lenguaje de la expresión xorporal, Barcelona, Gustavo guilli

conducta como verbal o no verbal, Mehrabian ha optado por usar la dicotomía "explícito-implícito". En otras palabras, Mehrabian creía que lo que llevaba una señal al dominio de no verbal era su sutiliza, y la sutileza parecía estar directamente ligada a la ausencia de reglas explícitas de codificación. La obra de Mehrabian se centraba primordialmente en los referentes que se tienen para diversas configuraciones de conducta no verbal implícita, es decir, el significado que uno atribuye a esas conductas. El resultado de amplios experimentos reveló que existe una perspectiva triple: 1ª) **Inmediatez.** A veces reaccionamos a cosas evaluándolas como positivas o negativas, buenas o malas, agradables o desagradables. 2º) **Estatus.** A veces actuamos o percibimos conductas que indican varios aspectos de estatus en relación con nosotros, como fuerte o débil, superior o subordinado. 3ª) **Impresionabilidad.** Esta tercera categoría se refiere a nuestras percepciones de actividad, como lento o rápido, activo o pasivo[24].

OBSERVACIÓN Y AUTO-OBSERVACIÓN, USOS DIAGNÓSTICOS.

La observación como método científico, Es la técnica más antigua de todas las que se utilizan en evaluación psicológica, pero mantiene su actualidad y aún se utiliza dándonos garantías suficientes a la hora de la recogida de datos. Ahora está muy sitematizada. **OBSERVAR:** Es advertir los hechos tal y como se presentan en la realidad y consignarlos por escrito, como principio de dar fe de que eso está ocurriendo, dejar constancia de lo que ocurre. El fundamento científico de la observación reside en la comprobación del fenómeno que se tiene frente a la vista. La observación se convierte en método o una técnica en la medida en que cumple una serie de objetivos o requisitos: 1º) Sirve a un objetivo, previamente establecido, de investigación. 2º) Es planificada sistemáticamente. 3º) Es controlada previamente. 4º) Está sujeta a comprobaciones de fiabilidad y validez. 5º) Nota: Existen diferencias entre observación y experimentación. En la observación sólo se da fe de lo que ocurre, mientras que en la experimentación el experimentador

---

[24] Mehrabian, Albert (1981). *mensajes silenciosos: Comunicación implícita de emociones y actitudes* (. 2ª ed). Belmont, CA:. Wadsworth ISBN 0-534-00910-7. / Mehrabian, Albert (1972). *Comunicación no verbal.* Chicago, IL:. Aldine-Atherton ISBN 0-202-30966-5.

hace modificaciones sobre lo observado, se interviene para cumplir unos objetivos. El experimentador manipula la situación. La experimentación cumple las mismas fases que otro método científico. Las fases de la observación, a tener en cuenta son: **1º) Se coge un Problema.** Se especifica lo que ha de ser observado. 2º) **Recogida de datos:** a) Definir las variables a observar. b) Costo económico y tiempo invertido. c) Decidir el muestreo de datos. 3º) **Análisis e interpretación de los datos recogidos.** Elaborar conclusiones o incluso replanteamientos. 4º) **Comunicación de los resultados** → Informe sobre si los hallazgos son o no relevantes.

VENTAJAS Y LIMITACIONES DEL PROCESO DE OBSERVACION:

VENTAJAS: 1ª) Permite obtener información de los hechos tal y como ocurren en la realidad. 2ª) Permite percibir formas de conducta que en ocasiones no son demasiado relevante para los sujetos observados. 3ª) Existen situaciones en las que la evaluación solo pueda realizarse mediante observación. 4ª) No se necesita la colaboración activa del sujeto implicado.

LIMITACIONES: 1ª) En ocasiones es difícil que una conducta se presente en el momento que decidimos observar. 2ª) La observación es difícil por la presencia de factores que no se han podido controlar. 3ª) Las conductas a observar algunas veces están condicionadas a la duración de las mismas o por que existen acontecimientos que dificultan la observación. 4ª) Existe la creencia de que lo que se observa no se puede cuantificar → Contracrítica: ya existen técnicas para que se puedan observar correctamente y replicar, etc.

SISTEMATIZACIÓN DE LA OBSERVACIÓN: Hay tres grados de sistematización de la observación:

No Sistematizada, Ocasional o No controlada: Escrutinio muy cuidadoso de situaciones de la vida real, previamente establecidas pero en las que no se intentan utilizar instrumentos de precisión, ni tampoco se quiere comprobar la exactitud de los fenómenos observados. Se presta gran atención a lo que se observa y hay que estar muy preparado para captar lo que ocurre. Es no estructurada, no sistematizada, pero muy abierta. Normalmente esto se utiliza cuando conocemos poco del hecho a observar; en situaciones poco conocidas, complejas o poco definidas.

Sistematizada o Controlada: La más utilizada en ciencias humanas y psicología. Es preferible a la anterior. Su propósito es descubrir y precisar con exactitud determinados elementos de conducta que poseen un valor predictivo. (Frecuencia)

Observación Muy Sistematizada: Caracterizada por cumplir: a) Las variables que van a ser observadas están asiladas y basadas en una teoría explícita. b) No se va a registrar nada que no caiga dentro de una categoría preestablecida. c) Las situaciones de partida están sometidas a riguroso control, para que se puedan comparar con situaciones similares o se puedan replicar.

LOS COMPONENTES DEL PROCESO OBSERVACIONAL:
Todos los aspectos metodológicos que hay que tener en cuenta: 1º) **UNIDADES DE ANÁLISIS:** qué hay que observar. (Ej.: conductas, interacciones,...). 2º) **UNIDADES DE MEDIDA:** cómo observar. (1ª) Básicas/primarias: (a) Ocurrencia, (b) Frecuencia. (c) Duración. (d) Dimensiones cualitativas. (2ª) Secundarias. 3º) **TÉCNICAS DE REGISTRO:**(a) Registro valorativo. (b) Escalas de apreciación, cuando se pretende clasificar o cuantificar la conducta. (c) Catálogos de conducta o lista de rasgos agrupados en categorías o clases, también delimitar antecedentes y consecuencias. (d) Registro normativo en observación No sistemático donde se recoge la conducta tal y como se presenta.

FIABILIDAD Y VALIDEZ: 1º) Validez: si medimos lo que queremos medir. **2º) Fiabilidad:** índice de porcentaje de acuerdo y el acuerdo de puntajes.

GRADO DE PARTICIPACIÓN QUE PODEMOS ENCONTRAR EN LA OBSERVACIÓN:

1º) Observación Externa o No participante: El observador no pertenece al grupo objeto de estudio. (a) Observacion Directa: cuestionarios o entrevista. Interactúa en plano distante. (b) Observacion Indirecta: no interactúa con el sujeto, recoge notas, archivos, etc.

2º) Observación Interna o Participante: El observador pertenece al grupo objeto de estudio. (a) Pasiva: interactúa lo menos posible, sólo observa y está ahí presente. (b) Activa: forma parte del grupo e interactúa como si fuese uno más.

3º) Autoobservación: Observador = sujeto. El mayor grado de participación. Para autoobservarse correctamente se necesita de la introspección deba hacerse desde lo objetivo a lo subjetivo. En este aspecto se presentan críticas sobre su fiabilidad, ya que existen personas que pueden autoobservarse y otras que no; por lo tanto han de recibir un entrenamiento para que los puedan realizar. La autoobservación es un doble proceso, ya que se debe: 1º) Atender deliberadamente a la propia conducta. 2º) Registrarla a través de un procedimiento previamente establecido. 3º) En qué cosas es favorable la autoobservación: a) Conductas íntimas y privadas. b) Conductas Encubiertas difíciles de observar tales como los pensamientos, tomas de decisiones, fantasías… etc. c) Conductas que pueden estar desencadenadas por reacciones internas, como por ej.: fumar por nerviosismo. 4º) Puede ayudar al sujeto a motivarlo para seguir un tratamiento. 5º) La autoobservación se usa como técnica de evaluación y como método terapéutico. a) Requiere entrenamiento y determinadas características personales. b) Requiere también recogida de datos. c) El hecho de observar en sí mismo una conducta problema lleva a que el sujeto la autodirija y la autocontrole. Con conductas que están fuertemente consolidadas (ej.: fumar) hace que se rompa la cadena de conductas sucesivas y ayuda a modificarlas (ej.: dar un botón cuando van a fumar) = Reactividad de la conducta problema que hace que se modifique esta conducta por otra. Existen variables que ayudan a efectuar el cambio (ej. Motivación, la naturaleza de la conducta, etc.). La única limitación son sujetos incapaces o situaciones no viables.

CAPITULO DOS

En este capitulo, se esboza lineamientos generales a la hora de implementar el procedimiento terapéutico, desde el enfoque ECOCLINICO, como realizar un psicodiaagnostico y elemento básicos a tener ene cuenta a la hora de evaluar, e intervenir, adicionalmente en líneas generales se revisara la aplicación de pruebas psicotécnicas.

PROCEDIMIENTO PSICOTERAPEUTICO ECOSISTEMICO CLINICO. Se trata de seguir parámetros específico, para lograr resultados, por lo tanto es de vital importancia, tener en cuenta los principios básicos antes de intervenir un sujeto.

PRINCIPIOS BASICOS ANTES DE INTERVENIR CON UN SUJETO: Primero, Nunca se comprometa a tratar a una persona que por cualquier motivo le produzca el más mínimo grado de rechazo o apatía. Estos casos siempre tiene un mal pronóstico, y por lo tanto podrían ser mejor intervenidos por otro profesional. **Segundo,** Asuma siempre un rol profesional. Recuerde que a pesar de su eventual inexperiencia práctica, debido a sus estudios universitarios en el área, usted posee por lo menos una mínima "cultura psicológica", esto es, toda la formación que le queda aún después de haber olvidado todo lo que le enseñaron. **Tercero,** Comience por educar al cliente hacia la psicoterapia, ya que la mayor parte de los mismos ignoran lo que tal expresión significa. Haga especial énfasis en que el trabajo a realizar es en conjunto y que no se trata de un proceso de solución de problemas ni de consejería. **Cuarto,** Ubique su trabajo dentro de un marco conceptual específico, ya que así podrá fijar puntos de referencia como un mapa que le oriente dentro del transcurso de la intervención. Sin embargo no restrinja su libertad a los límites tediosos de ningún mito teórico. **Quinto**, Nunca planee rigurosamente las sesiones. En la psicoterapia real uno debe saber a cada instante dónde está, pero nunca para dónde va. **Sexto,** Trate de coexistir siempre al máximo, e intente disminuir hasta la extinción toda rivalidad o tiranía con el cliente. **Séptimo,** Esté siempre dispuesto a ser recursivo y flexible. La psicoterapia debe ser como un río en movimiento y no como un pantano estancado. **Octavo,** Sea siempre prudente, y acepte por lo tanto sus propias limitaciones: no intervenga "porque sí" en todos los casos, ni ignore tampoco la existencia de otros especialistas competentes, ni mucho menos la del trabajo interdisciplinario. **Noveno,** Con el paso del tiempo observe con qué tipo de cliente o paciente se siente más a gusto, y con cuáles logra mayor éxito terapéutico, y aprenda de ello tanto en términos de las razones profundas de sus preferencias y alcances, como de la importancia de tal hecho para concretar su área de especialidad. **Decimo**, Asegúrese de ser siempre ético y ecuánime, conozca y respete los códigos morales de su profesión, y nunca venda sus servicios profesionales a intereses de dudosa reputación.

EL PSICODIAGNOSTICO. De la misma forma, para no extraviarse en un territorio desconocido, un viajero necesita de un mapa, para intervenir psicoterapéuticamente, también se requiere conocer, aunque sea un poco, la topografía psicológica del sujeto a través del psicodiagnóstico. Por lo tanto, se denomina Psicodiagnóstico a la evaluación completa del estado mental de una persona, por lo general con el propósito de explicar un determinado comportamiento, rasgo o padecimiento y determinar la forma más adecuada de abordarlo o intervenirlo y por ende manejarlo o remediarlo. Por lo tanto la concepción de la mente humana ha cambiado a lo largo del tiempo y por lo tanto, también lo han hecho las formas de evaluación. En la actualidad, sabemos que la mente y sus dificultades se encuentran determinadas por factores tanto biológicos como sociales y que en realidad todos los problemas mentales se deben o se presentan como causas importantes al interjuego de cuatro factores, como lo menciona el modelo biopsicosocioespiritual, del cual se apoya el modelo ecosistémico clinico: Donde el funcionamiento deficitario de áreas específicas del cerebro a causa de una configuración genética, diferente que altera sea la estructura cerebral o sus delicados balances químicos o de alteraciones del sistema nervioso debido daños durante el nacimiento o posteriores al mismo. Como también, que debido a las

ACTIVACIÓN ENERGÉTICA PARA EL CAMBIO SEGÚN EL MODELO ECOSISTÉMICO CLÍNICO

creencias rígidas sobre el mundo y/o sobre sí mismo que conducen a a una forma inadecuada de interpretar la realidad y en consecuencia, a no solucionar los problemas de manera satisfactoria. Donde se ven afectadas las relaciones y formas de interactuar con los demás, ya sea que pensemos en relaciones personales, familiares o en un sentido más amplio, trabajo, escuela, sociedad, en que los intentos por solucionar sus problemas tienden a empeorarlos. Como también la falta de estructuración intrapsíquica desde el plano espiritual, emocional o afectvo debido al vacio espiritual, entre otros.

Teniendo en cuenta estos cuatro factores, los cuales se deben visualizar para pensar y realizar una evaluación Psicodiagnóstica. De esta manera, se podría afirmar que un psicodiagnóstico es bueno cuando: primero, da cuenta del funcionamiento global de la persona desde una perspectiva integral.; segundo, se utilizan técnicas actualizadas. Tercero. Explica de forma clara y consistente la naturaleza del problema que motivó la consulta. Cuarto, Brinda un panorama general de las capacidades y lados fuertes del sujeto, ya que es en base a ellos que los problemas encontrarán una causa y una solución. Adicionalmente; Tiene el poder predictivo para poder dar al sujeto y/o a la familia un pronóstico de resultados, tanto en el caso de que se realice un tratamiento, como si este no tiene lugar., el cual puede ser entregado por escrito en términos comunes a todos los profesionales, mediante una clasificación estandarizada, pero también explicado en términos claramente comprensibles por el sujeto, cliente o paciente y sus seres queridos; donde se Se incluye más allá del nombre técnico del problema una explicación sobre cómo el mismo afecta al sujeto, cliente o paciente en particular. Y se realiza de forma rápida, donde implica que el sujeto, cliente o paciente inicia su tratamiento en la tercera sesión en un tiempo inferior a 15 días.

Un Psicodiagnóstico, esta compuesto por tres partes importantes, tales como: Admisión, Administración de Pruebas y Devolución.

ADMISIÓN. Es la parte más importante para una evaluación y debe estar a cargo de una persona capaz y experimentada. Por lo general es una entrevista prolongada en la que el sujeto, cliente o paciente y en algunos casos sus familiares, cuentan inicialmente cual es el problema que observan. Luego el profesional comienza una serie de indagaciones, cubriendo todos los aspectos necesarios, con el fin de establecer una serie de hipótesis que corroborará o refutará utilizando unas pruebas o técnicas específicas.

ADMINISTRACIÓN DE PRUEBAS. Un primer aspecto a tener en cuenta es la naturaleza de las pruebas y la necesidad especifica para su aplicacion. Actualmente a nivel científico sólo se recomienda el uso de pruebas validadas estadísticamente, actualizadas y adaptadas a la población para la que están siendo utilizadas. Para asegurarse de ello, los sujetos, clientes o pacientes; tienen el derecho a indagar sobre la naturaleza de las pruebas, su función, la forma en que han sido realizadas y la manera en que se interpretarán los resultados. Las pruebas estandarizadas con rigor científico se dividen en dos clases: Primera: Las que indagan sobre la presencia o ausencia de conductas o pensamientos mediante cuestionarios o entrevistas dirigidas y estandarizadas; Segunda: Aquellas que ponen a prueba diferentes funciones cognitivas mediante pruebas específicas.

Ambos tipos de pruebas se utilizan en forma combinada para un diagnóstico completo. Los test arrojan resultados numéricos cuya utilidad depende de la capacidad interpretativa de los profesionales, con cierta frecuencia los sujetos, clientes/pacientes o sus familiares temen que al cuantificar los problemas que los aquejan a ellos, o a sus hijos se pierda de vista su individualidad, esto sólo puede suceder si los evaluadores no son competentes o trabajan de forma masificada. La función de los números es dar un panorama claro y objetivo de toda una serie de áreas de funcionamiento de la persona que luego son analizadas en el contexto de la individualidad de cada persona para llegar a analizarlo, comprenderlo y ampliar el panorama de conflicto.

DEVOLUCIÓN. Es el paso indispensable para que el psicodiagnóstico tenga sentido. Aquí el profesional transmite al sujeto, cliente/paciente y su familia las conclusiones a las que ha llegado. Debe hacerse de forma en que ellos lo entiendan, pero sin ocultar nada de información. Debe asegurarse que todos han entendido las implicaciones del diagnóstico. Posteriormente, el profesional da una serie de recomendaciones y de opciones de tratamiento, ayuda a aclarar las dudas existentes y planifica junto el sujeto, cliente/paciente y su familia de qué manera se dara inicio al tratamiento.

La devolución incluye un informe completo de lo evaluado y de las conclusiones. El informe debe incluir tanto las pruebas que se administraron como el diagnóstico al que se llego, según los códigos establecidos por la Organización Mundial de la Salud (CIE 10 o DSMIVR). Este informe asegura al sujeto, cliente que el trabajo realizado en la evaluación podrá ser utilizado por otros profesionales posteriormente, e implica también cumplir con el derecho legal de toda persona a conocer la información que se ha obtenido sobre él.

Un psicodiagnóstico integral, bien realizado debe incluir una evaluación neuropsicológica, la cual implica estudiar cada una de las funciones cognitivas del cerebro a partir de pruebas especialmente diseñadas que ponen en juego el funcionamiento específico de esta área. Donde se evalúan las funciones cognitivas, tales como: a) Las funciones ejecutivas, como la atención, organización, autoregulación, etc. b) La memoria, c) La percepción, d) El lenguaje; aspectos que brindan un panorama del funcionamiento global de cada área, pero al no implicar la indagación de la presencia de diferentes cuadros psicopatológicos, ni de la presencia de problemas de tipo social/vincular, no permite llegar a un diagnóstico integral, en muchos casos, la evaluación neuropsicológica se realiza de forma aislada cuando el profesional que ya posee un diagnóstico del cliente, quiere profundizar el conocimiento de su nivel de funcionamiento en cada dominio. De la misma manera, es indispensable para un buen psicodiagnóstico integral, la evaluación psicopedagógica, donde su función principal es indagar el nivel del sujeto en diversos dominios relacionados directamente con el aprendizaje, tales como lectoescritura, cálculo, niveles de razonamiento concreto, abstracto, etc y, presencia de técnicas adecuadas de estudio. Ponderando esto en relación a su edad, desarrollo curricular y la realidad concreta de su ámbito educativo.

Cuando los resultados que se obtienen, no son acordes a un Psicodiagnóstico completo pueden causar complicaciones en el abordaje terapéutico a largo plazo.

En primer lugar una de las complicaciones más graves se presenta cuando la hipótesis de trabajo con la que se parte para iniciar el tratamiento no sólo es errada sino que determina un tratamiento contraproducente. A nivel psiquiátrico, el caso más común es el de confundir un trastorno depresivo con un trastorno bipolar. El abordaje inicial para la depresión con antidepresivos, puede desencadenarse en un episodio mixto maníaco-depresivo que quizás nunca hubiera sucedido y cuyo tratamiento es complejo. Por otro lado, a nivel psicoterapéutico un ejemplo común es confundir un problema de origen neurobiológico con un problema de causas psicosociales. En estos casos en general se comienza por atribuir el problema a errores en el manejo familiar, lo que suele deteriorar el vínculo dentro de la familia y generar sentimientos de culpa que hacen difícil un trabajo productivo en pos de una solución.

En segundo lugar, cuando el psicodiagnóstico es errado, el abordaje utilizado es inútil. En estos casos el perjuicio más grande es la pérdida de tiempo. Este factor parece pequeño pero no lo es. Aún cuando la familia esté dispuesta a volver a intentar un tratamiento alternativo, ese tiempo puede haber implicado pérdidas valiosas que según la edad pueden ir desde la permanencia de un sujeto en un grado, a la pérdida de un trabajo, pasando por la ruptura de relaciones afectivas, a causa de la persistencia de dificultades que eran motivo de conflicto. Sucede con frecuencia que el tratamiento que se lleva a cabo, se enfoca en un problema que está correctamente identificado, pero que no es todo el problema. La existencia de un problema asociado o cuadro comórbido no diagnosticado es una de las principales causas por las que fracasan los tratamientos. En algunos casos el abordaje es insuficiente; por ejemplo, se puede intentar sólo un abordaje farmacológico cuando se requiere paralelamente la utilización de psicoterapia o de un proceso psicopedagógico reeducativo o entrenamiento para la vida.

Los psicodiagnósticos incompletos son un problema aún en casos en que dan resultado. Es común encontrar sujetos correctamente diagnosticados con un cuadro de Trastorno por Déficit de Atención e Hiperactividad que reciben una medicación adecuada para su problema, mejorando el cuadro y tranquilizando a los padres por un tiempo, pero posteriormente, cuando la escolaridad avanza retornan los problemas y en ese momento, se detecta que existía un trastorno de aprendizaje que debió ser abordado con anterioridad o que el sujeto no ha aprendido las estrategias de estudio que necesita en grados más avanzados. Otro caso semejante sucede con los estados depresivos o ansiosos dentro de cuadros con trastornos por déficit de atención e hiperactividad, muchas veces el sujeto mejora en la escuela pero sigue siendo un sujeto infeliz, ya que existían problemas emocionales que no fueron adecuadamente tratados.

Finalmente, cuando el psicodiagnóstico, es realizado y utilizado de forma correcta, constituye el paso inicial para enfrentar el problema motivo de consulta, con las mejores oportunidades de éxito en un tratamiento posterior. Una buena evaluación parte de una visión integral del sujeto, e implican necesariamente que tanto los profesionales como las técnicas que estos utilizan deben estar actualizados y especializados. De esta manera, una buena evaluación Psicodiagnóstica deja en claro tanto para los profesionales que intervienen en el proceso, como para el cliente y sus seres queridos, tanto qué es lo que sucede, como cual es la mejor forma de abordarlo, en función de los conocimientos científicos actuales, de solucionarlo.

EL PROCESO TÍPICO DE PSICODIAGNOSTICO, el cual implica, tener en cuenta los siguientes parámetros

Las actividades a realizar son: 1°) Planeación de los Procedimientos para la recopilación de datos. 2°) Recopilación de datos. 3°) Procesamiento de los Datos y 4°) formulación de Hipótesis, ¿Intuitivas (subjetivas), En?, ¿Escalares (normativas)? 5°) Comunicación de los Datos de la evaluación. En el lenguaje técnico.

Los indicadores claves a tener en cuenta son: ¿Qué es lo que se desea saber?, Por qué medios se pueden obtener esa información?, Que instrumentos o técnicas de evaluación se utilizaran para obtener dicha información?,Qué tan confiable y qué tan válido es o son los instrumentos empleados?, Qué tipo de interferencias deben hacerse?, Cómo deben presentarse los datos? A quien deben presentarse los datos? Y Qué tipo de datos deben presentarse?

Donde, los parámetros o indicadores claves, que nos ofrece el modelo, para visualizar y proponer LA ACCIÓN CLÍNICA, los instrumentos y estrategias serán diferentes, dependiendo de cada modelo teorico. En todo caso se recomienda: 1º) No iniciar ninguna intervención psicoterapéutica sin disponer de un psicodiagnóstico previo. 2º) Nunca aplicar pruebas "al azar y por capricho". Cada instrumento psicométrico utilizado en cada caso debe ser plenamente justificable en esa situación, y rigurosamente consistente con la misma. 3º) Establecer el psicodiagnóstico máximo al terminar la segunda sesión con el sujeto o consultante; de lo contrario se corre el riesgo de divagación terapéutica y por ende la deserción del sujeto o cliente, del proceso psicoterapeutico. 4º) Los protocolos convencionales de la historia clínica suelen ofrecer muy buenas orientaciones sobre el aspecto final en que los datos psicodiagnósticos deben ser codificados.

UBICACIÓN EVOLUTIVA DEL SUJETO, CLIENTE O CONSULTANTE, respecto al cual dependiendo de la edad del sujeto, cliente, los parámetros done gira el proceso de atención es bajo los parámetros de psicoterapia. A manera de guía se sugiere tener en cuenta el siguiente esquema...

Edad del sujeto infancia (0 a 2 años), sistema clave la familia nuclear, motivo de crisis, perdida decomfianza, conductas básicas a reforzar 1.- Apego social, 2.-Sentido de continuidad yoíca, 3.- Inteligencia sensoria motriz y causalidad primitiva., 4.- Maduración motora; y los recursos para la acción terapeutica son1.- satisfacción de necesidades básicas, 2.- proporción de estabilidad y seguridad.

Edad del sujeto niñez temprana (2 a 4 años), sistema clave extension de la familia nuclear, motivo de crisis, generación de duda o de verguenza, conductas básicas a reforzar 1.- autocontrol, 2.-Desarrollo del lenguaje, 3.- Fantasia y juego, 4.- autolocomocion; y los recursos para la acción terapeutica son, 1.- interaccion con humanos, 2.- Estimulacion sensorial, 3.- protección ambiental, 4.- limitación espacial, 5.- uso de modelos.

Edad del sujeto niñez intermedia (5 a 7 años), sistema clave, familia, vecinos y escuela, motivo de crisis, culpabilidad ante la satisfacccion de los propios deseos, conductas básicas a reforzar 1.- Identidad generica, 2.-Desarrollo moral temprano, 3.- Operaciones concretas., 4.- Juego grupal y los recursos para la acción terapéutica 1.- Uso de modelos, 2.- Explicación de normas, 3.- Areas de solución de problemas, 4.- Interacción con otros niños. 5.- Uso de normas vigorosas.

Edad del sujeto niñez tardia (7 a 13 años), sistema clave, familia, vecinos, escuela, y grupo de amigos; motivo de crisis, inducción de inferioridad, conductas básicas a reforzar 1.- Aprendizaje y recreación cooperativa, 2.- Autovaloracion; recursos para la acción terapéutica 1.- técnicas de cooperación, enseñanza de relaciones interpersonales y 4.- biofeedback de la ejecución yoica.

Edad del sujeto adolescencia temprana (13 a 22 años), sistema clave, 1.- Grupo de amigos, 2.- familia, 3.- escuela; motivo de crisis, soledad o sentimiento de aislamiento, conductas básicas a reforzar 1.- Maduración física, 2.- Operaciones mentales formales, 3.- Pertenencia a grupos, 4.- Inicio de la intimidad sexual; recursos para la acción terapéutica, 1.- Información fisiológica, 2.- Entrenamiento cognoscitivo y toma de decisiones, 3.- Desarrollo de pautas de interacción social, 4.- Información sobre el rol sexual y 5.- Oportunidades para el juicio moral independiente.

Edad del sujeto adolescencia tardia (22 a 23 años), sistema clave, 1.- Grupo de amigos, 2.- escuela, 3.- trabajo, 4.- famiia; motivo de crisis, confusión en la propia identidad, conductas básicas a reforzar 1.- independencia, 2.- Desiciones importantes, 3.- Moralidad internalizada, 4.- Intimidad estable, 5.- pensamiento relativistico; recursos para la acción terapéutica, 1.- Entrevista con individuo, desarrollo responsabilidad / evaluación consecuencias, 2. Entrevista con el individuo, conocimiento de las técnicas de automanejo financiero, auto exploratorio, social, decisorio y pluralístico.

Edad del sujeto, adultez temprana (23 A 30 años); sistema clave, 1.- nueva familia, 2.- trabajo, 3.- amigos, 4,- comunidad envolvente; motivo de crisis, competencia social y/o personal, incompetencia, alienacion; conductas básicas, 1.- Vida familiar, 2.- Paternidad inicial, 3.- Estilo de vida, 4.- Cuidado de otro, 5.- Capacidad de compromiso; recursos para la acción terapéutica, 1.- Evaluacion y renovación de decisiones en todos los niveles, 2.- desarrollo de pautas para una optima relación social.

Edad del sujeto, Pretransicion (30 A 36 años); sistema clave, 1.- Familia, 2.- trabajo, 3.- amigos, 4,- comunidad envolvente o entorno; motivo de crisis, cambio, resignacion; conductas básicas, 1.- Reevaluación de compromisos, 2.- Paternidad, 3.- Significancia para otros; recursos para la acción terapéutica, 1.- Informacion sobre resolución de conflictos, 2.- Renovacion de decisiones, 3.- Busqueda de soportes.

Edad del sujeto, Edad media (36 A 50 años); sistema clave, 1.- Familia, 2.- trabajo, 3.- amigos, 4,- comunidad envolvente o entorno; motivo de crisis, 1.- falta de realización, 2.- competencia, 3.- carencia de significado; conductas básicas, 1.- Evaluación "mtad de la vida", 2.- Los hijos dejan el hogar, 3.- Resistencia a aceptar cambio en la relación de pareja, 4.- involucion del yo en familia; recursos para la acción terapéutica, 1.- Entrenamiento para el cambio de roles, 2.- Entrenamiento en la diferenciación y categorización de los cambios.

Edad del sujeto, Edad madura (50 A 65 años); sistema clave, 1.- Familia, 2.- trabajo, 3.- amigos, 4,- comunidad envolvente o entorno; motivo de crisis, 1.- Aceptacion de cuidado de otros, 2.- confrontación con posibilidad de muerte; conductas básicas, 1.- Limitaciones de la edad; recursos para la acción terapéutica, 1.- entrenamiento para no desvincularse de la comunidad, 2.- fomento de los interese cognoscitivos en oposición a los fisicos.

Edad del sujeto, Senectud (65 años hasta la muerte); sistema clave, 1.- Familia, 2.- amigos, 3,- comunidad envolvente o entorno; motivo de crisis, 1.- Validacion de significados, 2.- Desesperanza; conductas básicas, 1.- Aumento de la dependencia, 2.- Autoevaluacion existencial, 3.- Preocupacion por la muerte; recursos para la acción terapéutica, 1.- Reafirmacion del sentido y de los significados logrados.

NOTA: Al revisar la información anterior sobre la evolución del ser humano tenga en cuenta que: primero se explica el **sistema clave,** que corresponde al contexto donde se encuentra el sujeto, los cuales afectan positiva o negativamente por los grupos sociales de influencia en la vida personal, según la edad del cliente. Segundo se encuentra los **motivos de Crisis,** donde se encuentra las causas habituales de alteración psicológica, según la edad del cliente. Posteriormente, se encuentran **Las Conductas Básicas,** referidas a los comportamientos generales que se esperan en cada edad y que constituyen una "tipicidad o tipología psicológica" en cada fase del desarrollo vital. Y por ultimo los **Recursos para la acción terapéutica,** que son las estrategias globales que podrían se implementadas en cada etapa para garantizar una adecuada funcionalidad de las conductas básicas.

DIAGRAMA DE FLUJO PARA EL DESARROLLO DE UNA PSICOTERAPIA, Y PARA LA TOMA DE DECISIONES EN TODAS SUS ETAPAS.

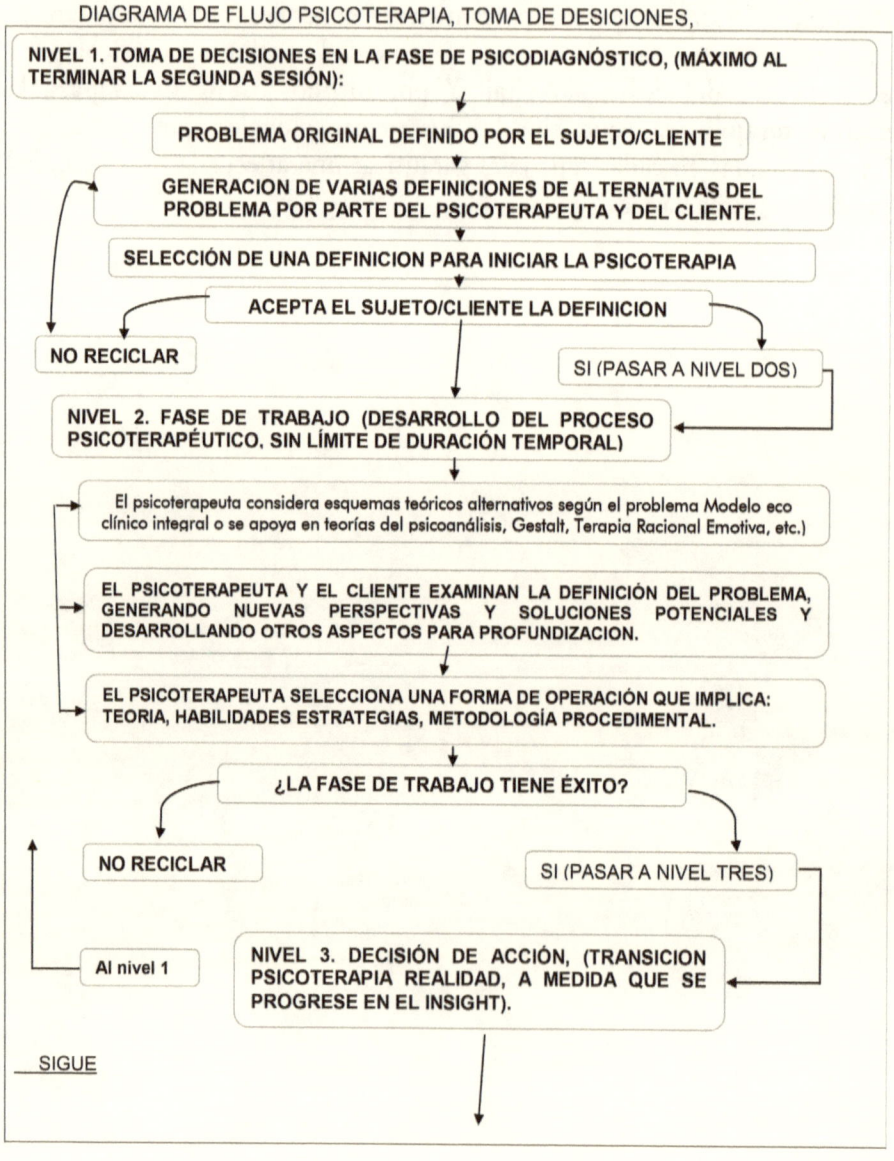

DIAGRAMA DE FLUJO PSICOTERAPIA, TOMA DE DESICIONES,

NIVEL 1. TOMA DE DECISIONES EN LA FASE DE PSICODIAGNÓSTICO, (MÁXIMO AL TERMINAR LA SEGUNDA SESIÓN):

PROBLEMA ORIGINAL DEFINIDO POR EL SUJETO/CLIENTE

GENERACION DE VARIAS DEFINICIONES DE ALTERNATIVAS DEL PROBLEMA POR PARTE DEL PSICOTERAPEUTA Y DEL CLIENTE.

SELECCIÓN DE UNA DEFINICION PARA INICIAR LA PSICOTERAPIA

ACEPTA EL SUJETO/CLIENTE LA DEFINICION

NO RECICLAR

SI (PASAR A NIVEL DOS)

NIVEL 2. FASE DE TRABAJO (DESARROLLO DEL PROCESO PSICOTERAPÉUTICO, SIN LÍMITE DE DURACIÓN TEMPORAL)

El psicoterapeuta considera esquemas teóricos alternativos según el problema Modelo eco clínico integral o se apoya en teorías del psicoanálisis, Gestalt, Terapia Racional Emotiva, etc.)

EL PSICOTERAPEUTA Y EL CLIENTE EXAMINAN LA DEFINICIÓN DEL PROBLEMA, GENERANDO NUEVAS PERSPECTIVAS Y SOLUCIONES POTENCIALES Y DESARROLLANDO OTROS ASPECTOS PARA PROFUNDIZACION.

EL PSICOTERAPEUTA SELECCIONA UNA FORMA DE OPERACIÓN QUE IMPLICA: TEORIA, HABILIDADES ESTRATEGIAS, METODOLOGÍA PROCEDIMENTAL.

¿LA FASE DE TRABAJO TIENE ÉXITO?

NO RECICLAR

SI (PASAR A NIVEL TRES)

Al nivel 1

NIVEL 3. DECISIÓN DE ACCIÓN, (TRANSICION PSICOTERAPIA REALIDAD, A MEDIDA QUE SE PROGRESE EN EL INSIGHT).

SIGUE

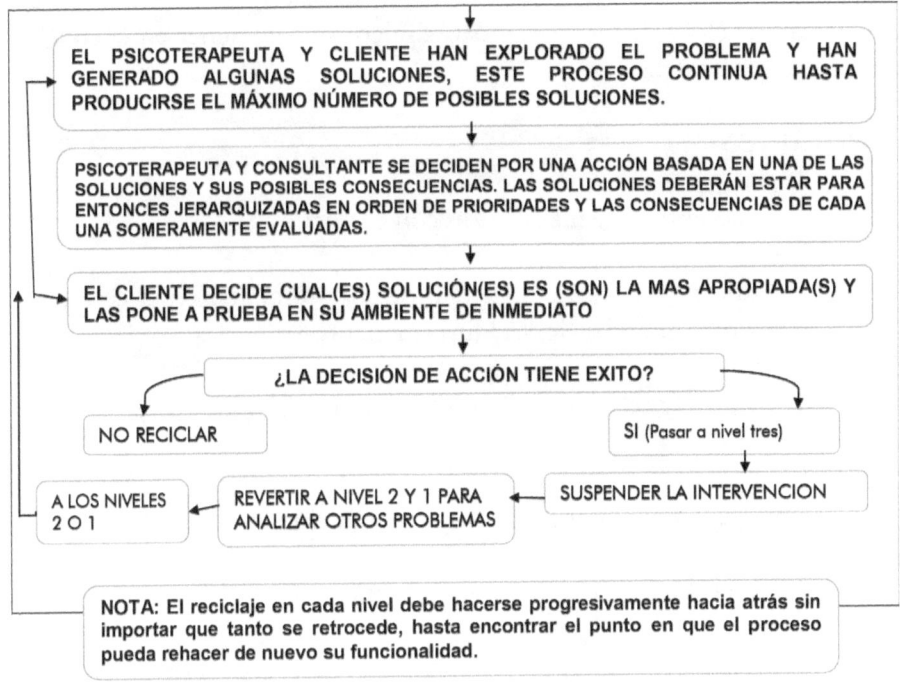

MECANISMOS PARA LA TOMA DE DECISIONES.

En toda psicoterapia se resuelven cosas a cada instante, algunas de gran trascendencia para el cliente y otras de enorme importancia metodológica para el proceso. Cada vez que enfrente una situación de esta naturaleza trate de considerar los siguientes factores...

RECONOZCA: ¿Cuál es la situación?

OBJETIVICE: ¿Cuál puede ser el resultado deseado?

ANALIZE: ¿Qué puede suceder si...?

COLOQUE ALTERNATIVAS: ¿Cuáles son las opciones y sus consecuencias?

ACTUE: ¿Cuál puede ser el curso de acción más responsable?

De esta manera, siguiendo el modelo de decisión objetiva estratégica, que la asume el modelo ecosistémico clínico, se debe tener en cuenta los siguientes parámetros:

PRINCIPIOS

1. Establecer una buena relación con el sujeto.

2. Comprometer al sujeto en el Proceso y fomentar en él certeza de que posee el poder de decidir justamente.

3. Formular y clarificar el problema, centrándose más bien en trivialidades.

4. Formular y explorar alternativas de solución.

5. Explorar las implicaciones de cada alternativa.

6. Clarificar los valores personales, para la escogencia de alternativas, colocar en la balanza las prioridades.

7. Examinar las metas, los riesgos y las consecuencias de la alternativa elegida.

8. Diseñar un plan para implementar, la alternativa escogida.

9. Ensayar el plan y reexaminarlo a la luz de la información que vaya surgiendo.

10. Generalizar el proceso a situaciones Nuevas.

CONDUCTAS O ACCIONES FRECUENTES

1. Adherencia no conflictiva: Hallazgo de alternativa y compromiso decisivo con la que parezca o se ofrezca como más favorable.

2. Cambio no conflictivo: Flexibilidad para modificar las ideas.

3. Evitamiento Defensivo: Negación de los problemas y de la necesidad de examinarlos.

4. Hipervigilancia: Incapacidad para detectar lo esencial de una situación, debido al compromiso emocional o intelectual con la misma.

5. Vigilancia: Atención y motivación óptimas para él. Para el compromiso cognoscitivo de la toma de decisiones, sin interferencia de eventos obstaculizantes.

6. Escogencia de alternativas, que subyacen en el cliente según principios y valores personales, y jerarquizar las Mismas.

7. Asumir el compromiso de evaluación y reevaluación permanente, como mecanismo de resignificación y movilización del cambio.

8. Crear y practicar el plan de acción frente a la alternativa elegida.

9. Entrenarse en la aplicación del plan en la vida cotidiana.

10. Practicar en las diversas situaciones el plan planteado.

COMPORTAMIENTO NO VERBAL QUE ASUME EL SUJETO EN EL PROCESO PSICOTERAPEUTICO.

En este apartado le invito a considerar evaluar o tenere en cuenta siempre los siguientes aspectos posibles que puede asumir el sujeto evaluado o consultante en el proceso psicoterapéutico, básicamente se presentan tres posiciones diferentes según el espacio físico, cada una de las cuales posee propiedades etológicas según el carácter y el comportamiento del sujeto consultante o cliente, tales como:

Frontal:

Paralela:

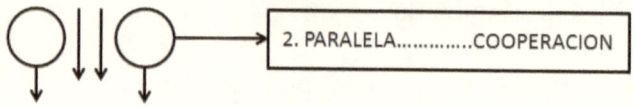

En angulo:

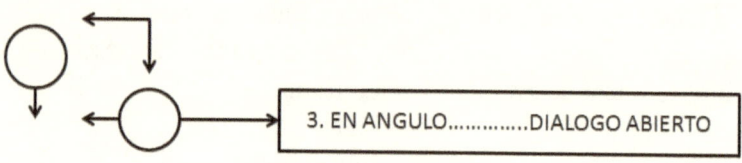

Por lo tanto, frente a la conducta asumida por el consultante, la posición recomendable es en angulo, teniendo en cuenta no colocar barreras físicas entre el sujeto consultante o cliente y usted como psicoterapeuta, por ejemplo, un escritorio. Esto crea distanciamiento psicológico y genera posturas defensivas de toda índole. Por lo tanto, establezca con el consultante una distancia física proporcionada, recomendando la siguiente figura, por el tipo de cercanía y confianza que le generara al sujeto que consulta o cliente.

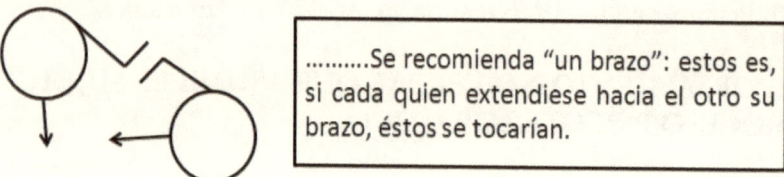

De la misma manera, es importante generar el contacto visual cercano, ya que al escuchar al consultante o cliente, donde se mantenga el "contacto visual directo", es recomendable mirar la base de la nariz, ya que esto permite un buen panorama del rostro. Por otro lado al hablar usted, disminuya un poco el "contacto visual directo", recalcando con sus palabras y con movimientos armónicos y apropiados del cuerpo, especialmente expresiones faciales y de brazos, favoreciendo un buena empatia. Adicionalmente mantenga una actitud corporal "abierta y flexible", Nunca cierre el cuerpo "sobre sí mismo", como por ejemplo, cruzándose de brazos. No permanezca "como una estatua", sino que trate más bien de inclinar un poco el cuerpo hacia delante, de manifestar gestos de atención, mediante leves inclinaciones afirmativas de la cabeza, y de expresarse no sólo con las palabras sino también con el cuerpo.

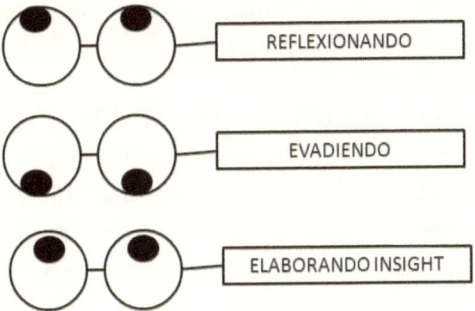

Al tener en cuenta estos parámetros, donde los estudios recientes de la neurolingüística determinan que una persona evidencia tres "estilos de mirada" en las relaciones interpersonales y los procesos comunicacionales. Es asi, que es fundamental conocerlos e identificarlos en el cliente a cada instante, pero sobre todo en los momentos importantes, ya que esto facilitara la comprensión frente al grado de compromiso en la psicoterapia.

De ahí, la importancia en la clasificación de todas las conductas no verbales del sujeto, especialmente las más frecuentes y notorias, en términos de las categorías que se presentan a continuación, con la finalidad de poder conceptualizarlas, de la siguiente manera: cuando se **Acciones Defensivas:** El sujeto busca protección. Ej.: Taparse la boca para hablar, cubrirse el rostro, etc. **Acciones Desplazantes:** El sujeto busca disminuir la tensión. Ej.: Toser o rascarse frecuentemente, cambiar de postura con insistencia, entre otras. **Acciones Autointimantes:** El sujeto busca seguridad por auto contacto. Ej.: Apoyar la cabeza en las manos, abrazarse a sí mismo. **Acciones Especializadas:** El sujeto desea simbolizar algo. Ej.: Aplaudir, imitar algo o a alguien, parafrasear o tararear canciones, etc.

Teniendo en cuenta estos parámetros, es indispensable hablar siempre en un tono relativamente bajo y pausado, pero audible y muy bien articulado, nunca hable en exceso, donde la psicoterapia podría convertirse en una apología de sus dotes o en una secuencia de mensajes incomprensibles por su longitud extrema. Examínese buscando observar a lo largo de las sesiones qué tanta verbalización suya se requiere para que el sujeto "cliente o consultante" produzca un avance. Adicionalmente limite y estructure el tiempo, estableciendo criterios fijos y respetables para la duración y la frecuencia de las sesiones.

COMPORTAMIENTO VERBAL EN LA PSICOTERAPIA. Como profesional de la psicología fundamente su acción psicoterapéutica bajo los siguientes parámetros: **Nunca hable demasiado:** La psicoterapia no es lo mismo que una entrevista o que una visita social, y haga un buen uso del silencio, de acuerdo a los determinados por su marco teórico, tanto en el sujeto consultante o cliente como en usted mismo, identifique el "estilo verbal" empleado, de acuerdo a las siguientes categorías: **Defensivo:** Interés por demostrar a toda costa que se tiene la razón, que se domina, estar sobre el otro, y que se desea impresionar. En este caso siempre hay mucha "defensa ideológica" y muchos juicios valorativos en el discurso. **Hostil:** Básicamente agresivo y provocador. Se caracteriza por su contenido irónico, mordaz y sarcástico. **Manipulativo:** Pretende controlar al otro mediante artificios del tipo "si usted desea esto, compórtese de tal manera". Siempre pretende beneficios secundarios. **Evasivo:** Interés en escapar de una situación dada. Se cambia deliberada y frecuentemente de tema, o se muestra reticencia a la comunicación y al diálogo. Por tal razón, trate de que el lenguaje que utilice se guie bajo las siguientes habilidades verbales de influencia.

Habilidad: Descripción

Descripcion: Se dice que hay que hacer y se dan indicaciones.

Utilidad: Es habitualmente impositivo, pero puede ser beneficioso como "pequeño estimulo" en ciertos casos.

Habilidad: Expresión de contenido

Descripcion: Se comparte información, se da retroalimentación y se hacen sugerencias.

Utilidad: Fomenta una buena comunicación.

Habilidad: Expresión de sentimientos

Descripcion: Se comparten emociones, estados de ánimo, expresiones afectivas y actitudes.

Utilidad: Permite llegar a diferenciar entre emoción y cognición.

Habilidad: Resumen influyente

Descripcion: Formulación de los principales temas tocados por el psicoterapeuta durante un determinado tiempo.

Utilidad: Permite agrupar datos, producir estructuras y reflexionar.

Habilidad: Interpretación

Descripcion: Dar nuevos nombres y categorías a los pensamientos, sentimientos y conductas, desde una perspectiva teórica.

Utilidad: Proporciona alternativas referenciales y facilita la comprensión y el cambio.

Habilidad: Auto - Apertura

Descripcion: El psicoterapeuta abre su identidad ante el consultante.

Utilidad: Mutualiza la relación, facilita la exploración y modela la apertura.

Habilidad: Comunicación directa- mutua

Descripcion: Psicoterapeuta y consultante se centran en su interacción tal y como la perciben, como partiéndola con el otro.

Utilidad: Promueve la transferencia y facilita el insight.

Habilidad: Preguntas cerradas

Descripcion: Las que el sujeto consultante o cliente puede contestar con "sí" o con "no"

Utilidad: Extraen información y aclaran sobre todo con clientes "exageradamente habladores".

Habilidad: Preguntas abiertas

Descripcion: Las que comienzan con "que" "cómo", "por qué", y que no pueden responderse con pocas palabras.

Utilidad: Facilitan la autoexploración y la discusión.

Habilidad: Estimulación mínima

Descripcion: Repetir al consultante algunas de sus propias palabras.

Utilidad: Impulsa la profundización.

Habilidad: Paráfrasis

Descripcion: Repetir la esencia de las verbalizaciones y pensamientos del sujeto consultante.

Utilidad: Clarifica la comprensión del psicoterapeuta y proporciona una cronología de los procesos del sujeto consultante o cliente.

Habilidad: Reflejo se sentimientos

Descripcion: Verbalización especular de los contenidos emocionales del discurso.

Utilidad: Centra al sujeto consultante o cliente en los sentimientos y promueve la discusión de estados efectivos.

Habilidad: Resumen

Descripcion: Repetir al sujeto consultante o cliente sus verbalizaciones correspondientes a un periodo de tiempo determinado.

Utilidad: Da foco a la sesión. Otorga oportunidad de reflexionar y de sintetizar los progresos expresados por el sujeto consultante o cliente.

De esta manera, busque que su lenguaje sea rico en vocabulario, adaptado a cada sujeto consultante o cliente y a sus circunstancias variantes o cambiantes, siendo claro y con reducida ambigüedad terminológica, asumiendo el proceso con energía, es decir, básicamente emotivo-afectivo, siendo vivaz, esto es, dúctil o maleable para crear figuras y metáforas.

*** Nota: *** Cuando la psicoterapia no funciona o produce efectos negativos, en algunos casos, el proceso psicoterapéutico no cumple con las expectativas ni del sujeto o cliente, ni del psicólogo clínico, de esta manera cuando acontece esto, con uno de sus sujetos o usuarios clientes, trate de ubicar las causas de este hecho entre las siguientes, a saber:

EL PSICOTERAPEUTA INTENCIONAL EN COMPARACION CON EL PSICOTERAPEUTA INEFICAZ.

Atributo: Metas de la ayuda

Psicoterapeuta intencional: Busca ayudar al sujeto cliente para que logre sus propios objetivos.

Psicoterapeuta ineficaz: Busca imponer al cliente las metas y valores externos a la realidad del mismo.

Atributo: Generación de respuestas.

Psicoterapeuta intencional: Genera y crea muchas alternativas ante cada evento.

Psicoterapeuta ineficaz: Se aferra rápidamente a un solo esquema

Atributo: Visión del mundo.

Psicoterapeuta intencional: Entiende y trabaja con varias perspectivas de la realidad.

Psicoterapeuta ineficaz: Puede no tener una visión clara del mundo, o sólo puede trabajar con una

Atributo: Intencionalidad cultural.

Psicoterapeuta intencional: Posee facilidades para la acción en varios estratos socioculturales.

Psicoterapeuta ineficaz: Sólo puede funcionar dentro de un marco de referencia cultural.

Atributo: Confidencialidad.

Psicoterapeuta intencional: Mantiene el secreto profesional.

Psicoterapeuta ineficaz: Viola el secreto profesional.

Atributo: Limitaciones

Psicoterapeuta intencional: Acepta sus propias restricciones y está abierto al trabajo grupal o interdisciplinario.

Psicoterapeuta ineficaz: Es egoísta y absolutista en su ejercicio profesional.

Atributo: Obtención de información.

Psicoterapeuta intencional: Se centra en lo relevante del sujeto o cliente.

Psicoterapeuta ineficaz: Ignora al sujeto o cliente, y trata de encasillarlo en sus marcos conceptuales.

Atributo: Influencia interpersonal

Psicoterapeuta intencional: Se da cuenta de la dinámica mutual de la psicoterapia.

Psicoterapeuta ineficaz: Niega la mutualidad psicoterapéutica: "el consultante allá y yo aquí".

Atributo: Dignidad humana.

Psicoterapeuta intencional: Trata al cliente con respeto y honestidad individualizados.

Psicoterapeuta ineficaz: Cada cliente "es uno más".

Atributo: Teoría general

Psicoterapeuta intencional: Activamente involucrado en su autoexamen y cosmovisión, con miras a desarrollar al máximo el potencial profesional con todas las estrategias acordes al sujeto consultante, con la finalidad de facilitar todo el potencial que este posee.

Psicoterapeuta ineficaz: Ciegamente restringido a un marco teórico, sin considerar otras alternativas. Escaso de alternativas para proponer un adecuado plan de trabajo encaminado al desarrollo del potencial que posee el sujeto consultante.

TECNICAS DE INTERVENCION

EN CUANTO AL PROCEDIMIENTO. Evaluacion del sujeto consultante / cliente: No se ha considerado oportunamente la información clave tal como el ambiente, edad, sexo, etc. Lo que resulta de intentar profundizar muy rápido o de presionar al cliente; lo mejor en tales situaciones es volver a reconsiderar el psicodiagnóstico. Tenga en cuenta la **Aplicación de tecnicas:** Falta de conocimiento de las técnicas y de las teorías que las sustentan, o empleo de una buena técnica con un cliente equivocado. Resulta de la falta de habilidad o de un exceso de confianza en el profesionalismo. Lo recomendable es redefinir la intervención. Proporcione **Simpatia – empatia - ecpatia:** Exceso o déficit comunicacional con el cliente, resulta de una curiosidad o interés morboso en el caso, o de un desprendimiento del mismo. Si no existen posibilidades de regenerar la comunicación, se sugiere remitir el caso a un colega. Evite el **Error de la determinacion del foco:** Fracaso en la identificación de la medula del problema, lo que resulta de improcedencia psicodiagnóstica o de rigidez conceptual del psicólogo clínico, lo aconsejable es reconsiderar el proceso desde el comienzo. Aborde los **Problemas con tacto clínico:** ya que la Inhabilidad para comunicarse claramente y para entender lo que el cliente dice, lo que resulta de un equívoco en el reconocimiento de generalizaciones, retardos y distorsiones por parte de este. Por lo tanto es responsabilidad, del terapeuta asumir la **Discoordinacion psicoterapeuta - consultante:** Ausencia de sincronía entre los protagonistas del acto psicoterapéutico, lo que resulta de una adhesión rígida del clínico a lo que él considera "su verdadero punto de vista", por tal razón se sugiere remitir el caso, y ocuparse más bien de mejorar la eficiencia profesional antes de intervenir de nuevo. Busque asumir estratégicamente el abordaje psicoterapéutico para manejar **Varios elementos o aspectos que ocasionarían:** Falta de confianza, en la psicoterapia excesivamente larga y costosa, donde puede presentarse generación de dependencia, frialdad y distancia, lo que conlleva al fracaso en el establecimiento de metas, etc. Para estas situaciones, lo recomendable es replantear la acción en términos de la interferencia detectada.

EN CUANTO AL PSICOTERAPEUTA. Busque la **Reduccion en la fluidez de las ideas:** Afianzamiento en lo que se acaba de pensar, y satisfacción por el hecho de no tener que seguir pensando. No asuma una posición de **Rigidez:** ya que genera dificultad para que las ideas se desplacen con rapidez y adaptabilidad. Sea creativo, evitando la **Ausencia de originalidad:** Tendencia a "repetir siempre lo mismo", con todos los clientes, en todas las sesiones. Asuma una posición de seguridad y confianza para disminuir el riesgo de **Incapacidad de nuevas definiciones:** Carencia de destrezas para comprender uno hecho y replantearlo en forma análoga a la inicial pero distinta a ella. Asuma cierto nivel de humanidad y sensibilidad para evitar el riesgo de demostrar **Insensibilidad:** Dificultad para percibir y relacionar hechos que habitualmente se pasan por alto, en cualquiera de estas situaciones lo recomendable es reincorporarse al entrenamiento profesional para adquirir así las habilidades clínicas de las cuales aún no se dispone.

ENTREVISTA DE VALORACION Y DIAGNOSTICO INICIAL

La entrevista de valoración y diagnostico inicial, se aplica para observar el funcionamiento global del individuo y sus reacciones ante diferentes situaciones, dependiendo de sus características individuales, se intenta evaluar la estructura de personalidad, capacidad y rendimiento intelectual, intereses, aptitudes, recursos, tono afectivo, relaciones interpersonales, mecanismos de defensa, formas de demanda y expresión de afectos, control de impulsos, autoconcepto, identidad, en base a la integralidad del ser humano. Existen dos formas de abordar el estudio de un individuo, desde el punto de vista técnico, este proceso se puede realizar desde la observación directa mediante la entrevista y la aplicación de pruebas psicotécnicas, de estas dos técnicas surge el reporte psicológico estructurado o panorama global del sujeto o cliente, que al materializarlo en un informe, este reporte debe tener una técnica clara, concisa y bien establecida.

A continuación, se presenta una guía abreviada para este reporte psicológico, el cual debe priorizar, la ficha de identificación general del cliente, los objetivos del reporte psicológico, por el cual se realizo, la fecha de aplicación, las técnicas utilizadas o empleadas, la descripción integral del sujeto cliente o paciente y los resultados e interpretación de las técnicas empleadas; por lo tanto, asuma la guía abreviada a continuacion:

DATOS DE IDENTIFICCION DEL SUJETO.

Nombres y apellidos: _____

No. identificación. _____. No. H.C. _____

Fecha de ingreso: _____

Motivo de consulta: _____
_____

Antecedentes importantes en su historia de vida (antecedentes prenatales, postanatales, infancia, niñez, adolescencia, etc. Posibles alteraciones neurobiológicas, accidentes, antecedentes de consumo del sujeto o su

familia, etc.). _____
_____
_____
_____
_____

EVALUACION POR AREAS.

Area intelectual: _____
_____

Area perceptivomotora: _____
_____

Area afectiva: _____

Area de control de impulsos: _____

Autoconcepto: _____

Relaciones interpersonales: _____

Insight o darse cuenta: _____

Mecanismos de defensa: _____

Áreas libres de conflicto: _____

Recursos potenciales o fctores protectivos: _____
_____

Sentido de vida y prospección del sujeto: _____

Resultado general de aplicación de pruebas psicotécnicas, según sea cada caso en particular: _____
_____

Impresión diagnostica: _____

Pronostico: _____

Comentarios, recomendaciones y sugerencias: _____

En el área intelectual se conceptualiza las características del pensamiento y el contacto con la realidad; En el área perceptivo motora se materializa la coordinación estructural del sujeto; En el área afectiva se conceptualiza el tono afectivo, la demanda y la expresión del afecto; En el área de control de impulsos se avalúan las diferentes características del sujeto, los tiempos de tolerancia a la frustración o espera y el manejo del locus de control interno; adicionalmente se tiene en cuenta el autoconcepto que el sujeto o cliente tiene de si mismo, el manejo de sus relaciones interpersonales, la capacidad del darse cuenta o insight, los mecanismos de defensa que utiliza y las áreas libres de conflicto o potencialidades a fortalecer, desde el punto de vista propositivo de resignificación existencial, finalizando con la imprension diagnostica y las sugerencias para el tratamiento; enfatizando un pronostico relacionado en cuanto a que si el cliente sigue el tratamiento los resultados que se podrían obtener, y por el contrario si no lo hace las consecuencias que se podrían desencadenar, asumiendo una posición clara, ética y congruente en el rol profesional.

Continuando con el proceso de valoración y diagnostico, con relación al área intelectual el objetivo que se busca es establecer cual es el panorama global o la dotación intelectual real del cliente o sujeto de atencion, como también la utilización que hace el cliente de estos recursos al enfrentarse a situaciones de la vida cotidiana; estableciendo un diagnostico y pronóstico en términos de adaptación intelectual, datos obtenidos en el proceso de la entrevista, donde se investiga el nivel académico y rendimiento, los logros reales del sujeto examinado, el manejo de la situación de la entrevista, la foma de expresión de sujeto en cuanto a lenguaje, con relación al vocabulario que utiliza y como lo emplea, los intereses personales, corroborando si estos van de acuerdo a su actividad de madurez intelectual y el manejo de situaciones cotidianas y conflictivas, de la misma manera, la obtención y desarrollo de la capacidad para la comprensión de contenidos abstractos tales como metáforas, refranes, etc. con relación al ambiente sociocultural del sujeto.

Para la realización de este proceso se tienen en cuenta la autobiografía relacionada al proceso de asociación, cronología de los hechos, expresión gráfica, utilización del lenguaje escrito, uso de vocabulario por parte del cliente; como también el índice de deterioro refiriéndose a a la reducción de las capacidades o funciones intelectuales, normales o patológicas del cliente; como también a la aplicación de las pruebas psicométricas y los resultados obtenidos de la escala global de funcionamiento del sujeto/cliente, los resultados obtenidos en la aplicación de las escalas de Inteligencia tales como el Raven, Wechsler; y la aplicacion de los instrumentos de evaluación de la personalidad como por ejemplo el MMPI-2, HTP, TAT, CAT A Y CAT H, figura humana, persona bajo la lluvia, etc.

Continuando con este proceso de valoración y diagnostico, se tiene en cuenta las características de pensamiento y contacto con la realidad del sujeto o cliente obtenido a través de la entrevista, en los aspectos relacionados en cuanto al como se conduce el sujeto, y la relación que se logra con el examinador, la orientación del sujeto en cuanto al tiempo, espacio y persona; el manejo del lenguaje si es monótono, perseverante, mutista, etc. Al igual que el curso del pensamiento relacionado con la congruecia del mismo y el tipo de pararrespuestas que entrega en el proceso de la entrevista; se profundiza el contenido de este pensamiento, en cuanto a que si es delirante, megalomaníaco, y de referenciación, evaluando las posibles alteraciones sensoperceptivas y las funciones cognoscitivas globales de atención, concentración, etc. finalizando con la profudizacion del estado afectivo del cliente y la conducta manifiesta por parte de este, ayudado en el proceso de profundización de su personalidad con la aplicación de algunas pruebas psicotécnicas como por ejemplo el Rorschach, MMPI-2, Test de Karen Machover, TAT, etc. según la necesidad del cliente.

Por otro lado, se profundiza en el área perceptiva motora, en cuanto a las posibles alteraciones preceptuales motoras y conductuales asociadas a la dolencia o patología del sujeto o cliente; aquí se profundiza en la aplicación de instrumentos y técnicas especificas de evaluación de los posibles trastornos orgánicos, como el test visomotor de Lauretta Bender, con el objetivo de lograr u obtener un diagnostico diferencial más preciso, para lo cual es necesario hacer una seleccón cuidadosa de la evaluación de las diferentes funciones intelectuales en cuanto a memoria, capacidad de asociación, tipo de pensamiento, etc.

Durante el proceso de la entrevista, se evalua los antecedentes neurológicos propios del sujeto o cliente, como los antecedentes familiares, relacionado con la historia de embarazo, nacimiento, desarrollo motor, lenguaje, capacidad intelectual, desarrollo académico e historia anterior del sujeto o cliente, previa al padecimiento actual, profundizando la descripción del padecimiento actual, su naturaleza, y la descripción de los cambios comportamentales o conductuales del sujeto o cliente.

Adicionalmente, se profundiza en la evaluación de otros datos relacionados con un **posible daño de tipo neurológico**, relacionado con problemas de memoria, problemas temporo-espaciales, problemas de lectura, escritura y cálculo, dificultades en el proceso de atención y concentración, problemas recientes de lenguaje y conducta inusual o bizarra, acompañada de terrores nocturnos, paranoia, enuresis, etc. como también la historia educacional y vocacional relacionada con los estudios y el trabajo, los fracasos o problemas presentados en la parte academica y laboral por parte del cliente.

En cuanto al **área afectiva**, se profundiza la forma habitual de recibir y dar afecto, además del tono afectivo del sujeto o cliente durante la evaluación, en el proceso de entrevista se profundiza la observación de la conducta y la expresión afectiva, ayudado con la autobiografía se evalúan las emociones asociadas a las distintas experiencias de la vida; como también este proceso de evaluación se fortalece mediante la aplicación de pruebas psicotécnicas del cociente intelectual, donde regularmente se presentan un poco lentos, donde los tiempos de repuesta son muy largos, y en cuanto a las técnicas proyectivas de la personalidad como resultados de la aplicación de los mismos expresa aspectos relacionados con los mecanismos de defensa que utiliza habitualmente en las relaciones interpersonales y su vivencia con el entorno.

En lo relacionado, a las características del **control de los impulsos**, en el proceso de entrevista se evalua la espontaneidad del sujeto o cliente, hasta el control de la agresividad, y la confrontación con la realidad, donde también se fortalece la obtención de información mediante la aplicación de algunas técnicas proyectivas. Adicionalmente, en el manejo de **las relaciones interpersonales**, durante la entrevista se profundiza aspectos relacionados al como se relaciona el sujeto o cliente con el examinador o profesional de intervención, y el manejo de las relaciones interpersonales habituales con otras personas en su contexto y su tipo de expresión personal en cuanto a tímidez, sumisión, pasividad, y como maneja la transferencia y contratransferencia, haciendo una revisión especial de las **relaciones afectivas** mantenidas a lo largo de toda su vida.

Durante este proceso, es prioritario el autoconcepto que el sujeto o cliente tiene de si mismo, en lo relacionado al *cómo se percibe a si mismo y cómo cree que le perciben los demás*; en la entrevista con el sujeto o cliente se realiza un proceso de reconocimiento, relacionado a los logros, éxitos, fracasos, defectos y su actitud ante los mismos; como también la conceptualización de la percepción de si mismo y de los otros, en las diferentes etapas de su vida, durante la infancia, adolescencia, figuras parentales y vinculares significativas o conflictivas, y las figuras introyectadas que le han servido como modelos de identidad, realizando un proceso comparativo de la presentación del sujeto o cliente y la coincidencia o no de los datos obtenidos durante la entrevista, o los resultados brindados en la aplicación de algunas pruebas proyectivas de personalidad tales como el HTP, TAT, CAT A, CAT H, SAT, MACHOVER, MMPI-2, entre otras, según sea cada caso de manera particular.

Otro aspecto de vital importancia es el **INSIGHT,** termino introducido por la psicología de la Gestalt, proveniente de idioma ingles, que traducido al español significa "visión interna, percepción o entendimiento", el cual se usa para designar la comprensión de algo, es asi, que mediante un insight el sujeto o cliente "capta", "internaliza" o "comprende", una "verdad" revelada.

Un **insight** provoca cambios en la conducta del sujeto o cliente, ya que no sólo afecta la conciencia de sí mismo, sino su relación e interaccion con relación a los otros, sobre todo, tomando como base la mirada integral holística gestaltica, la cual dice que el todo es más que la suma de las partes. Donde la mayoría de las escuelas psicológicas, coinciden en que es más importante la realidad percibida, que la realidad efectiva, lo que realmente acontece[25], es asi, que el reconocimiento y aceptación de las experiencias de la vida, especialmente en época de crisis y conflicto interno, experienciados por el sujeto o cliente, generan *"movilización energética"* de causa efecto favoreciendo el proceso de **resignificación existencial**, en el manejo de los conflictos internos, es asi que la entrevista que se realiza con el sujeto o cliente en este aspecto, esta centrada en la evaluación de las expectativas de cambio, con el compromiso de ser actor de su propio cambio, los niveles de comunicación franca y fluida, la aceptación del problema o problemáticas, la aceptación de ayuda y la expresión de la necesidad de ayuda dentro del proceso de identificación de causa-efecto en la búsqueda de datos que se relacionen con las experiencias previas y la forma de resolverlo.

Por otro lado, dentro del proceso de evaluacion y diagnostico, son de vital importancia los *mecanismos de defensa*, ya que se materializa la evaluación de los elementos inconscientes y la organización dinámica dentro de la personalidad del sujeto o cliente, es asi que, en el proceso de observación durante la entrevista y todos los aspectos defensivos y como se manifiestan estos durante todas las sesiones del proceso de evaluación e intervención psicoterapéutico; es asi que los mecanismos de defensa que se podrían presentar en los clientes, serian de proyección, represión, negación, desintegración, identificación con el agresor, aislamiento, intelectualización, evasión, acting-out, regresión controlada o no, desadaptación, conductas adictivas, etc.

De igual manera, es indispensable descubrir en este proceso *"las áreas libres de conflicto"*, buscando las características que sobresalen a través de todas las intervenciones como parte fundamental de un funcionamiento sano, *las cuales aportan los datos de pronóstico,* en cuanto a la fuerza yoica o del yo, favoreciendo el desarrollo de expectativas de esperanza, actitud proactiva frente a la necesidad de cambio, apoyándose en los aspectos positivos, etc.

---

[25] Caldeiro, P. (2012). Orígenes de la teoría de la Gestalt. Aprendizaje por insights. Disponible en: http://gestalt.idoneos.com/index.php/311470.

Para finalizar, con una impresión diagnóstica integral se busca la Integración de todos los datos obtenidos en cada una de las sesiones de la entrevista y las pruebas psicotécnicas aplicadas, así como en la autobiografía, bajo los parámetros de los códigos internacionales en cuanto a los diagnosticos relacionados en la salud mental que se encuentran en los manuales del DSM-IVR y CIE-10. En este diagnostico integral los aspectos dinámicos son el resultado de las pruebas psicotécnicas confrontadas con la entrevista, donde se considera las necesidades del sujeto o cliente a satisfacer según el estudio realizado y el marco de referencia, donde se sustenta el diagnostico obtenido según las necesidades del cliente. Las pruebas solo miden la función en el momento, y se pueden hacer inferencias del pasado o el futuro através del análisis topográfico de la psicodinámica, partiendo de una teoría de la personalidad determinada; complementando la validación de los resultados mediante la recolección de datos cualitativos y cuantitativos, donde la aplicación de las pruebas psicométricas validan los mismos resultados, las cuales están basadas en teorías de la personalidad de tipo funcionalista, las cuales permiten comparar a un individuo con un grupo y esperar un comportamiento, como también las pruebas proyectivas que están basadas en las teorías psicodinámicas, carácter, mecanismos de defensa, libido, autoconcepto, y el concepto de inconsciente dinámico y la simbología Freudiana, los cuales respaldan el diagnostico integral de cada caso en particular.

De ahí, la importancia de la evaluación diagnostica psicológica en la primera fase del proceso psicoterapeutico, durante la cual el psicoterapeuta alcance un adecuado conocimiento de las condiciones integrales del cliente a nivel bio-psico-social y existencial, con miras a obtener un diagnóstico clínico integral delineando un tratamiento psicológico, lo que facilitara la labor diagnostica del psicólogo clínico, como mecanismo de definición de un proceso psicoterapéutico adecuado.

Asumiendo cada una de las características de la evaluación clínica, la cual se encuentra dividida en cuatro tiempos fundamentales tales como el contacto inicial, refiriéndose al motivo de consulta y la evaluación por áreas como se menciono anteriormente; centrando la atención en la primera sesión mediante la evaluación sincronica, que consiste en el estudio sistematico y progresivo de cada área constitutiva del ser humano, profundizando cada dimensión enfocada a la meta a conseguir dentro del proceso psicoterapéutico, atendiendo la evolución en el transcurso del tiempo, con la pretensión de valorar cada uno de los componentes del área evaluada, imaginando conjuntamente con el sujeto o cliente la evolución en el tiempo; adicionalmente, se complementa con la evaluación diacrónica o dinamica, es decir, de hechos y relaciones que tienen lugar a través de un período determinado, sin interrumpir su marcha, encontrándonos ante la evaluación procesual, continua y progresiva, la cual necesita una retroalimentación que proporcione en cada momento la información necesaria para seguir eficazmente el progreso del proceso, advirtiendo sobre las dificultades, desviaciones o errores cometidos, donde las características principales que debe tener la evaluación continua son, las de la toma de decisiones a tiempo, la eficacia de la información emitida y los estímulos motivantes para darle continuidad al proceso; proporcionados por los pequeños logros conseguidos, a través del proceso psicoterapéutico donde se visualiza la evaluación inicial, el proceso de consejería, psicoeducación y acompañamiento psicoterapéutico atraves de la evaluación formativa, dando continidad a la evaluación sumativa, finalizando con la evaluación final de todo el proceso desde la experiencia profesional y la técnica fundamentada desde el modelo de intervención psicoterapéutica ecosistémico clínico integral de resignificación existencial.

Por lo tanto, en la primera sesión se busca realizar una anamnesis integral, abarcando la historia familiar, incluido los mitos desde el nacimiento hasta la pubertad; dando continuidad a la segunda sesión se profundiza en el proceso mediante la evaluación diacrónica profundizando la anamnesis y la evolución de la adoslecencia o estado evolutivo del sujeto o cliente en el presente, donde se continua con la devolución de lo encontrado en el proceso de evaluación a manera de espejo de los aspectos encontrados para abordalos en la psicoterapia.

Es asi, que los contenidos evaluados corresponden a una serie de aspectos que en su totalidad le ofrecerán una comprensión de los factores emocionales, conductuales, de madurez y desarrollo, sintomáticos, de carácter, y de la estructura del aparato psíquico o mental del sujeto o cliente que facilitan o perturban su adaptación, tales como el motivo de consulta, la anamnesis, los sintomas y signos, la funcion de realidad, la función de identidad, las evaluaciones por areas de vida a nivel de pareja, familia, relaciones sociales y laborales, como también los mecanismos de defensa, la evaluacion de la corporalidad, y la evaluación del sensorio cognitivo-emotivo.

SISTEMATIZACION DEL PROCESO DE EVALUACIÓN DE LOS CONTENIDOS DEL PROCESO PSICOTERAPEUTICO.

En la primera sesión, se explora el motivo de consulta y las areas de vida, con relación al motivo de consulta del sujeto o cliente; lo que significa explorar la razón por la que el sujeto o cliente decide consultar a un psicoterapeuta, expresando el grado de "conciencia en términos de conflicto intrapsiquico o enfermedad", articulando la correspondencia entre el motivo del sujeto o cliente y los criterios clínicos en relación a signos y síntomas, o estados de ansiedad y angustia; por lo tanto, en esta primera sesión se realiza la evaluación por areas, en la exploración del funcionamiento intrapsíquico, en el logro del goce creativo, de las distintas áreas de vida del sujeto o cliente; pasando a la evaluación e intervención de el área mental y corporal y su relación en las areas de pareja, familia, social, laboral, etc.

Aquí se tiene en cuenta dos indicadores importantes como son "el logro y el goce creativo". En cuanto al logro se refiere al cumplimiento de aquellos hitos relacionados con el área de vida y la etapa vital del sujeto, que corresponden con la madurez y propósitos de vida del sujeto o cliente. En cuanto al goce creativo se refiere a la capacidad de disfrutar los logros alcanzados y de que este gozo incluya la posibilidad de mantención de ese estatus quo. El cual debe diferenciarse del gozo adictivo.

En la segunda sesión, se da inicio a la anamnesis del nacimiento a la pubertad, la historia familiar, los mitos y la revisión de la historia de vida del sujeto y sus hitos más importantes desde el nacimiento hasta la pubertad; adolescencia, adultez y momento actual, como también los antecedentes etiológicos del síntoma y/o disfunción; además se debe estar atento dentro del proceso de exploración durante el desarrollo de la entrevista clínica a cierto tipo de fenómenos importantes que contribuyen a la labor diagnóstica, los cuales se observan a través del relato del sujeto o cliente.

En la tercera sesión, se profundiza la anamnesis de la pubertad a la actualidad, aquí se evalua toda las fases del desarrollo de la entrevista desde los antecedentes del cliente y su vivencia en el nucleo familiar y el contexto social hasta el momento actual según el ciclo de vida del sujeto o cliente. (Remitirse a las págs. 108, 109, 110, UBICACIÓN EVOLUTIVA DEL SUJETO).

En la tercera sesión, adicionalmente se profundiza la función de identidad que consiste en una estructura mental que organiza una imagen del "si mismo", con características positivas y negativas, coherentes entre si y consistente históricamente; que comprende las características básicas del sujeto en relación al nombre, edad, nacionalidad, sexo, actividad, incluyendo los rasgos caracteriológicos afines, complementarios y propios de una organización de personalidad; revelando la capacidad para ofrecer una imagen integrada de las características de personalidad, por lo tanto, al evaluar la función de identidad, se indaga sobre las potencialidades y capacidades que posee el sujeto; es asi, que se busca que el sujeto o cliente desarrolle la capacidad para describir los procesos vivenciales intrapsiquícos de integridad o difusión de la identidad, la riqueza y coherencia de la descripción de las cualidades que lo hacen distinto a los demas, la representación mental de cómo es la persona descrita y las características de sus seres queridos tales como padre, madre, pareja, amigos e hijos.

Por otro lado, es indispensable tener presente el proceso de función de realidad, es asi que la estructura mental que organiza una serie de momentos existenciales básicos, necesarios para una adecuada relación con el entorno. A partir de las diferenciaciones primarias "Yo - No Yo", donde se configuran las distinciones en los diferentes dominios; por lo tanto para evaluar la función de realidad se debe observar la coherencia o incoherencia de las conductas del sujeto o cliente, apreciando las diferenciaciones del sujeto o cliente entre lo que él es, de lo que no es; tanto con las cosas como con las personas, distinguiendo las relaciones del sujeto con su propio cuerpo y la distinción del origen externo o extrapsiquico e interno o intrapsíquico de los estímulos, como el reconocimiento y aceptación de las normas sociales, descartando alucinaciones, ideas delirantes y/ o fenómenos especiales del acontecer psíquico.

Como también **los mecanismos de defensa** son aquellos recursos psicológicos defensivos por los cuales el psiquismo busca preservar su sentimiento placentero de seguridad, frente a la angustia generada por conflictos internos y por las amenazas del mundo externo, colocando barreras que permiten rechazar ciertos impulsos y solucionar conflictos internos, externos y ambientales; además se debe diferenciar los mecanismos de defensa avanzados y primitivos.

De esta manera, los mecanismos de defensa avanzados están basados en la represión como son los de negación, represión, desplazamiento, idealización, conversión, formación reactiva, proyección, aislamiento, racionalización e intelectualización. Por otro lado los mecanismo de defensa primitivos basados en la escisión como son splitting dinámico, splitting estático, idealización primitiva, identificación proyectiva, devaluación primitiva, identificación adhesiva, renegación, disociación, escisión, y omnipotencia.

En cuanto a la evaluación de la corporalidad se evalúan aspectos tales como los aspectos sistémicos relacionados a como duerme el cliente, como se relaciona con los alimentos, como opera su función excretora, como funciona sexualmente; en cuanto a los aspectos estructurales se relacionan con las características corporales, el genotipo, fenotipo, y evaluación bioanalítica y los aspectos funcionales en cuanto a la ausencia o presencia de enfermedad, el funcionamiento sintomático o asintomático, los sindrómicos, alexitímicos, y psicosomáticos.

A nivel de la evaluación de pensamiento es importante explorar los procesos cognitivos básicos y del sensorio a nivel formal como la velocidad de pensamiento, taquipsiquico-bradipsiquico, flujo asociativo, estructura; a nivel funcional lo relacionado con la atencion, percepcion, memoria y concentración y a nivel de fenómenos especiales como la presencia de delirios, alucinaciones, lenguajes bizarros, ecolalias.

En la cuarta sesión, se establece el diagnostico, que inicialmente se realiza una hipótesis diagnóstica, que a medida que se recaba la información, el clínico se plantea permanentemente hipótesis diagnóstica que orienta su evaluación, y una vez analizados los datos recogidos, se construye una hipótesis diagnóstica que comprenda, una entidad que organice los datos en torno a alguna categoría clínica, tales como alteración, disfunción, trastorno, síndrome, reacción y/o enfermedad, etc.

Donde la estructura de personalidad u organización de personalidad del sujeto o cliente, esta centrada en un juicio sobre las relaciones del cuadro clínico y la estructura de personalidad, en la que debe incluir la etiología, tales como factores biológicos, factores psicológicos, factores sociales, y pronóstico positivo o negativo, con alta o menor resistencia y grado de analizabilidad; donde la prescripción del tratamiento, la frecuencia de atención, en cuanto a 1, 2 o n veces por semana, mediante contrato terapéutico y objetivo terapéutico, asumiendo deberes y responsabilidades tanto del terapeuta como del sujeto o cliente.

Es asi, que la **gravedad del diagnostico**, esta centrado en la complejidad del mismo, lo que va a depender de su naturaleza y los factores causales inherentes tales como: las experiencias de aprendizaje y/o trauma y la presencia y cantidad de síntomas, como la cantidad de áreas afectadas o deterioradas; complementando la estructura de personalidad con sus diferentes patologías de menor a mayor gravedad desde los estados neuróticos hasta los estados psicóticos, atravesando una multiple gama de conbinaciones relacionadas, tales como: neurótico, limítrofe, psicótico equivalente al trastono de desarrollo=(TD); pasando por las neurosis sintomáticas=(NS); las neurosis de carácter simple=(NC); las neurosis de carácter crónico=(NCC); las neurosis del limite o el borde limítrofe= (NBL); como también el limítrofe en el borde neurótico=(LBN); adicionalmente el limítrofe como si=(LCS); el limítrofe clásico=(LC); y el limítrofe en el borde psicótico=(LBP), finalizando con la presencia de psicosis propiamente dicha, como la expresión máxima de las alteraciones mentales en su máxima expresion,(P= Psicosis.)

NIVELES DE INTERVENCIÓN DESDE EL MODELO ECOSISTEMICO CLINICO. Se da inicio al proceso evaluando e interviniendo en los trastornos del desarrollo, expresado en la búsqueda del reacondicionamiento ambiental, el reaprendizaje conductual, el manejo psicoeducativo de la sintomátologia, encaminado a la erradicación de los síntomas, y la limpieza de las áreas constitutivas inherentes al ser humano, encaminadas a la implementacion de estrategias para la disolución de los conflictos al interior de las áreas afectadas que dificultan el logro y goce creativo del cliente; centrados en la evaluación e intervención según la estructura del carácter, encaminado a la disolución de rasgos de carácter críticos, descubriendo la elaboración de mecanismos defensivos, elaboración de transferencias, elaboración de traumas, elaboración de experiencias afectivas cumbres y en general del funcionamiento del aparato mental,centrado en la ampliación del panorama de conflicto y por ende la reestructuración del aparato mental del cliente, mediante la resignificación existencial y la activación energética para la movilización del cambio del cliente de un estado de desequilibrio a un estado de estabilidad y goce creativo.

Las consideraciones a tener en cuenta en este proceso de intervención se centran en la evaluación diagnóstica y la psicoterapia como dos momentos distintos de un proceso psicoterapéutico, donde la función diagnostica esta encaminada a lograr el éxito terapéutico, pues en ella se definen variables cruciales para el encuadre del proceso psicoterapéutico, teniendo como parámetro central lograr un diagnóstico clínico eficaz que determinara el objetivo, la estrategia y los parámetros técnicos de tratamiento adecuados para una determinada entidad clínica especifica; donde la naturaleza de la relación sujeto/cliente - terapeuta en la evaluación clínica es uno de los aspectos fundamentales para la recolección de antecedentes; y el clima de la entrevista un factor preponderante en el éxito de la evaluación, utilizando el criterio de evaluación del "doble ciego", con evaluaciones psicométricas, como criterio para disminuir los errores diagnósticos, donde el modelo de entrevista sugerido para este momento especifico es que sea flexible y permita la utilización de técnicas provenientes de distintos paradigmas, para un abordaje integral; es asi que los recursos de los que se debe valer el psicoterapeuta son la utilización de los diversos recursos comunicacionales y clínicos básicos, como el rapport y la empatia, el dominio de técnicas de entrevista, el conocimiento de sistemas diagnosticos, el conocimiento de modelos psicopatológicos, y la visualización clara y concisa de una estructura de Personalidad concordante al rol profesional; adicionalmente el uso adecuado de las diversas técnicas de clarificacion, confrontacion y señalamiento.

CAPITULO TRES

En el capitulo TRES, se profundiza el proceso de intervencion psicoterapéutico, con el énfasis de la supervisión por parte de los psicoterapeutas desde el modelo ecoclinico, en el cual se desarrolla de manera procesual cada uno de los aspectos que lo contienen con las diferentes estrategias que se desarrollan para el proceso de intervencion.

PSICODIAGNOSTICO, INTERVENCION Y SUPERVISION PARA PSICOTERAPEUTAS DESDE EL MODELO ECOCLINICO. Parte de la estructura o medula central, formada por el cuerpo, las relaciones sociales, la voluntad, las emociones y el intelecto que integran al individuo en un concepto integral holistico unitario básico; donde el cuerpo sujeto de intervención según el modelo de intervención es la manifestación directa de lo que se es en esencia como ser humano integral, que con la simple observación de los comportamientos físicos o corporales tales como postura, respiración, movimientos, se puede aprender muchísimo; aunado a las relaciones sociales, donde las funciones de contacto y aislamiento son cruciales para determinar la existencia de un individuo, con relación al contacto y aislamiento del medio que incluye las relaciones sociales con las demás personas.

Que en realidad, el sentido de relación con el grupo, es el primer impulso de la supervivencia psicológica, frente a la neurosis la cual se origina en la rigidez para definir el límite del contacto con las demás personas y en una falta de habilidad para encontrar y mantener el equilibrio adecuado en las relaciones de contacto con el medio circundante o contexto inmediato de las relaciones sociales.

Es asi, que la voluntad del cliente es visualizada desde el conocimiento de las preferencias individuales, que incluye conocer las propias necesidades y la aparición de la necesidad dominante que se experimenta como la preferencia para que satisfaga la necesidad, donde las preferencias del cliente son conocidas como voluntad con acciones especificas dirigidas hacia la satisfacción de ciertas necesidades específicas que este cliente presenta; aunado a la voluntad se profundiza el manejo de las emociones como la fuerza que da energía a todas las acciones y que son la expresión de la excitación fundamental, materializado en las formas y los medios para expresar las elecciones y satisfacer las necesidades de dichas emociones, donde la excitación emocional se moviliza por el sistema muscular, el cual si se evita esta expresión muscular de la emoción provoca ansiedad que es embotamiento o embotellamiento de la excitación donde se desarrollan síntomas, como frigidez y evitación de percepción o huecos de la personalidad o vacíos afectivos y existenciales o facetas de neurosis que afectan la ampliación del panorama de conflicto y por ende la activacon energética del cambio desde la resignificación existencial, afectando directamente el desarrollo optimo del intelecto, donde se fundamentan las capas de la neurosis, ya que la racionalización lleva a evitar la sabiduría de la vivencia del organismo en base a las emociones; por lo tanto hay que atrevesar y romper dichas racionalizaciones que generan la aparición de las capas de la neurosis, con la única finalidad de lograr un desarrollo óptimo de las potencialidades del cliente sujeto de intervencion.

Por lo tanto, el lugar común o señales del contacto real o intercambio de formalidades y palabras sin contenido afectivo, como por ejemplo el simple formalismo de buenos días, facilita la representación de un papel escénico, o un "como sí" para desempeñar un papel oral, capa inicial en la cual el cliente pretende ser tal y como le gustaría ser, como por ejemplo el niño mimado, la víctima, la persona importante, etc., con el fin de no asumir lo que verdaderamente siente ser; entrando a un callejón sin salida o estrato fóbico, cuando el cliente no representa el papel escénico correspondiente a su situación personal metiéndose en un callejón sin salida, es asi, que en este espacio el cliente experimenta que no tiene ya a donde ir, es vacío, la nada, tiene sentimientos de pánico por estar perdido, donde adicionalmente encuentra resistencias a ser lo que se es; entrando a un estrato de impase o implosión que consiste en una parálisis de fuerzas opuestas, ya que al experimentar este estrato, el cliente se contrae y se comprime a si mismo, asumiendo un proceso de impulsión para llegar al sí mismo auténtico.

De esta manera, se presenta un proceso de explosión, ya que al vivenciar este nivel constituye el surgimiento hacia la persona auténtica, al verdadero sí mismo, a la persona capaz de experimentar y expresar sus propias emociones, aquí existen cuatro diferentes tipo de explosiones tales como los estallidos de ira, la alegría, la aflicción y la explosión orgásmica u organísmica que favorece la activación energética y por ende la movilización para el cambio, ampliando el panorama de conflicto resignificando la vida, asumiendo sentimientos de confianza, afirmación de la creatividad, y vivencia de la autenticidad en busca de la autorealizacion con sentido de vida empoderado y proactivo.

Es asi, que desde el modelo de intervención ecosistémico clínico se presenta el ciclo de la activación energética o ciclo de la experiencia, que consiste en el proceso que lleva al contacto del cliente consigo mismo y su entorno inmediato, el cual implica la vivencia y resolución total de algún asunto inconcluso, o nucleo de conflicto, por lo tanto, permitirá descubrir en que momento del proceso y de que manera se presentan las alteraciones perceptuales o interrupciones de desarmonía por parte del cliente; de esta manera el psicoterapeuta estará atento, enfocado e interesado en construir puentes entre la o las alteraciones o interrupciones que el sujeto cliente puede presentar en este ciclo de activación energética o de experiencia organismica, como mecanismo de lograr el objetivo final de la necesidad de este momento, por lo tanto, las fases del ciclo de activación energética u organismico de la experiencia, es importante realizar un análisis funcional, de como se presentan los estados que alteran el funcionamiento normal del sujeto, de la siguiente manera:

1.- **Situacion antecedente:** ¿donde estaba?, ¿con quien estaba?, ¿Qué estaba pasando o haciendo? Responda o explique: _____
_____
_____

2.- Pensamientos: ¿Qué estaba pensando?, Responda o explique: _____
_____
_____

3.- Sentimientos y emociones: ¿Cómo se sentía?, ¿Qué sensaciones tenia?, Responda o explique: _____
_____
_____

4.- Conducta: ¿Qué hizo?, ¿Qué consumió?, ¿Qué tanto consumió? ¿Qué hicieron las personas que estaban con usted?, Responda o explique: _____
_____
_____

5.- Consecuencias: ¿Qué ocurrio después?, ¿Cómo se sintió?, ¿Cómo reaccionaron las otras personas?, ¿alguna otra consecuencia?, Responda o explique: _____
_____
_____

AYUDAS ADICIONALES PARA EVALUAR SITUACIONES DE ACTIVACION ENERGETICA PARA MANTENER LA PAUTA ADICTIVA O EL COMPORTAMIENTO DISFUNCIONAL Y COMO INTERVENIR.

PROCESO DE AUTOEVALUACION.

Nombres y apellidos: _____ **Fecha:** _____

CUESTIONARIO DE DESENCADENATES EXTERNOS

Marque con una equis (X) las actividades, situaciones o contextos en los que usted consumió sustancias, Coloque un cero (0) en las actividades, situaciones o contextos en los cuales nunca ha consumido sustancias.

_____En casa, estando solo

_____En su casa, con amigos

_____En casas de amigos

_____En fiestas

_____En eventos deportivos

_____En cine

_____En bares o clubes

_____En la playa

_____En conciertos

_____Con amigos que consumen

_____Cuando subía de peso

_____En vacaciones y festivos

_____Cuando llovía

_____Durante una cita romántica

_____Antes de tener relaciones

_____Mientras tenía relaciones

_____Después de tener relaciones

_____Antes de trabajar

_____Cuando recibía dinero

_____Cuando veía al expendedor

_____Conduciendo

_____En una licorería

_____Durante el trabajo

_____Hablando por teléfono

_____En excursiones

_____El día de pago

_____Antes de la cena

_____Antes del desayuno

_____Después del almuerzo

_____Durante una cena

_____Después del trabajo

_____En la calle

_____En el colegio o la universidad

_____En el parque

_____En el barrio

_____Los fines de semana

_____Con familiares

_____Cuando estaba triste

_____Antes de una cita romántica

Escriba otras actividades, situaciones o contextos en los cuales ha consumido sustancias frecuentemente _____

_____

_____

Escriba las actividades, situaciones o contextos en los que usted no consumiría sustancias _____

_____

Mencione las personas con las usted puede estar sin consumir sustancias

_____

_____

DESENCADENANTES EXTERNOS

Instrucciones: Haga un listado de personas, lugares, situaciones o contextos, Según el grado de asociación con el consumo de sustancias.

0% posibilidades de consumir / 100% posibilidades de consumir

Nunca consumo: _____

_____

_____

_____

Estas situaciones son "seguras".

Casi nunca consumo: _____

_____

_____

_____

Estas situaciones, son de bajo riesgo, pero debe tener precaución.

Casi siempre consumo: _____

_____

_____

_____

Estas situaciones, son de alto riesgo es muy peligroso permanecer en ellas debe evitarse del todo.

Siempre consumo: _____

_____

_____

_____

_____

Estas situaciones, significan seguir siendo adicto.

CUESTIONARIO DE DESENCADENANTES INTERNOS

Durante la recuperación, ciertos sentimientos o emociones a menudo provocan el consumo de sustancias. Lea el siguiente listado de sentimientos y emociones, y marque con una equis (X) en aquellos que pueden desencadenar el consumo de sustancias. Coloque un cero (0) en los sentimientos o emociones que no estén asociados al consumo de sustancias.

_____Temeroso, asustado

_____Excitado

_____Celoso

_____Presionado

_____Bravo, disgustado

_____Nostálgico

_____Solitario

_____Relajado, tranquilo

_____Confiado, optimista

_____Incomprendido

_____Humillado

_____Triste

_____Criticado, reprochado

_____Frustrado

_____Vengativo

_____Aburrido

_____Deprimido

_____Culpable

_____Resentido

_____Envidioso

_____Apenado, avergonzado

_____Contento, feliz

_____Paranoico

_____Ansioso

_____Entusiasmado

_____Desadaptado

_____Abandonado, desatendido

_____Preocupado

_____Cansado

_____Inseguro

_____Nervioso, intranquilo

_____Abrumado

_____Deprivado

_____Molesto, irritado

_____Apasionado

_____Hambriento

¿Qué estados emocionales que no estén incluidos en la lista anterior le han impulsado a consumir sustancias? _____
_____

En las semanas anteriores a su ingreso a tratamiento su consumo de sustancias…

_____ ¿Estuvo asociado principalmente a condiciones emocionales o afectivas? Explique: _____
_____ ¿A situaciones rutinarias o por costumbre, sin causas emocionales? Explique: _____

¿Hubo ocasiones en el pasado reciente en las que no estaba consumiendo y un cambio específico en su estado de ánimo le llevó a consumir? (Por ejemplo, se disgustó con alguien y quiso consumir por el disgusto que experimentó en ese momento)

Si _____ No _____ Si la respuesta es afirmativa, por favor explique: _____
_____
_____
_____
_____

DESENCADENANTES INTERNOS

Instrucciones: Haga un listado de situaciones emocionales o afectivas, según su asociación con el consumo de sustancias.

0% posibilidades de consumir / 100% posibilidades de consumir

Nunca consumo: _____
_____
_____
_____

Estas son emociones seguras

Casi nunca consumo: _____
_____
_____
_____
_____

Estas emociones son de bajo riesgo, pero debe tener precaución.

Casi siempre consumo: _____
_____
_____
_____
_____

Estas emociones, son de alto riesgo es muy peligroso, por lo tanto deben evitarse.

Siempre consumo: _____
_____
_____
_____
_____

Estas emociones son de alto riesgo y muy peligrosos, significan seguir siendo adicto.

De esta manera, el sujeto se podrá dar cuenta de los estados disparadores de la activación energética y asi identificar que esta sucediendo al interior del individuo, estos estados son:

Desensibilización, motivación o toma de conciencia, *llamado también reposo o retraimiento desde el enfoque gestáltico*, en este momento la conducta del cliente puede ser de total relajación o total concentración, donde el extremo disfuncional o patológico de este estado es representado por las ausencias o evasiones.

Proyección, "Darse cuenta", adaptación o también llamado *sensación, que consiste en el sentir físicamente algo que todavía no se logra definir o diferenciar*, como por ejemplo, se siente movimientos y percibe ruidos en el estómago y no se sabe si es por lo ingerido o por que hay hambre, el cual no se siente saciado

Focalización, Introyeccion, Preparación para el aprendizaje o darse cuenta "awarnesis". Aquí el cliente se concientiza o comprende a que se debe la sensación que tiene y en este momento ya lo puede definir o llamar por su nombre, como por ejemplo hambre, tristeza, enojo, etc. Continuando con el ejemplo anterior al ver el reloj se da cuenta que es la hora de comida y es conciente que da hambre.

Interiorización, activación energética, acción o movilizacion de la energía, en este momento el cliente moviliza su energía, es decir, reúne la fuerza o la concentración necesaria para llevar a cabo lo que su necesidad le demanda, o búsqueda de satisfacción de la necesidad.

Movilización de la energía, mantenimiento, estabilización, acción, en este momento el cliente moviliza su cuerpo y hace lo que sea necesario para satisfacer su necesidad o demanda.

Adaptacion social o contacto, que consiste en lograr la culminación del proceso donde la persona encuentra satisfacción y disfruta el haber alcanzado lo que se proponía, culmina cuando el individuo experimenta que ya esta satisfecho y que ya se siente bien y que puede comenzar otro ciclo.

Reposo, vida con sentido y propósito, entra nuevamente a un estado de retraimiento, caracterizado por la concentración y la relajación, en la cual el sujeto, cliente a logrado ampliar y resignificar su panorama de conflicto y se encuentra adaptado y tranquilo o estado de reposo y calma, listo para activar el circulo energético en caso de presentarse movilización por situaciones o eventos de conflicto que exige una movilización creativa y oportuna.

Por lo tanto, La psicoterapia desde el modelo ecosistémico clínico, enfatiza el continuo darse cuenta, desde la conciencia de si mismo y del mundo exterior y se convierte en una forma de vida y de sentir que parte de la experiencia propia, por lo que es imprescindible guiarse por sus técnicas significativas y vivénciales.

A manera de conclusión: Se puede afirmar, que el organismo vivo parte de un punto llamado reposo o de equilibrio homeostático; luego emerge una sensación ante una necesidad que se focaliza en una captación de la misma, ante la que se actúa utilizando la energía hasta establecer contacto con el satisfactor de la necesidad y llegar al reposo nuevamente, aquí se abre un ciclo y se abre otro nuevo, así ininterrumpidamente, mientras viva el organismo; llamado ciclo de la autorregulación organísmica o activación energetica desde el modelo ecoclinico, o referenciado como el ciclo de la experiencia según la terapia Gestalt. Si se logra el contacto y el cierre, la preocupación desaparece y se puede avanzar a las posibilidades actuales, el darse cuenta se da a lo largo de todo el ciclo, a si mismo se ilustran las fases y las interrupciones que impiden el cierre.

GRAFICACION DEL CICLO DE LA EXPERIENCIA EN MOVIMIENTO.

Ciclo de activación energética,   **//Versus//** **Ciclo de la experiencia**

Ciclo del Modelo Eco-clínico   **///////////////** **Terapia Gestalt**

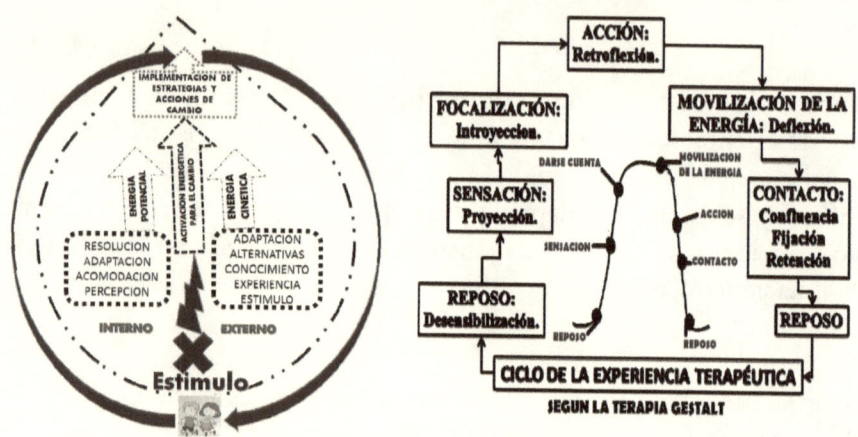

Teniendo en cuenta, la graficación anterior, los ciclos de activación energética según el modelo ecoclinico y en comparacion con la terapia Gestalt, los procesos del cambio siempre están dependiendo de estimulos internos y externos, y según la experiencia asimilada en años anteriores de su cico vital y nivel de madurez psicoemocional son las respuestas y acciones a resolver según se presente cada estimulo, como se puede apreciar en las páginas 142 a la 149 del Proceso de autoevaluación de los desencadenantes internos y externos.

MENSAJES FRECUENTES QUE SE PRESENTAN COMO RESULTADO DE LAS ALTERACIONES PERCEPTUALES O EL AUTOBLOQUEO O AUTOINTERRUPCION EN LA ACTIVACION ENERGETICA SEGÚN LAS EXPERIENCIAS VIVIDAS POR CADA SUJETO EN SU ENTORNO INMEDIATO Y CONTEXTUAL. Los autobloqueos se pueden presentar de la siguiente manera:

Desensibilización: "No siento" (se da en el reposo y sensación, según la gestalt).

Proyección: "Por su culpa", tendencia a buscar responsables frente a los diversos hechos. (Se da entre sensación y formación de figura).

Introyección: "Debo pensarlo, hacerlo así" (formación de figura y movilización de energía).

Retroflexión: "Me aguanto" (Entre movilización de energía y acción).

Deflexión: "Tiro la piedra y escondo la mano" (entre acción y precontacto).

Confluencia: "Acéptame no "(entre precontacto y contacto).

Fijación: "No puedo dejar de pensar en ello" (entre contacto y postcontacto).

Retención: "no merezco el éxito" (se da entre el postcontacto y reposo).

LAS ALTERACIONES PERCEPTUALES O LOS AUTOBLOQUEOS O AUTOINTERRUPCIONES, las cuales se pueden presentar en el sujeto, estos son:

DESENSIBILIZACION: Corresponde a la disminución parcial o total de la sensibilidad como respuesta a los estimulos del medio externo e interno; se presenta en las fases de reposo y sensación, que es un proceso mediante el cual la persona bloquea su sensibilidad a las sensaciones tanto del medio externo como del interno; esto estimula el proceso de intelectualización por el que intenta explicar racionalmente su falta de contacto sensorial. Adicionalmente es una técnica utilizada en terapia de conducta para eliminar la ansiedad por falta de adaptación, asociada a las fobias. El procedimiento implica la construcción por parte de la persona de una jerarquía de estímulos productores de ansiedad y de la presentación general de estos estímulos hasta que ya no desencadenen la respuesta inicial de temor. Esta técnica de modificación de la conducta consistente en eliminar respuestas de ansiedad ante estímulos o situaciones fóbicos, mediante la exposición progresiva o bien masiva a los mismos, se supone que el organismo se va habituando, perdiendo el miedo, paulatinamente al estímulo fóbico o agota todo temor ante él, tras la exposición total y repentina del estimulo fobico.

PROYECCION: Mecanismo de defensa que opera en situaciones de conflicto emocional o amenaza de origen interno o externo, atribuyendo a otras personas u objetos los sentimientos, impulsos o pensamientos propios que resultan inaceptables para el cliente; se «proyectan» los sentimientos, pensamientos o deseos que no terminan de aceptarse como propios porque generan angustia o ansiedad, dirigiéndolos hacia algo o alguien y atribuyéndolos totalmente a este objeto externo, se presenta en las fases de sensación y formación de figura, viendo en los demás algo que le pertenece al cliente, la tendencia a hacer a otros responsables de lo que tiene origen en la persona misma, implica una renuncia a los impulsos, deseos y conductas colocando lo que pertenece al sí mismo en el exterior, lo mas frecuente es la proyección hacia el pasado, en lugar de expresar una emoción que corresponda a la situación actual del aquí y el ahora, el cliente reproduce un recuerdo.

El proyector es el individuo que no puede aceptar sus propios actos o sentimientos, por que "no debería" actuar o sentir así, el "no debería" proviene de una introyección, para resolver este dilema, el cliente no reconoce su culpa o responsabilidad y la atribuye o achaca a cualquiera menos a sí mismo; en cambio posee una aguda conciencia de las características en los demás, que el cliente las niega como suyas. En el mecanismo de defensa de proyección, se traslada el límite entre la persona misma y el resto del mundo, un poco a favor de la persona como mecanismo de renuncia a los aspectos de su personalidad que encuentra difíciles, amenazantes, ofensivos o poco atractivos, cuando se proyecta a los otros y expresa son "ELLOS", por lo general se refiere o concretamente quiere decir "YO".

INTROYECCION: Mecanismo de defensa que se refiere a meter, "tragar" sin masticar; en sentido figurado es como introducir sin asimilar y por tanto, sin eliminar. Es también apropiarse de "algo" que no es mío, tales como creencias, valores, expectativas, deseos, sentimientos, necesidades, pensamientos, que generalmente provienen de los padres o de otras personas y vivir como si todo esto fuese propio del sujeto o cliente, sin cuestionarlo, sin analizarlo; claro está, que por repetición y con los años pareciera que ya es parte de su propia vida, es más, pareciera que es "genético" y no es así. De hecho, este proceso va sucediendo y se va archivando después a nivel inconsciente como resultado precisamente de esas repeticiones y actos repetidos automáticamente. Forma parte ya a determinada edad, de sus actitudes y comportamientos, que le seguirán a veces por toda su vida.

Este tipo de pensamientos y comportamientos automáticos repetitivos, tales como: "Los hombres no lloran", "Es tu cruz", "Debes ser fuerte", "Tienes que ser ejemplo para tus hermanos", "Las niñas bonitas cuando lloran se ven feas", "El que nace para florero, florero se queda …", "Las niñas 'decentes' no enseñan la ropa interior"; frases, expresiones y comportamientos, que silenciosamente van limitando el crecimiento personal, ya que están, cargadas de piedras pesadas como culpa, miedo y resentimiento. Todo esto es parte de lo que se llaman introyecciones o introyectos. Pensamientos y sentimientos, aislados o mezclados van conformando una buena parte de su personalidad.

El problema inicia cuando la persona debe o tiene que actuar de tal o cual modo, pero no quiere, y los síntomas más frecuentes son derivados del trastorno obsesivo compulsivo caracterizado por perfeccionamiento y rigidez respecto a sus necesidades. Sus objetivos son con frecuencia inalcanzables, lo que interfiere en la realización de sus tareas.Hay preocupación por las normas, la eficacia, los detalles insignificantes, delimitando su percepción del mundo, todo ello para evitar "el rechazo".

De esta manera, viene así al cliente una sensación de frustración, cada vez que el sistema de valores de segunda generación resulta incompatible con sus necesidades presentes; donde los idiomas y dialectos "se pegan", el niño empieza a caminar como su padre sin siquiera imitarlo, el sentido del humor se transmite, etc. Es decir, hay introyectos que verdaderamente bloquean el actuar de la vida diaria; donde el cliente introyector minimiza la diferencia, entre lo que se traga entero y lo que verdaderamente querría hacer, si se permitiera discriminarlo. Es como si cualquier cosa por el hecho mismo de existir, fuera inviolable y él no debiera cambiar nada, y tuviera que tomarlo tal como se presenta; esto sucede porque ha aprendido a vivir con miedo, un miedo precisamente a ser rechazado puesto que ha tratado de agradar a los demás, para ser aceptado.

Pero no todo es limitante, también hay introyectos útiles y funcionales como el hecho de que se "Debe respetar la luz roja del semáforo", o que se "Debe visitar a su madre enferma"; en ambos casos, tal vez no quiera hacerlo, pero, sanamente debe hacerlo, porque puede ser probable que si pensára de esta manera, el mundo sería todavía más caótico de lo que ya es. Por supuesto, que los introyectos están íntimamente ligados a los valores; en otras palabras, determinados valores pueden funcionar como introyectos. Entonces el cliente esta lleno de los "debeísmos" y los "teneísmos", los cuales son en algunos casos, como ya se menciono antes que pueden ser convenientes o funcionales y en otros casos no.

Sin embargo, este asunto de los introyectos paradójicamente en una sociedad emocionalmente enferma o neurótica y contaminada como la nuestra, seguramente como muchas otras, no puede ser de otra manera. Es decir, parecería imposible vivir sin introyectar a personas de generaciones menores a nosotros e inclusive a generaciones mayores, aunque esto suele ser más difícil. Parecería más fácil vivir en la queja, que en la aportación de soluciones. Comentaba un amigo hace algunos años, que "Hay gente que vive en la protesta, en vez de vivir en la propuesta".

Empieza entonces, el inevitable conflicto, que dura mientras "uno" vive, entre tomar la vida tal como es o cambiarla. Aquí, la tarea primordial en psicoterapia para deshacer la introyección del cliente, no siempre resulta fácil; ya que la introyección limitante, disfuncional, negativa, fútil; consiste en establecer dentro del individuo un sentido de las elecciones que le son accesibles y su capacidad para diferenciar el "yo" del "tú". Como psicoterapeuta puedo indicarle al cliente que complete en voz alta la frase; "Yo creo que..." para después sondear cuántas representan juicios personales de su propia experiencia y cuántas son repeticiones de juicios introyectados o recibidos de otras personas en el curso de la vida. Por lo tanto, cualquier experiencia que intensifique en el cliente el sentido del yo es un paso fundamental para trabajar, concientizar y deshacer la introyección.

También cabe mencionar, que hay introyectos muy difíciles de "quitar" porque están tan ligados a la persona que hasta pareciera que la persona ya es así... Por eso, es muy importante ayudar a que el cliente se empiece a dar cuenta de sus propios introyectos y si le resultan funcionales y útiles, pues habrá que dejarlos; de lo contrario habrá que trabajarlos.

Cuando el cliente introyector, en el curso de un proceso de psicoterapia, moviliza su agresión y su crítica cuando entra en resonancia con su amargura acumulada. Tiene razones suficientes para estar amargado, puesto que tragó lo que no era conveniente para él en muchos casos, encontrándose entonces así, en la posición de víctima propia de la gente que ha sido invadida. Es difícil que la persona se de cuenta de lo que quiere; sólo sabe lo que no quiere y necesita liberarse de ello. De ahí que la psicoterapia más eficaz, como todas las rebeliones, entrañe un riesgo. La rebelión es necesaria para deshacer la introyección. Tan necesaria como el vómito en sentido real o figurado, porque representa una descarga de cuerpos extraños nocivos que hay que expulsar, aunque con los años se hayan llegado a sentir como propios. Descubrir que lo "dado", no está dado en absoluto, es la experiencia dramática que vive el que recupera la autodirección y ya no da por sentada su existencia, sino que la crea constantemente.

Finalmente entonces, todos los introyectos funcionales o no funcionales, positivos o negativos, útiles o no útiles, le han servido a la persona para sobrevivir y de alguna manera han cumplido una función tanto familiar como social, o sea, en un momento determinado, tuvieron su razón de ser. Irónicamente, en el mundo de los introyectos, muchos se acusan de no haber "obedecido" a sus padres, cuando podrían acusarse de haberlos obedecido.

Como quien dice: quien esté libre de introyectos que arroje sus primeros síntomas, proceso que se da entre la formación de figura y movilización de energía; que en el proceso psicológico se asimila a conceptos, datos, patrones de conducta y valores morales, familiares, educativos, religiosos, éticos, estéticos y políticos provenientes del mundo externo. Donde el cliente que ha introyectado, es aquel que ha venido "tragando todo", como mecanismo de defensa por el cual se han incorporado prototipos, actitudes, creencias y formas de acción y de pensamiento que no le pertenecen y que no se han asimilado lo suficiente, como para hacerlos propios. La introyección ha contribuido a la desintegración de la personalidad "los debo y los tengo" y no a la autenticidad.

RETROFLEXION: Literalmente "retroflexión" significa "volverse hacia uno mismo"; como se ha expresado antes en los epígrafes anteriores, el introyector hace lo que los demás quieren que haga; el proyector hace a los demás lo que él acusa a los demás de hacerle a él, y el retroflector es aquel que se hace a sí mismo lo que le gustaría hacer a los otros. De esta manera el retroflector es el peor enemigo de sí mismo. En lugar de redistribuir sus energías para lograr actuar en el ambiente o promover un cambio en él, y manejar la situación de modo que satisfaga cierta necesidad, dirige la actividad hacia sí mismo y se sustituye por el ambiente como objetivo de conducta, haciéndose a sí mismo lo que le gustaría hacer a otro, el cual dirige su energía de forma equivocada, convirtiéndose en el objeto de su acción en lugar de serlo el entorno.

El origen de la retroflexión, se encuentra en los castigos infantiles, cuando un niño trata de influir o actuar sobre su ambiente de un modo que no es aceptado, puede ser castigado física o psicológicamente, y, como consecuencia, llega a bloquear la expresión de esa necesidad. El niño, si es tratado así varias veces, para no tener que sufrir nuevas carencias y frustraciones renuncia a la satisfacción de esa necesidad. De esta situación se pueden derivar dos tipos de conducta posteriormente. Una, en la que el niño aprende a conseguir lo que quiere manejando manipuladoramente el ambiente, y otra, en la que se reprime o inhibe, y lo que empezó siendo un conflicto con el ambiente se convierte en un conflicto entre una parte de sí mismo que necesita algo y otra parte que no lo permite, funcionando bajo el parámetro de pelea constante como perros y gatos, entre el opresor y el oprimido. La retroflexión se manifiesta en el uso del pronombre "yo" cuando realmente quiere significar "ellos" o "tú". Por ejemplo, el retroflector dice: "Tengo vergüenza de mí mismo", como si el sí mismo fuera otro diferente al yo mismo. De esta manera el retroflector es aquella persona que continuamente lucha consigo misma. Contra todo lo que ve de sí que no le gusta, o cree que no le gusta al mundo.

El tratamiento de la retroflexión es más sencillo que el de otros mecanismos de defensa; sólo hay que cambiar la dirección del acto reflectado desde dentro hacia fuera, pero el temor surge porque la mayoría de las retroflexiones suelen ser agresiones, y es evidente que es más fácil dirigírselas a uno mismo que echarlas hacia fuera, sobre todo en las etapas de la vida de mayor dependencia de los adultos. De esta forma ni hay sentimiento de culpa ni hay miedo a las represalias. Es así, que la retroflexión incluye también aquello que uno quiso de los demás, como adulación, comprensión, amor o ternura, y no se atrevió a pedir, porque en alguna ocasión fue desvalorizado, ridiculizado o avergonzado. En este aspecto hay que saber distinguir las tres formas muy importantes como se materializa la retroflexión, a saber…,

1ª) La primer forma de retroflexión es la "compulsión", en la que uno se obliga de tal modo, que se cree que la obligación viene del contexto externo o de fuera hacia adentro a la psiquis del cliente, donde muy pocas veces en realidad esta obligación sí que viene de fuera, pero la mayor parte de las veces el cliente con características compulsivas está permanentemente obligándose y obligando a los otros. Cuando el cliente se obliga a hacer algo en terapia, se le sugiere que vea "Qué haría y cómo influiría en el otro, para que hiciera lo que él se siente obligado a hacer"; cuando se dice a sí mismo, "Yo debo hacer tal o cual cosa", se le pregunta al cliente, ¿Quién es el que dice que "yo debo hacer tal o cual cosa"?; con esta pregunta se busca que el cliente busque el origen de dicha imposición, o la persona que primero impuso esa obligación. Esto nos permite develar las figuras influyentes de la época infantil del cliente ante las que él se sometió para evitar su enojo y castigo o para ser aceptado y querido por esas figuras significativas en la infancia y niñez.

2ª) La segunda forma de retroflexión, son "los sentimientos de inferioridad", donde es evidente que cuando la relación con uno mismo está perturbada, también lo están las relaciones interpersonales; cuando el cliente se siente inferior, de alguna manera, trata de forma inferior a otras personas, con lo que puede que encubra su arrogancia.

3ª) La tercera forma de retroflexión, es aquélla que se "transforma en síntomas corporales", resultantes de retroflexiones malsanas, tales como los dolores de cabeza por tensión, muchas veces están sustituyendo las ganas de retorcerle el cuello a otra persona, y otras encubren ganas de llorar reprimidas. Las afecciones de la garganta pueden tener el mismo origen, o algo que uno se tragó y después bloqueó, con el fin de evitar su expresión.

Finalmente, hay que tener en cuenta que la retroflexión es buena cuando un cliente tiene impulsos asesinos hacia alguien o sentimientos excesivamente destructivos, que si se llevaran a la acción producirían efectos devastadores para el entorno y para el mismo cliente, sin embargo, este mecanismo de defensa utilizado de manera indiscriminada es negativo, porque impide que el cliente se dé cuenta de sus necesidades, o que se vea a sí mismo en relación con el entorno en particular y con el mundo en general, este mecanismo de defensa se presenta en la fase de la movilización de energía y acción, donde el cliente asume la tendencia de "doblar hacia atrás", que en lugar de utilizar su energía para cambiar y manipular el ambiente a su favor, la utiliza contra el si mismo; el cual se "divide" y se conviete en sujeto y objeto en todas sus acciones y expresiones, como por ejemplo, "tengo vergüenza de mi mismo", "tengo que forzarme para hacer este trabajo", asumiendo una serie interminable de afirmaciones basadas en la idea de que él como "sujeto cliente" y el "Sí Mismo" o su intrapsiquis, son dos entidades o personas diferentes; para el individuo neurótico, el si mismo es una bestia o un ángel, pero nunca el "Yo mismo", las cosas extremas de la retroflexión o devolver la energía hacia uno mismo son las ulceras, el asma, la gastritis y en general las enfermedades psicosomáticas, como consecuencia de este mecanismo de defensa el sujeto cliente vuelve contra si mismo lo que querría hacerle al otro, el cual prefiere auto agredirse en lugar de agredir a otra persona, la cual es vivenciada de un modo ambivalente como amada y odiada al mismo tiempo.

DEFLEXION: El objetivo de la deflexión como mecanismo de defensa es quitar la toma de conciencia, ya que se presenta como bloqueo en la fase de la acción y precontacto, expresada como una maniobra tendiente al enfriamiento del contacto real. Las deflexiones en general tienden a la vida, la acción dirigida hacia algo no llega a su objetivo, pierde fuerza y efectividad, por ejemplo riendo de lo que se dice, evitando mirar al psicoterapeuta, y por ende el contacto directo. El cliente, que presenta este mecanismo de defensa, es un sujeto que es percibido como si tuviera un escudo, suele sentirse a si mismo indiferente, aburrido, confundido, cínico, distraído, vacío y fuera de lugar. El conflicto empieza cuando la persona se habitúa a la deflexión o la usa con escaso discernimiento, entonces se encuentra la necesidad de atenuar un contacto del que se anticipan consecuencias embarazosas.

Este mecanismo de defensa tiene como función principal "desvitalizar el contacto y, de alguna manera, de enfriarlo" presentando una tendencia permanente a evitar el contacto directo, ya sea con el psicoterapeuta u otra persona o con el medio. La acción existe, pero no llega a su destino, pierde fuerza y efectividad. Este mecanismo de defensa se caracteriza por conductas de evitación, de desviación. Ej. Ante un sentimiento de vergüenza, la persona huye de la situación que le suscita este sentimiento, en lugar de enfrentarlo. Este mecanismo de defensa por lo general viene acompañado de un grado variable de agotamiento y frustración, pues la persona no deja de "esforzarse" en permanecer activa, en realizar acciones supuestamente encaminadas a satisfacer su necesidad; necesidad que, sin embargo, no llega a satisfacer. Por ejemplo, se pone metas y cuando las consigue no contacta con ese sentimiento de satisfacción, sino que se siente insatisfecho porque piensa que podría haberlo hecho de otra manera o visualiza otra meta. Como una lista de actividades que "tuviera" que hacer de forma mecánica.

Hacer, hacer, pero no contactar…, es una maniobra tendiente a eludir el contacto directo con el psicoterapeuta u otra persona, como mecanismo de enfriar el contacto real, la deflexión es utilizada como mecanismo activo donde la energía intrapsíquica del cliente es utilizada para evitar centrarse en si mismo, quitando el calor y la energía para el dialogo comprensivo y movilizador; el cliente habla mucho, y hace muchísimo, pero no puede asimilar la experiencia, donde estas deflexiones destiñen la vida y la acción no da con el objetivo movilizador para el cambio, perdiendo efectividad y fuerza. El cliente deflector no cosecha los frutos de su actividad, simplemente no pasa nada, aunque hable, se siente impasible o incomprendido, donde su incapacidad para hacerse entender y llegar al interlocutor, malogra el mensaje, aunque lo transmite en forma valida y precisa; los ejemplos de deflexión son la diplomacia, la fantasía, las explicaciones en la sexualidad, el aburrimiento, la apatía, la desenergetización, la desensibilización.

La deflexión vista desde el punto de vista propositivo es una vertiente creativa, en cuanto a que se puede comprender, manejar y desviar la expresión de la ira y la rabia hacia otro objeto distinto del que la causó, de manera que se pueda desatarla sin producir necesariamente una agresión. El cliente deflecta cada vez que en terapia asume conductas o comportamientos tales como golpear un cojín o expresa insultos e improperios al aire o a quien haya sentado en la silla vacía.

CONFLUENCIA: La confluencia existe cuando el individuo no siente algún limite entre el sí mismo y el ambiente; F. Perls, afirma que la confluencia se da entre acción y contacto, donde el cliente o sujeto para ser aceptado o no entrar en discusión con figuras importantes de su vida, simplemente se mimetiza a ellas; debilita los límites de su Yo para fusionarse al otro. Se adoptan así, sin crítica ni cuestionamientos, decisiones, ideas, estilos de viva ajenos. Se adopta una postura cómoda donde se abdica de la propia responsabilidad, de la capacidad de tomar decisiones, para siempre "estar de acuerdo". Los con-fluentes son personas "sin carácter, ni personalidad", "pasivas", que practican la estrategia de la desesperanza aprendida o la identificación con el agresor temido. Su frase es "Acéptame, no discuto".

Por lo tanto, el sujeto o cliente no distingue límite alguno entre el mismo y el medio, lo cual hace imposible un ritmo sano de contacto y retraimiento puesto que este presupone al otro, no tolera las diferencias entre las personas ya que no pueden aceptar la sensación de limitación y por lo tanto tampoco hay una diferenciación entre ellos mismos y los demás. Se pierden los límites de la personalidad,"del YO", como excusa para no tomar decisiones y prefieren "estar de acuerdo", situación que sucede con frecuencia en las relaciones de pareja confluentes, cuando el individuo no siente ningún limite entre el mismo y el otro, no sabe quien hace o quien hace qué cosa, no sabe quien es, y quien pretende evitar discusiones o agresiones que se derivarían en una lucha por el poder que este tipo de personas especialmente las pasivas agresivas desean impedir a toda costa.

FIJACION: Se da entre contacto y postcontacto. Es toda experiencia que se queda rondando y molestando, es decir, la permanencia de situaciones inconclusas, el primero es la observación junto con la compulsión y consiste en la necesidad fija de completar el viejo asunto inconcluso y que lleva a la rigidez consiguiente de la repetición del patrón o configuración de figura-fondo.

RETENCION: Se da entre el postcontacto y el reposo, parecería que uno tuviera que saber forzosamente cuando una secuencia de acontecimientos constituye una unidad completa. En conclusión el egoísmo se puede relacionar con la confluencia y la negación que tiene semejanza con la proyección y la deflexión, orientado a la proflexión que en conclusión es hacer a otro lo que se desearía que le hicieran al si mismo, aspecto que seria lo contrario de la retroflexión que por lo general se asemeja a la proyección.

ETIOLOGIA Y DESARROLLO DE LA PERSONALIDAD.

En el concepto del **YO** influyen las percepciones y grabaciones internas de todos los órganos de los sentidos, almacenados como recuerdos y pensamientos; si las experiencias almacenadas son incompatibles con la imagen del Yo, se les ignora o des-autoriza, por lo tanto, en la psicopatología se presenta cuando el individuo abandona sus facultades y sentimientos inherentes y adopta valores que le son impuestos por otros, por lo tanto ser sano es existir únicamente en él y ser de su propia creación.

EL DESARROLLO DEL "YO O SI MISMO".

Conciencia de ser y de funcionar que en resumen es "su propio darse cuenta", la conciencia del ser y de funcionar se complica mediante la acción recíproca con el ambiente especialmente el compuesto por otras personas significativas en un concepto del yo como un objeto perceptual en su campo de experiencia. Donde la **necesidad de consideracion positiva o sentimiento de aceptacion:** Se necesita, para aumentar la conciencia de eficacia, es asi que a medida que surge la conciencia del yo, el individuo desarrolla una necesidad de consideración positiva, necesidad de ser aceptado, necesidad universal de los seres humanos, que según la teoría tridimensional de la personalidad, que la acoge el modelo ecosistémico clínico, se apoya en los siguientes presupuestos básicos: Donde la satisfacción de ésta necesidad se basa necesariamente en interferencias relativas al campo de experiencias generadas en la interaccion con el otro. Por lo tanto cuando se encuentra acompañada de la gama de experiencias interiorizadas con un margen amplio y grande de experiencias del individuo, en la interaccion consigo mismo y con el otro. Esta acción energética es recíproca en cuanto que, cuando un individuo se distingue a si mismo con el cumulo de experiencias interiorizadas centradas en satisfacer la necesidad de consideración positiva de otro, quien experimenta también la satisfacción de su propia necesidad de aprobación en su campo de acción o vivencia contextual. Por ultimo, La consideración positiva de todo orden social, se comunica al complejo sistema de consideración experiencial total que el individuo asimila al otro ser social en la interaccion cotidiana dentro de cada contexto particular.

EL DESARROLLO DE LA NECESIDAD DE EGOÍSMO.

La atención positiva de satisfacción o frustración acompañada de una experiencia particular se designa como "Egoismo". La necesidad de egoísmo se desarrolla como una necesidad aprendida que resulta de la asociación de experiencias con la satisfacción o la frustración de la necesidad de atención positiva; de esta manera el experimentar la atención positiva o perdida de atención positiva de las transacciones con otro ser social se convierte en cierto modo en su propio "otro social" significativo. Al igual que la atención positiva y el egoísmo que se experimenta en relación con cualquier experiencia particular o grupo de experiencias, se comunica al complejo concepto del egoísmo total.

EL DESARROLLO DE LAS CONDICIONES DE DIGNIDAD O INTROYECTOS DEL SI MISMO. Las experiencias del individuo
se distinguen por otros elementos significativos como más o menos dignos de atención positiva, entonces el egoísmo se hace igualmente selectivo. Cuando una experiencia es evitada o buscada únicamente porque representa menos o más respeto hacia si mismo se dice que el individuo ha adquirido una condición de mérito o introyección. Si un individuo solo experimenta atención positiva incondicional, entonces no se desarrollaría condición de mérito alguno, el respeto hacia sí mismo seria incondicional; las necesidades de atención positiva y de respeto hacia si mismo, nunca estarían en discrepancia con la evaluación organísmica y activación energética, donde el individuo seguiría siendo psicológicamente apartado y funcionaría cabalmente, esto constituye una sucesión importante en el desarrollo de la personalidad. EJ.: El bebé aprende a necesitar afecto, el afecto es muy satisfactorio, pero, para saber si lo esta recibiendo o no, el bebé ha de observar y percibir la cara, los gestos y otros signos de la madre, los cuales son introyectados. En consecuencia, toda conducta de parte de su madre tal como la desaprobación concreta de una conducta determinada tiende a ser

experimentada como una desaprobación general, por lo tanto, reacciona mediante la atracción o evitación hacia determinadas conductas únicamente a causa de estas condiciones introducidas de respeto hacia si mismo, sin referencia alguna, a las consecuencias organismicas de dichas conductas. Esto es lo que se entiende por vivir en términos de valores introyectados o de condiciones de merito.

EL DESARROLLO DE INCONGRUENCIA ENTRE EL YO Y LA EXPERIENCIA ORGANISMICA O ACTIVACION ENERGETICA.

Debido a la necesidad de respeto a si mismo, la persona percibe su experiencia selectivamente en términos de las condiciones de merito que han llegado a producirse en él. Las experiencias que estaban en concordancia con las condiciones de merito, se perciben y se simbolizan cuidadosamente en la conciencia; de esta manera, las experiencias contrarias a las condiciones de merito, se perciben distorsionadamente como si concordaran con las condiciones de merito o son negadas total o parcialmente a la conciencia. Por consiguiente, tienen ahora lugar algunas experiencias en el organismo que no son reconocidas como propias, no son simbolizadas apropiadamente y no están organizadas en las estructuras en forma adecuada. Así desde el momento de la primera percepción selectiva en términos de condiciones de merito, aparecen en cierto grado los estados de congruencia entre el Yo la experiencia de mala adaptación psicológica y de vulnerabilidad.

Por lo tanto, es a causa de las percepciones distorsionados que resultan de las condiciones de merito, que el individuo se aparta de la integración que caracteriza su Yo infantil. A partir de este momento, su concepto del Yo incluye percepciones distorsionados que no representan apropiadamente su experiencia y ésta a su vez incluye ahora elementos que no están comprendidos en la imagen que el tiene de sí mismo. De este modo, no se puede seguir viviendo como una persona integra, sino que diversas funciones parciales se hacen ahora características, por consiguiente, de ahí en adelante la personalidad estará dividida con las tensiones y el funcionamiento inapropiado que acompaña esta falta de unidad. Esto, como no se ve, constituye la enajenación básica en el hombre. No ha sido fiel a sí mismo ni a su propio valor natural organísmico de la experiencia sino que, para conservar la consideración positiva de otros, ha llegado a falsificar algunos de los valores que experimenta y percibirlos únicamente en términos basados en su valor para otros. Sin embargo, esto no ha sido una elección consciente, sino un desarrollo natural y trágico en la infancia. La vía del desarrollo hacia la madurez psicológica, La via terapeutica, consiste en dejar sin efecto esta enajenación en el funcionamiento del hombre, la disolución de condiciones de merito; la consecución de un Yo que sea congruente con la experiencia y la restauración de un proceso de valoración organísmica unificado como regulador de la conducta.

EL DESARROLLO DE DISCREPANCIAS EN LA CONDUCTA.

Como consecuencias entre el Yo y la experiencia, descritas con anterioridad, una incongruencia similar se produce en el conducta del individuo. Algunas conductas son consistentes con el concepto del Yo y lo mantienen, actualizan y refuerzan. Semejantes conductas están apropiadamente simbolizadas en la conciencia. Algunas conductas conservan, refuerzan y actualizan los aspectos de la experiencia del organismo que no están asimiladas en la estructura del Yo. Dichas conductas, o no son reconocidas como experiencias del Yo, o se perciben en forma distorsionada o selectiva, de tal modo que aparezcan congruentes con el YO.

LA EXPERIENCIA DE AMENAZA Y EL PROCESO DE DEFENSA:

aquí es importante tener en cuenta que el sujeto, sea capaz de distinguir las experiencias amenazantes y al mismo tiempo asumir el proceso de defensa frente a las introyecciones realizadas en el si mismo, según la experiencia vivida. Por lo tanto la **Percepcion de Amenaza:** A medida que el organismo sigue experimentando la experiencia que es incongruente con la estructura del Yo y con sus condiciones de merito incorporados, se genera la percepción de amenaza. La cual genera un **Estado de ansiedad:** El carácter esencial de la amenaza está en que si la experiencia estuviera apropiadamente simbolizada en la conciencia, el concepto del Yo no siguiera siendo una gestalt consiente, las condiciones de merito serian violadas y la necesidad de respeto hacia si mismo estaría frustrada. Existiría un estado de ansiedad. Presentándose **El proceso de defensa o bloqueo:** Es la reacción que impide que dichos acontecimientos ocurran. Este proceso consiste en la percepción selectiva o la distorsión de la experiencia, en la negación a la conciencia de la experiencia, o en ambas cosas a la vez, o en alguna porción de la experiencia congruente con la estructura del yo individual y concordante con sus condiciones de merito o introyecciones. Las consecuencias generales del proceso de defensa y bloqueo son, aparte de la conservación de las congruencias mencionadas, la rigidez de las percepciones distorsionantes, la percepción inapropiada de datos y la intencionalidad. Mas adelante en la sección de desarrollo de discrepancias en la conducta, describe la base psicológica para aquella que suele considerarse como conducta neurótica y la sección de la experiencia amenaza el proceso de defensa, describe los mecanismos de dichas conductas. Asumiendo **Conductas defensivas y conductas desorganizadas o bloqueos.** Así las conductas defensivas comprenden no solo a las conductas que suelen considerarse como neuróticas o procesos de racionalización, fantasía, proyección, compulsiones, fobias, etc. sino también algunas conductas consideradas habitualmente como psicoticas, especialmente las conductas paranoides y, tal vez, los estados catatónicos o auto interrupciones en el acto de la experiencia o energetizacion del cambio.

Por lo tanto, cuando en la psiquis hay una interiorización generalizada bajo **la categoría desorganizada,** comprende muchas de las conductas psicoticas, "irracionales" y "agudas"; esto parece construir una clasificación más fundamental que las que se utilizan comúnmente y más fecunda, tal vez, en la consideración del tratamiento. De esta manera las conductas defensivas desde la más simple hasta la más extrema y paralizante en común a los seres humanos. Como por ejemplo: cuando se presenta una situación similar al estrés postraumático de un evento de agresión o violencia.

Otro proceso de defensa es **la Racionalización o deflexión,** "En realidad no cometí ese error, la cosa fue así..." Excusas que comprenden una percepción de la conducta distorsionada en forma que la haga congruente con nuestro concepto del Yo, como una persona que no comete errores llegando al "perfeccionismo". Que en muchas ocasiones se busca refugiarse en **La fantasía,** Constituyéndose otro ejemplo "soy una princesa encantadora y todos los hombres me adoran"; debido a que la experiencia real es amenazadora para el concepto del Yo "como persona adecuada en este ejemplo, ésta es negada **"negación"** y se crea un nuevo mundo simbólico que refuerza al Yo, pero evita por completo todo reconocimiento de la experiencia real, no hay contacto con uno mismo, ni con el ambiente. Ahí donde la experiencia incongruente constituye una necesidad vehemente, el organismo se actualiza a sí mismo, encontrando una manera de expresar esta necesidad, la cual es percibida en una forma compatible con el Yo. La incongruencia entre el Yo y la experiencia esta manipulada por la percepción distorsionada de la experiencia o la conducta, o por la negación de la experiencia en la conciencia, lo que en muchas ocasiones se lleva al sujeto a involucrarse en mecanismos evasivos como son las conductas adictivas. Presentándose **el proceso de derrumbamiento y desorganizacion de la personalidad:** Lo anterior es una teoría de la personalidad para ser aplicada en mayor o menor grado a todo individuo, a continuación se describe algunos procesos que tienen lugar cuando están presentes determinadas condiciones concretas. Si el individuo tiene un grado importante o significativo de incongruencia entre el Yo y la experiencia, y si una experiencia significativa que ponga de manifiesto esta incongruencia se produce de repente, o con un alto grado de evidencia, entonces el proceso de defensa del organismo honesto en condiciones de funcionar eficazmente. Se interrumpe el flujo de energía o la activación energética en el ciclo de la experiencia. Como resultado se experimenta la angustia al dividirse la incongruencia. El grado de angustia depende de la extensión de la estructura del yo que esta amenazado. Siendo el proceso de defensa ineficaz, la experiencia es simbolizada apropiadamente en la conciencia y la estructura de Yo se rompe por esta experiencia de la incongruencia en la conciencia.

En este estado de desorganización, el organismo se comporta en ocasiones de maneras perfectamente consistentes con las experiencias que hasta aquí han sido distorsionadas, negadas o bloqueadas a la conciencia. En otros momentos, en cambio el yo podrá recuperar temporalmente la dirección y el organismo se comportará en formas consistentes. Así en el estado de desorganización, la tensión entre el concepto del Yo, que esta incluido en las percepciones distorsionadas y las experiencias que no están apropiadamente simbolizadas o incluidas en el concepto del Yo, se expresa en un comportamiento confuso, proporcionando primero el uno y luego el otro la "retroalimentación" mediante la cual el organismo regula la conducta.

De esta manera, las experiencias productoras de ansiedad, por hundimientos psicológicos agudos. En terapia, cada vez que la persona expresa algo de si mismo, se encuentra al borde de exteriorizar un sentimiento que manifiesta y es verdadero pero directamente contradictorio con la concepción que ha tenido de sí mismo; resulta de ello angustia y si la situación es apropiada, esta angustia es moderada y el resultado es constructivo donde se integra y se cierra el ciclo de la experiencia. Pero, si debido a una interpretación excesivamente diligente y eficaz del psicoterapeuta o por cualquier otra causa, el individuo se enfrenta a una cantidad de experiencias negadas, que no pueda soportar, entonces se sigue desorganizando, y se produce un colapso psicótico, tal como se describió anteriormente.

Las conductas psicoticas agudas se pueden describir a menudo como conductas consistentes con el Yo, un ejemplo practico es la persona que haya mantenido sus deseos sexuales rígidamente controlados, negándolos como un aspecto del Yo, podrá hacer ahora acaso proposiciones sexuales a las personas con quienes entre en contacto. Muchas de las psicosis llamadas irracionales son de esta clase. Una vez que las conductas psicoticas agudas han sido exhibidas, vuelve a iniciarse un proceso de defensa para proteger al organismo contra la conciencia excesivamente dolorosa de la incongruencia. En algunos casos, tal vez las experiencias negadas sean ahora dominantes y el organismo se defienda contra la conciencia del Yo, en otros casos, en cambio, el Yo vuelve a dominar y la conducta es consistente con el; pero el yo ha sido con todo considerablemente alterado, es pues un yo en el que se siente poca confianza o ninguna.

Por lo tanto a nivel de psicoterapia se busca el **proceso de la reintegración, o resignificación, como proceso que oriente el sentido de aumentar la coherencia o congruencia entre el YO y la experiencia,** por lo tanto, para el proceso de defensa de bloqueo resulta invertido y una experiencia habitualmente amenazante resulta apropiadamente simbolizada en la conciencia y asimilada en la estructura del yo, deben darse las siguientes condiciones: primero, Una reducción en las condiciones de merito o introyección. Segundo, Un aumento de consideración incondicional del Yo, donde la consideración positiva incondicional comunicada de algún otro significativo es una de las formas de conseguir dichas condiciones.tercero, Para que la condición sea positiva incondicional y sea comunicada, ha de darse en un contexto de comprensión empática y de contacto; cuando el individuo percibe semejante consideración positiva incondicional, las condiciones de merito o introyecciones existentes se debilitan o disuelven y se cierra el ciclo de la experiencia, ampliando el panorama de conflicto o de incongruencia, orientándose al empoderamiento de si mismo y por ende la autorealizacion del sujeto.

Otra consecuencia es el aumento en su propia consideración positiva incondicional o autoestima, de esta manera, si las condiciones anteriores se cumplen la amenaza resulta reducida, el proceso es invertido y las experiencias que antes eran amenazadoras, son ahora apropiadamente simbolizadas e integradas en el concepto del Yo. Las consecuencias de las pautas anteriores son, cuando el individuo tiene menos probabilidades de enfrentarse a experiencias amenazadoras; el proceso de defensa es menos frecuente y sus consecuencias están reducidas; el yo y las experiencias son mas congruentes; la consideración positiva para otros aumenta; el ajuste psicológico también aumenta; el proceso de valoración organismico o de activación energética, se convierte cada vez mas en la base de la conducta reguladora y el individuo se vuelve casi plenamente funcional. Esto se conseguirá a través de un proceso psicoterapéutico, donde el objetivo será destacar el hecho de que la reintegración o restauración de la personalidad sólo ocurre en presencia de determinadas condiciones definidas.

CONFLICTO PSICOLÓGICO. Este se conceptualiza, como dos o mas fuerzas que se relacionan entre si con la intención de destruirse recíprocamente. En lo psicológico, el conflicto se da cada vez que un organismo produce, ante una situación dada, dos o mas respuestas que coexisten sin sintetizarse y que, además, se relacionan pretendiendo imponerse una a la otra. Las respuestas que luchan entre si implican dos partes en combate. "Todos los conflictos se producen siempre entre partes de un conjunto", por lo tanto, no es real que exista conflicto entre la parte y el todo, o alguna parte del ecosistema; en realidad es un conflicto entre una parte y el resto de partes, o sea entre el ecosistema individual, con relación al ecosistema social; lo que es una variante de lo dicho antes. Visto desde el conjunto, el conflicto tiene mucho de mal entendido, debido a las alteraciones perceptuales; es el error, la ignorancia, la inmadurez que lo produce; la tarea de la psicoterapia es justamente describir esta estructura. Tampoco existe un conflicto entre lo verdadero y lo falso; esto surge siempre entre dos aspectos de lo falso, lo parcial, lo verdadero, es la comprensión que los reintegra a su condición de aspectos complementarios de un conjunto, que los trasciende a ambos. Estas partes donde se produce el conflicto deben además ser auto concientes, esto quiere decir, poseer conciencia individual, y poder expresar cada una de esas partes como un "Yo Soy", es decir, debe existir un Yo. Estas partes auto concientes tienen que disponer de cierta capacidad de acción sobre el entorno y sobre si mismos; deben ser un centro emisor de acción capaz de modificar la realidad interna o externa y no deben tener conciencia de partes.

Sintetizando, desde el punto de vista estructural, para que exista conflicto es necesario que haya partes, que estas sean auto concientes, que tengan además capacidad de acción y por último que no tengan conciencia de partes dentro de un todo, como por ejemplo un pie quiere ir para un lado y el otro para otro lado.Desde el punto de vista evolutivo, en el proceso de desarrollo de la conciencia individual se conciben tres momentos tales como:

El primero constituido por una trama completa que abarca la totalidad, evolucionando en un fluir continuo sin recortar momentos o partes diferentes, pues precisamente estos son el producto de la percepción de la conciencia individual. Existirá como una totalidad indiferenciada y no habría partes auto consientes. El segundo momento se produce cuando se manifiesta, un foco de conciencia individual y aparecen las partes, donde cada una de ellas es conciente de sí misma, puede decir "yo soy", se desarrolla un foco con capacidad de percibir, desear y actuar sobre sí mismo y su entorno. Este foco es un centro, un Yo, tiene conciencia de ser, pero no tiene conciencia de las partes, de esta manera, la fase conflictiva en el proceso de desarrollo de la conciencia, en la medida en que cada parte del conjunto queda animada por este foco interior, actúa desde esa perspectiva, por lo tanto, la ocasión simultánea de las partes, actuando cada una desde este foco, por el cual se perciben como centro del sistema, implica inexorablemente enfrentamiento, guerra, daño, deterioro y sufrimiento, donde se observa la división del ser humano; como por ejemplo el cliente piensa una cosa, siente otra y decide hacer otra totalmente diferente a la que siente y piensa. Sin duda esta división ha dado origen a tantas reflexiones trágicas acerca de la condición humana; en este sentido, es útil discriminar las características de un periodo de la experiencia humana global. Es en esta gran fase, donde se da la paradoja de que este foco de autoconciencia sea la mayor conquista filogenético y simultáneamente, para descubrir, ampliar el panorama perceptivo y resignificar la fuente de todo conflicto. Y El tercer momento se produce cuando la Autoconciencia enriquece la percepción del sí mismo, con el desarrollo de la conciencia de la parte, donde se sabe parte entre otras partes diferentes y complementarias de un conjunto o un todo integral que las contiene y las abarca por igual; es decir, desarrolla simultáneamente la conciencia de las partes y la conciencia del todo unificado, del cual es parte el sentido de la experiencia individual o el sentido de vida resignificado y ampliado el panorama de conflicto. En conclusión podríamos decir que cumple su desarrollo, como ser humano individual que siendo auto conciente, siendo individuo separado del resto, retoma a través de la conciencia de las partes, y su conexión con el todo; donde se integra, entonces, la conciencia focal individual del segundo periodo con la conciencia global de totalidad indiferencia del primero.

Estos periodos descritos en términos de apariciones sucesivas, en el proceso de desarrollo de la conciencia individual existen en la realidad como momentos de predominio en un proceso que siempre contienen, en alto grado estas variables, las cuales son rastros de los tres momentos en el proceso de desarrollo de la concencia individual.

LOS ORIGENES DEL TRASTORNO, Son las llamadas neurosis, psicosis, conducta anormal, conductas adictivas y variedades aparentemente infinitas de la esquizofrenia llamadas así por los profesionales de la salud mental. Donde los orígenes del trastorno están inmersos en los **RASGOS DEL CARÁCTER:** los cuales son matices diferenciales en los seres humanos que se asientan sobre ciertos atributos físicos, igualmente diferenciadores, junto con los cuales dan lugar a la individualidad de cada uno; los cuales determinan en gran medida la manera de actuar del sujeto, sus logros y realizaciones a lo largo de su existencia y la forma en que este es visto y enjuiciado por los demás, de esta manera la unión de todos ellos, junto con los aspectos físicos, dan lugar al perfil de la personalidad. Es asi, que los rasgos del carácter no aparecen accidentalmente, ni son congénitos, sino que se desarrollan progresivamente como pautas más o menos fijas o estereotipadas de actitud y respuesta ante los estímulos externos e internos del contexto o medio circundante y el sujeto o cliente. Al intentar conceptualizar que cosa es el carácter, se ve que coincide en gran medida con el concepto de si mismo. Lo que varía, son las formas como las necesidades del organismo, en interacción con las exigencias y presiones del ambiente se exteriorizan, se satisfacen, se inhiben o se modifican y cambian sus fines, bloqueando el ciclo de la activación energética o de la experiencia. Por lo tanto, el carácter en cuanto a la forma habitual de proceder como respuesta a la estimulación interna y externa, es el resultado de las funciones de organización, integración y adaptación llevadas a cabo por el cliente o individuo. Conformando de esta manera los **RASGOS DE PERSONALIDAD:** los cuales son pautas duraderas en la forma de percibir, pensar, y relacionarse con el ambiente y la zona interna, externa y fantasía, con uno mismo, en el límite de contacto o darse cuenta, y se hacen patentes en una amplia gama de contextos personales y sociales. Solo en el caso de que los rasgos de personalidad sean inflexibles e inadaptativos, causen una incapacidad funcional significativa o una perturbación subjetiva, es cuando se habla de trastornos de la personalidad. Las manifestaciones de los trastornos de la personalidad son reconocibles generalmente en la adolescencia e inicios de la edad adulta que continúan a lo largo de la vida adulta, aunque en algunas personas se descubren antes como casos esporádicos. Es asi, que los criterios diagnósticos para los trastornos de la personalidad se refieren a conductas o rasgos que son característicos de la vida inmediata del sujeto y que se hacen patentes al inicio de la edad adulta.

PSICOTERAPIA GESTALT[26], OTRO PUNTO DE VISTA DEL ORIGEN DE LOS TRASTORNOS. En psicoterapia Gestalt los trastornos no son "mentales" sino del organismo total. La división en cuerpo mente es, en sí una forma "trastornado" de pensar. Nuestras mentes no están enfermas; nosotros somos los que estamos enfermos, todo nuestro ser esta enfermo. Aquello que se denomina "trastornos

---

[26]   SALAMA, Héctor. Psicoterapia gestalt. Proceso y metodología. México: Alfa omega; SALAMA, P.Héctor. Gestalt de Persona a Persona. Ed. Centro Gestalt de México. México. 1997.

mentales" es lo que en el concepto de la terapia gestalt se llama **interferencia en el proceso de formacion y destruccion de la Gestalt.** Dicha interferencia acarrea distorsiones y desequilibrios a nuestra integración básica, estos son:

TRASTORNOS DEL FUNCIONAMIENTO Y DESARROLLO DEL YO.

Como por ejemplo las características de una emisora mal sintonizada. Es asi, que los trastornos del funcionamiento no son categorías fijas, como muy a menudo parecen ser en la terminología psicológica o más bien, las categorías son fijas pero nuestra conducta no lo es. Por lo tanto, la terapia Gestalt entiende que las diversas caracterizaciones de conducta sana y anormal son referencias de los procesos actuales; es asi, que estas caracterizaciones representan las conductas actuales del cliente o usuario en este momento o realidad presente; pero a medida que se da el cambio; se piensa, de él en forma diferente o sea el preciso momento del tiempo y su realidad en lo que permite categorizar la conducta, eso no quiere decir que va a continuar a través del tiempo con lo mismo.

Es asi, que la caracterización del trastorno en terapia Gestalt consiste, en términos de diferencias del proceso de formación y destrucción de figuras en relación con su modo sano y normal en el momento actual, cuando se habla de trastorno de contacto o apoyo de dificultades, al permitir que persista ó aparezca el punto cero, o de la incapacidad del cliente para dejar que se disuelvan las figuras después de que han dejado de ser pertinente y se define la anormalidad en relación con los mismos procesos que se tiene en cuenta para definir la salud; toma de conciencia, con tacto y cierre de asuntos inconclusos, etc.

EL CICLO DE FORMACION – DESTRUCCION DE UNA GESTALT.

La Gestalt de la personalidad, es la totalidad que se manifiesta en la realización del si mismo y que necesita la reintegración de las partes que habían sido aisladas de la personalidad. La Gestalt del comportamiento, la totalidad que emerge cuando una tarea en el sentido amplio de la palabra es emprendida, ha sido llevada a cabo a buen término. El concepto de Gestalt no terminada o inconclusa implica que una persona no puede estar disponible para otro tipo de experiencia hasta que haya llevado a término las experiencias incompletas de su vida. En tanto la gestalt no esta terminada, la persona reproducirá compulsivamente, y constituirá un patrón, un esquema repetitivo de su comportamiento. Este concepto de gestalt expresa bien el proceso de crecimiento del ser humano integral.

PSICOTERAPIA APLICADA, FUNDAMENTADA EN EL MODELO ECOSISTEMICO CLINICO[27]. En psicoterapia ecoclinica, los trastornos no son "mentales" sino del organismo total o integrales. La división en cuerpo mente es, en sí misma una forma "dividida, trastornada" de pensar al ser humano integral. Se parte del principio, de que el cuerpo solo, como entidad única y dividida, no puede ponerse enfermo, lo que enferma al cuerpo son los pensamientos, las ideas, las emociones, los miedos, las conductas aprendidas y repetitivas, etc, que abarcan el sistema completo, de lo que significa ser humano, por lo tanto, es la psiquis "alma", la que esta enferma y por ende es la integralidad del ser humano la que esta enferma, el ser humano en su totalidad esta enfermo.

Aquello que se denomina "trastornos mentales", es lo que en el concepto de la terapia eco-clinica se llama **interferencia en el proceso de activación energética y concienciación en el "darse cuenta"**, que mediante la toma de conciencia de la situación que desencadeno un comportamiento es importante descodificarlo o desbloquearlo para que nuevamente se de la activación energética del fluir del sujeto, aquí es importante, tomar conciencia de la capacidad de verse a si mismo en la percepción de la realidad que el individuo o cliente se encuentra, observando e interiorizando, los diferentes esmtimulos en un panorama amplificado, donde se busque encontrar coherencia entre lo que piensa, desea, siente, y actua consigo mismo y en relación con los otros, sin justificación que conllevaría a la racionalización donde se emitirían criticas, juicios, etc. Dicha interferencia acarrea distorsiones y

---

27 Fajardo Ibarra, Nelly Aide, psicóloga (NAFI), Mg, Prevención y tratamiento de las conductas adictivas, Modelo ecosistemico clínico; Activacion energética para el cambio, mediante la resignificación existencial, ed, Fundación Social Gestar Futuro, Pasto Nariño Colombia 2010, derechos reservados.

desequilibrios a la integración básica como seres humanos integrales, o como sistemas individuales en el sistema social y por ende el sistema general o macrocosistema como lo presenta Urie Bronfenbrener argumentados en el Modelo Ecológico.

Al partir de la conceptualización del modelo ecosistemico clínico, el cual concibe al ser humano como "un ser integral ecosistémico e interrelacionado desde lo biológico, psicológico, social, cultural y espiritual; con una genética y herencia interrelacionada y sistemática, con la experiencia en sí mismo y en relación con el entorno concebido como ser holístico biopsicosocioespiritual interrelacionado y cambiante; tomando como sustento, lo biológico, genético, desde la estructura psíquica inconsciente, preconsciente y consciente, su desarrollo evolutivo y los procesos de adaptación social e influencia del entorno con sus experiencias, expresadas en conductas y comportamientos; dependiendo de la cultura e influencias de la misma, sus niveles de cognición, percepción, autopoiesis, autoreferencia y autorreflexión según sus características individuales, familiares, sociales, culturales y experienciales; con la finalidad de vivirse, sentirse, experimentarse, adaptarse, comportarse, proyectarse y autorrealizarse, de manera coherente buscando los códigos biológicos, psíquicos o interpretación por parte del inconsciente psicológico, como la vivencia de las emociones para lograr las soluciones de adaptación al medio, elaborando una reinterpretación, recontextualización, resignificación y autorregulación de sí mismo, como ecosistema dinámico y en continuo movimiento energético, mediante el reaprendizaje de nuevos hábitos y estilos de vida en la construcción de su proyecto de vida individual, familiar, social y de su especie"[28]. NAFI.

Este modelo ecosistémico clínico, es una metodología de abordaje psicoterapéutico que desde la experiencia aplicada desde el año 2009, ha brindado excelentes resultados en salud mental, intervención familiar, intervención infantojuvenil, especialmente, en lo referente al campo de las conductas adictivas y las alteraciones comportamentales de los usuarios;

---

[28] Fajardo Ibarra, Nelly Aide, (NAFI), Resignificación Existencial para el Cambio Comportamental desde el Modelo Ecosistemico Clinico, Gestar Futuro IPS, Pasto Nariño Colombia, 2010.

esta metodología de abordaje psicoterapéutico gestiona la integración de los niveles biológico, psicológico, social, cultural y espiritual; cuya finalidad, se centra en la búsqueda de los códigos biológicos, psíquicos y psicológicos o la interpretación emocional por parte del inconsciente y el manejo de las emociones desde lo psicológico, ampliando el panorama de conflicto, para gestionar, evaluar, integrar, interpretar y resignificar otorgando un nuevo significado a la vivencia de las emociones que están ocasionando las situaciones de conflicto, para lograr las soluciones de adaptación al medio.

Aquí se profundiza la evaluación e integración de los niveles de cognición, percepción, autopoiesis, autoreferencia y autorreflexión según las características individuales, familiares, sociales, culturales y experienciales del cliente o usario, con la finalidad de vivirse, sentirse, experimentarse, adaptarse, comportarse, proyectarse y autorrealizarse de manera coherente entre el ser, sentir, desear, pensar, y hacer, buscando los códigos biológicos, psíquicos que forman parte de la interpretación del inconsciente y los aspectos psicológicos, como la vivencia de las emociones para lograr las soluciones de adaptación al medio, elaborando una reinterpretación, recontextualización, resignificación y autorregulación de sí mismo, como ecosistema dinámico y en continuo movimiento energético.

De esta manera, se gestiona el abordaje de la problemática del cliente, asumiendo la posición de espejo para que el cliente mismo asuma su proceso de cambio, en pro de mejorar su calidad de vida, mediante el reaprendizaje de nuevos hábitos y estilos de vida en la construcción de su proyecto de vida individual, familiar, social y de su especie con sentido y significado.

A través, del reconocimiento de las potencialidades y las debilidades que el cliente experimenta en ese momento concreto de la consulta, buscando integrar lo adquirido a través de la enseñanza de otros, del ejemplo de otros o de las equivocaciones asumidas por si mismo; teniendo en cuenta, que no hay equivocaciones, sino experiencias relacionales, donde el universo se conspira con el cliente, con la única finalidad de darle lo que necesita, en ese momento concreto, para equilibar el campo energético integral del ser humano; partiendo del principio que todo el universo y específicamente el mundo real en el que se sirve e interactua es energía vital que está conectada con todo lo demás, en una danza energética de complementación de unos para con otros, de lo cual la mayoría de los seres humanos no son conscientes de esta activación energética, para generar cambios permanentes minimizando riesgos de recaidas y estabilizando al cliente que realizo la consulta.

El hecho de que los descubrimientos demuestren que se puede usar la activación energética con el Macrosistema, facilitando o gestionando la conexión de forma consciente a la energía del universo, abre las puertas a la oportunidad de tener acceso al mismo poder que dirige el universo mismo; por medio de la unicidad que reside en su interior, en el mío y en el de todos los seres humanos del planeta, se tiene una línea directa con la misma fuerza universal que crea todas las cosas, ¡desde los átomos y las estrellas, hasta el ADN de la vida!, la clave para despertar a tan fascinante poder, es realizar un pequeño giro en la forma de como nos vemos y percibimos en el mundo circundante, teniendo acceso a la fuerza más poderosa del universo, con el fin de enfrentar las situaciones en apariencia más imposibles.

Esto ocurre, cuando nos permitimos ver nuestro papel en el mundo de una manera nueva. En razón de que el universo parece, como un lugar muy grande, casi demasiado inmenso como para siquiera pensar en él, se puede comenzar a verle de forma distinta en la vida diaria. El "pequeño giro" que se necesita es "verse como parte del mundo, en vez de verse separado de él". La forma de convencerse de que en verdad se es uno con todo lo que se ve y experimenta, es comprender cómo se esta unido con el universo y qué significa esta conexión.

Para tener acceso a la fuerza del universo mismo, se debe verse como parte del mundo, en vez de verse separado de él. A través de la conexión que une todas las cosas, la "materia" de la cual está hecho el universo como ondas y partículas de energía, parece romper las leyes del tiempo y el espacio tal como una vez se las conocio. Aunque los detalles pueden sonar como ciencia-ficción, son muy reales. Se ha observado, por ejemplo, que las partículas de luz o fotones, se han bilocado, es decir, que han estado en dos lugares distintos separados por muchos kilómetros al preciso instante. Desde el ADN de nuestros cuerpos hasta los átomos de todo lo demás; la naturaleza parece compartir información más rápidamente de lo que Albert Einstein llegó a predecir que cualquier cosa pudiera, más rápido que la velocidad de la luz. En algunos experimentos, los datos han llegado a su destino, ¡antes de salir de su lugar de origen! Históricamente, se supone que era imposible que dicho fenómeno ocurriera, pero en apariencia, no solamente es posible, sino que además podrían estar mostrándonos algo más que unas simples anomalías interesantes de pequeñas unidades de materia. La libertad de movimiento que demuestran las partículas cuánticas, puede revelar cómo funciona el resto del universo cuando vemos más allá de lo que conocemos de física.

Aunque, estos resultados pueden sonar como un libreto futurista de ciencia ficción de un episodio de Viaje a las estrellas, han sido ahora observados bajo el escrutinio de científicos actuales. De forma individual, los experimentos que producen dichos efectos son ciertamente fascinantes y son dignos de más investigaciones. Sin embargo; considerados en conjunto, también sugieren que puede ser, que no estemos tan limitados por las leyes de la física como creíamos. Quizá las cosas son capaces de viajar más rápido que a la velocidad de la luz, y quizá pueden estar ¡en dos lugares distintos a la vez! Y si las cosas poseen esta habilidad, ¿qué será en cuanto a cada uno de nosotros los seres humanos?

Estas son precisamente, las posibilidades que estimulan a los innovadores de la actualidad y que activan la propia imaginación. Es cuando se acopla la imaginación, centrada en la idea de algo que puede ser, con la emoción, que se le da vida a una posibilidad que se convierte en realidad. La manifestación comienza con la voluntad de hacer espacio a nuestras creencias para algo que presuntamente no existe. Creamos en ese "algo" a través de la fuerza de la conciencia y de la percepción, apoyados con la imaginación, haciendo la distinción entre lo que es real y lo que es imaginario, el cual no puede ser sustentado con precisión; en ambas descripciones, los eventos concretos de la vida, deben ser primero visualizados como posibilidades antes de que puedan convertirse en realidad[29].

---

[29]   Gregg Braden, Sus investigaciones lo llevaron a la publicación en 2004 de su libro The God Code, obra que no sólo destruye muchos paradigmas sino

El modelo ecosistémico clínico "ECOCLINICO" lúdico pedagógico reeducativo, protectivo, preventivo, se apoya en algunos apartes de la metodología implementada por Eric Corbera llamada Bioneuroemoción (BNE), que es un método de investigación cuyo objetivo esta centrado en encontrar las claves emocionales ancladas por la experiencia en algún momento del ciclo vital del sujeto o cliente, que dejo huella especifica desde la codificación biológica y expereincial en el subconsciente e inconsciente del sujeto, este aspecto metodológico es importante por que nos ayuda a identificar las emociones ocultas que subyacen detrás de todo comportamiento disonante e interrumpido, expresado en formas de conductas antisociales, violencia, adicciones y síntomas físicos llamados "enfermedades psicosomáticas" o enfermedades mentales.

Por lo tanto, el modelo ecosistémico clinico apoyado con el método de descubrimiento de la bioneuroemocion permite optimizar los tratamientos que cualquier cliente recibe, sean alopáticos, complementarios o tradicionales; que se estudian a partir de la desadaptación y la sintomatología de las enfermedades o los conflictos internos, donde los programas biológicos se energetizan con la naturaleza para adaptarse al medio. De esta manera, esta energetizacion esta centrada en el trabajo de resignificar la vida a través del desaprendizaje de conductas desadaptativas, disonantes u obsoletas y el posterior aprendizaje de conductas adaptativas. ¿Como lo hace? utilizando la metodología de la Programación Neurolingüística (PNL), La psicología existencial, la

---

que, además, revela las palabras reales de un mensaje antiguo codificado en el ADN de toda la vida. Entre 1998 y 2005, las jornadas de Gregg en monasterios del centro de Tibet revelaron una forma de oración olvidada, perdida durante las ediciones bíblicas de los primeros cristianos. En su libro publicado en 2006, Secrets of the Lost Mode of Prayer, documenta este modelo de oración que no tiene palabras ni expresión externa y, sin embargo, nos da acceso directo a la fuerza cuántica que conecta todas las cosas. Desde su revolucionario libro Awakening to Zero Point hasta la intimidad de Walking Between the Worlds y el controversial The Isaiah Effect, la obra de Gregg despierta lo mejor de cada uno de nosotros, inspirando nuestras pasiones más profundas con las herramientas para construir un mundo mejor. Página de internet: www.greggbraden.com

logoterapia, la hipnosis Ericksoniana, la resignificación transgeneracional, el sentido y proyecto de vida propositivo, los ritmos circadianos, las visualizaciones creativas, las técnicas psicoterapéuticas de atención plena y los ciclos biológicos memorizados en la psiquis del cliente.

Es asi, que la metodología psicoterapéutica de activación energética, mediante, la resignificación existencial para el cambio, se sustenta en el arte de acompañar a la persona para encontrar el anclaje de la emoción oculta, la que se encuentra asociada al síntoma del conflicto, enfermedad o disonancia conductual y el sentido que tiene desde la historia personal, familiar y relación transgeneracional, para hacerla consciente y así poderla tratar mediante técnicas de desaprendizaje y así favorecer la curación mediante la liberación de la emoción que hay en el inconsciente y trascender dicha emoción transformándola; donde se pretende llevar a la persona que se encuentra en conflicto o enferma al siguiente paradigma; ¿Qué es lo que me ha llevado aquí? O ¿cual es el propósito de que se presente el conflicto o la enfermedad? Esta pregunta tiene el propósito de hacer renunciar al cliente, la idea de que es víctima y llevarlo a un proceso de madurez emocional; con el único propósito de que el cliente asuma su proceso de intervención para alcanzar el bienestar social, a partir de la investigación y estudio de los fenómenos históricos del cliente; favoreciendo el desarrollo del inconsciente colectivo que surge de los cambios y curaciones emocionales de individuos y el aporte en el funcionamiento adaptativo a nivel individual, familiar y de la sociedad en general; facilitando la toma de conciencia de los anclajes de las emociones ocultas o reprimidas, encaminados a descubrir la emoción o sentimiento, buscando la clave, donde esta la emoción o sentimiento en el cual debe estar ausente de juicio y de ego, donde se debe enseñar al cliente o paciente a pensar de otra manera, a sentir de otra manera y a expresar sus emociones de otra manera, hay que hacerlo, por que como psicoterapeuta se comprende que el cliente es el creador de todas las situaciones que esta viviendo; donde el cliente o paciente es el maestro, es la victima, es el mártir, es el santo; cuando el cliente le pregunta al oráculo ¿con quien estoy luchando?, el oraculo le contesta "eres tu", el poder que el cliente tiene y no utiliza, esta es la filosofía y el camino que al cliente le estamos enseñando a descubrir, no que cambie la emoción, porque se lo esta diciendo el terapeuta, sino que cambie la emoción, porque siente el cliente que tiene que cambiar y aquí esta el cambio; donde el cliente es plenamente consciente, que es la victima de su propia realidad que esta creando; tan simple como esto, lo que quiere decir "compórtate con los demás como tu quisieras que ellos se comportaran contigo" y tu no te pudieras comportar a menos que percibas correctamente, es como si el espíritu santo o la luz energética creadora le exigiera que se sacrificara a asumir un comportamiento de perdonar, aunque se haga daño; lo único que tiene que hacer es perdonarse a si mismo, por el daño que el mismo cliente se esta haciendo, donde se da el verdadero proceso del cambio, los cuales le llevan a obtener una mayor calidad de vida.

Lo que se pretende, es encontrar la historia que esta detrás de la historia, que le esta enseñando el inconciente a traves del conflicto o la enfermedad, siempre es importante darse cuenta de la percepción del cliente en el reconocimiento de la enfermedad, donde el cliente debe elegir que tomar para el manejo de la enfermedad y no es fuera de el, es desde dentro que se debe buscar las soluciones para que el cliente tome sus decisiones, de esta manera, la enfermedad es un programa biológico de supervivencia para adaptarse a situaciones de impacto emocional, fruto de los conflictos que afectan a todo ser vivo.

Por lo tanto, la bioneuroemocion (BNE) integra los avances que diferentes ciencias han obtenido hasta el momento, propiciando así el conocimiento de la relación entre las emociones y su impacto en el funcionamiento biológico del ser humano, por tanto, la influencia en su calidad de vida; expresa de una manera más precisa la relación entre las emociones inconscientes, el impacto que estas tienen en la biología y en consecuencia, en la calidad de vida del individuo y su bienestar; donde el cliente tiene el poder de desarrollar la capacidad de elección que postura asumir frente al conflicto, y el trabajo como terapeuta es hacer tomar conciencia de los programas introyectados que el cliente posee, con los cuales elige inconscientemente según su percepción, elige como quiere vivir, facilitando el darse cuenta, para que no se lamente mas de su situación de conflicto; al contrario, le invita a elegir como quiere vivir, y es ahí, donde el cliente o paciente, se da cuenta de si mismo, la manera como asume su libertad de elección, donde el mismo cliente se da cuenta, que su libertad es su libertad y su miedo es únicamente suyo, el cual no proviene desde afuera, si no simplemente es una reacción de alerta de los aprendizajes o paradigmas interiorizados según sus expereincias, y es ahí donde interviene el designio divino, llamado Dios, energía universal o concepción de trascendencia, la cual si se entregara los problemas al espíritu santo o luz creadora, sin la concepción del perder o ganar, vivir en crisis o en abundancia, donde se da la certeza y la asertividad para el manejo apropiado en el aquí y ahora sintiendo lo que se decide soltar o retener; donde el cliente se conecta con este poder divino sin juicio alguno y sin miedo de que este bien o este mal, es lo que libera y se minimiza el dolor o sufrimiento del conflicto o la enfermedad que se este padeciendo; debido a que en el inconsciente solo hay espejos para mirarse y decidir donde se da la atención plena de libertad para elegir y decidir; o en su defecto la escases que se puede presentar por la creencia de la falta de algo que el cliente mismo percibe de su situación personal, y es ahí donde se comprende asumir el dolor y vivirlo resignificandolo para cambiar, o si o si, desde un sentimiento de amor y de perdón para consigo mismo; donde el psicoterapeuta es el "espejo", que le hace ver con claridad la postura o percepción de lo que el cliente o paciente es y desde donde esta asumiendo o realizando su interpretación de su propia realidad; como una persona que realmente es consciente de su conflicto y lo quiere enfrentar con transparencia y honestidad basado en el amor incondicional y en gratuidad o desea seguir evadiéndolo, para permanecer en el conflicto por las ganancias secundarias de permanecer en el conflicto.

De esta manera, en la construcción diaria del conocimiento del si mismo y su manera de vivirse y experimentarse en el contexto, es importante aclarar el panorama del conflicto para evolucionar en la armonia con el universo y la comprensión de las leyes universales facilitando el crecimiento personal continuo, como un proceso gradual de energetizacion desde lo individual y particular a lo relacional en el contexto donde interactua y evoluciona; de ahí la importancia de conocer y comprender las leyes universales, como mecanismo de evolución permanente; que para este evolucionar permanente es fundamental, conocerse a si mismo y el entorno inmediato; siendo RECEPTIVO para ser CREATIVO. Donde el par Receptividad-Creatividad es la esencia del pensamiento circular.

Aquí se trata de ampliar el rango de percepción, para incluir nuevas posibilidades y así ser plenamente creativos transformando nuestras vidas, nuestro trabajo, haciendo arte o creando nuevos paradigmas individuales y sociales en el continum de evolucionar a lo trascendente, o sea, salir del si mismo y vivir en relación con... De esta manera, pensar desde una nueva realidad personal y grupal resignificada y reaprendida para hacerla realidad. Donde el Pensamiento Circular enuncia algunos principios universales para esa comprensión, basados en la sincronía desde el si mismo con el medio y el universo, donde se propone un sistema de percepción y pensamiento ampliando el rango perceptual con el desarrollo de nuevos canales naturales más sutiles para recuperar el sentido de la vida rescatando la poesía y la mística por sobre el pensamiento funcionalista, el cual rescata el valor del lenguaje y de los símbolos en el proceso de transformación de la conciencia, desde la premisa que "el ser humano es el arquitecto o escritor de su propia historia, y es el creador del sentido y significado de su vida y así del sentido y la dirección de la evolución de si mismo, del contexto relacional y de la evolución planetaria".

Donde las Reglas del Juego, que propone el pensamiento circular están centradas en un sistema gráfico simbólico para entender el universo, su organización y su sentido desde nuestra escala humana tan paradójicamente pequeña e ilimitada a la vez. Pone la evolución personal en un marco universal, con su sentido transcendental imaginable y a la vez visualizable. Su sentido es el de transformar para evolucionar y puede ser aplicado en lo personal y en lo grupal. Donde el sistema gráfico basado en el círculo, sus relaciones y su simbología surgen de una pregunta existencial, ¿Cómo sería un mapa actual de la evolución espiritual?... El círculo es el universo y las relaciones son la descripción visual y simbólica de la evolución humana; la idea de un mapa de evolución es poética, pero no por eso poco práctica. Las culturas de la antigüedad explicaban, así como la física cuántica lo hace hoy, desde una visión mística aquello que no puede ser visto, dibujado, fotografiado o demostrado; imaginaban o intuían una configuración del universo, para establecer relaciones y entender su sentido evolutivo.

Es asi, que la evolución es creatividad, donde se trata de transformar a partir de una nueva percepción, de creer en las posibilidades infinitas y, sobre todo, en que es el hombre quien crea su vida a través de sus pensamientos e intenciones, de esta manera, la humanidad es la que puede transformar el mundo y evolucionar si así lo cree, se lo cree y lo practica o entrena y lo pone en marcha, ya que las ideas crean pensamientos o paradigmas, estos a su vez crean razones o motivaciones y estas a su vez crean reacciones y acciones, lo que permite evolucionar en y con el universo. Así como, el algún momento de la historia evolutiva del ser humano significó adaptación, hoy en dia la evolución del ser humano significa liberación del SER interior y de su espíritu para crecer y desarrollarse. El proceso de adaptación del ser humano en su momento histórico hablaba de un mundo que estaba fuera de nosotros, al que había que adecuarse, y adaptarse socialmente; mientras que hoy en dia la liberación del ser humano nos habla de nosotros mismos y de la manifestación de nuestro SER. La evolución no es un ejercicio doloroso de mutación, es transformación para la liberación. La evolución libera nuestra esencia, cuando la CREATIVIDAD la manifiesta. Si el sentido actual de la evolución es la liberación, su puesta en práctica y entrenamiento es el ejercicio de la creatividad como mecaniso de evolución y trascendencia para empoderarse y autogestionarse su propia vida y por ende su calidad de vida.

LA POSIBILIDAD DEL CAMBIO o activación energética para este cambio actitudinal y comportamental, ES UNA CREACIÓN, por lo cual se puede afirmar que hay muchas realidades posibles o posibilidades de realidad para la autogestion. No sólo hacia el futuro. El concepto de posibilidad del cambio transgrede la idea del tiempo, donde el paradigma del pensamiento circular es circular, porque la dimensión múltiple de la realidad es circular. Este círculo se integra en los dos polos complementarios de la construcción de la realidad: el perceptual y el simbólico. El perceptual o sensible se relaciona con los órganos de los cinco sentidos y con otros sensores más sutiles, como las glándulas superiores, y el simbólico está asociado con el lenguaje como estructura del pensamiento y viceversa. Estos dos polos se complementan e integran en el proceso de RECEPTIVIDAD Y CREATIVIDAD, principio cuyos fundamentos pueden apoyarse en más de un concepto teórico y que se sintetiza en una teoría integradora desde el modelo ecoclinico, la cual se le llama CREATIVIDAD; paradigma del pensamiento circular, que lleva a intuir las posibilidades que implica ampliar el rango perceptual de intuir más allá de lo que se ve. Esto permite abrirse a más posibilidades de las que la realidad material deja ver. Una palabra puede abarcar múltiples interpretaciones o significados y de esta manera múltiples dimensiones. Como por ejemplo, nos podemos imaginar en el centro de un círculo, ampliando nuestro ángulo de visión a 360° grados en el eje vertical en la dimensión de la percepción, y 360° grados en el eje horizontal en la dimensión del lenguaje, dos círculos complementarios que unidos en sus centros generan una esfera y un núcleo, graficando una concepción inmaterial y subatómica del pensamiento.

Desde el modelo ecoclinico, la idea general de realidad es una construcción de esencia, existencia y trascendencia, que implica emprender un camino de reflexión que ayude a dotar a la vida de nosotros como seres humanos de sentido; en líneas generales la realidad proviene del latin "realistas" y éste de res, significa "cosas"; concluyendo que la realidad significa en el uso común "todo lo que existe, independientemente de la conciencia del ser humano"; de tal manera que nosotros como seres humanos existimos en la realidad, donde las ideas existen en nostros, por lo tanto, las ideas existen en la realidad del universo físico, la cual es experimentada a través de varios conductos; vemos algo con nuestros ojos, oímos algo con nuestros oídos, olemos algo con nuestra nariz, tocamos algo con nuestras manos, y luego decidimos que hay algo. Pero de la única forma que conocemos este objeto es a través de nuestros sentidos y tales sentidos son conductos artificiales. No estamos en contacto directo con el universo físico. Sólo estamos en contacto con él a través de nuestros conductos sensitivos. De este modo, el universo físico se ve mediante nuestros sentidos; en síntesis, son nuestros sentidos empezando con la observación y el análisis de la realidad nos lleva a la percepción y por ende a la racionalización lo que ocasionan los pensamientos y de esta manera se da una conceptualización de la realidad.

De esta manera la PERCEPCIÓN y el PENSAMIENTO, nos lleva a simplificar aún más esta conceptualización expresando que la realidad "es una percepción en la que creemos". Según como "construimos" esa percepción, creamos una realidad individual integrada en una realidad social, cultural, humana, planetaria y universal. Es asi que el modelo ecoclinico acoge la definición que "LA REALIDAD ES UNA PERCEPCIÓN EN LA QUE CREEMOS". Debido a que las múltiples posibilidades se concretan y conviven simultáneamente en un mismo planeta hasta que comienzan a separarse por vibración; nuestra energía atrae a quienes creen en el mismo paradigma que nosotros. Desde este punto de vista, es la observación la que crea una percepción y por ende una elección que posee el cliente al seleccionar y recortar la realidad frente a un evento concreto, lo que determina la actitud y aptitud del individuo en la co-construccion de su vida. Que según las elecciones se activa energéticamente para vibrar y acercarse o separarse de otras posibilidades, de otras dimensiones.

El ser humano puede crear su propia realidad, cuando se libera del control racional, basado estrictamente en el principio positivista de ver para creer. Donde los sentidos y los censores se conectan con la conciencia universal, a la que se le llama Receptividad, que es la capacidad intuitiva de percibir haciendo uso de los sensores de los sentidos, no solo los cinco sentidos; sino también usando la capacidad receptiva superior que brinda u otorga la glándula pineal y pituitaria. Por lo tanto, todas las formas de la CREACIÓN tienen conciencia y reciben información, la necesaria para lograr el nivel de evolución como ser humano que es. Donde la creatividad, se materializa en el lenguaje y el pensamiento creando las intenciones. Por lo tanto, se trata de materializar aquello que se intuye, donde la intuición es el vehículo de la información, ya no receptiva sino creativa, por lo tanto, "La intención es el soporte de la información de los deseos". Esta información se convierte en un mensaje al universo, a la conciencia universal, donde el universo es dinámico y está en permanente evolución, ofreciendo proposiciones para retroalimentarse. Si no se producen estas proposiciones la energía no fluye. Es, pues, la intención el vehículo entre el plano potencial inmanifestado de las ideas y el plano material, mientras que la energía es el medio físico, transmisor o conductor por donde se mueve este el vehículo.

Negar nuestra esencia integral de ser un ser humano, es negar la verdad del universo de la realidad existente, por lo tanto, cuando logro conectar con mi esencia, con mis verdaderos deseos e intenciones, puedo crear y ser productivo. Puedo formular mi pensamiento creativo y comienzo a materializarlo e inicio el camino para cumplir mi misión personal. Esa misión no es otra cosa que la expansión de mi verdad, de mi intención, la expresión de mi don para ayudar al universo a evolucionar. Cuando mayor es mi aporte, cuanto más doy al universo, más recibo, cuanto más recibo, más CREO.

La MISIÓN siempre es CREAR, cada individuo desde su particularidad y su don. La CREATIVIDAD es la conexión con el sentido de la vida y da el sentido a la vida misma. Cuando no hay sentido no hay creación. De esta manera el círculo, es natural, está en todas las cosas. Un mandala es una forma de representación antigua y quiere decir "círculo" en sánscrito. Es una representación del pensamiento circular y también del inconsciente colectivo. Nuestro pensamiento intuitivo, al igual que nuestro lenguaje, es circular, simultáneo, multidimensional.

El pensamiento crea así un universo circular a cada sistema, desde el individual hasta el relacional y el integrativo. Que a su vez da lugar al pensamiento circular, donde la metodología práctica no significa meter nuestra vida en un organigrama circular, sino vivenciar la idea del círculo como integrador y organizador, con su capacidad de equilibrar, armonizar y establecer nuevas relaciones de significado.

Es un cambio de percepción, donde el círculo integrador y organizador, es en esencia un centro que, por encontrarse en permanente expansión, tiene un núcleo en el cual está la esencia pura del ser humano como sistema integral e integrador, que desde allí se expande y se manifiesta el círculo creativo y transformador. El movimiento es de adentro hacia fuera y los actos que surgen de esa esencia son puros, auténticos, y representan al yo, mientras que los que responden a una demanda o a una necesidad externa siguen un movimiento de afuera hacia dentro, los cuales son artificiales y nacen del ego, visto de esta manera, si nuestro pensamiento es lineal, nuestro lenguaje también lo será; si el lenguaje es la expresión de los deseos e intenciones, esa expresión evocará un propósito lineal. Cuando integro al lenguaje lo poético y lo sagrado, el pensamiento suma otras dimensiones, recuperando el lenguaje circular. El circulo tiene un centro, es simétrico, polar y complementario, concéntrico y radial, expansivo y en movimiento, infinito e ilimitado, estas cualidades definen algunos principios de la teoria del pensamiento circular, que integrados al modelo ecosistémico, cada sistema es parte de un todo y el todo contiene cada una de las partes convirtiéndolo en un sistema integral que abarca todas la áreas de la vida del ser humano; donde, los Principios del pensamiento circular, estan contenidos bajo cinco paradigmas fundamentales,los cuales son: En primer lugar, que *todo sistema tiene un centro o un nucleo, en donde se encuentra la escencia, la verdad y la síntesis,* que al profundizar estos aspectos en la psquis interna del cliente como sistema individual, entra en armonia con el sistema general, que contiene a cada subsistema; En segundo lugar, se encuentra el *paradigma que todo sistema es simétrico, todo es polar y complementario, ante una fuerza interna de cada sistema de donde surge la una respuesta opuesta complementaria, tendiente al equilibrio,* dándose una respuesta espontánea; En tercer lugar, se continúa con *el paradigma de que todo es concéntrico y radial, donde todo se incluye en el sistema individual* proporcionalmente en algo superior, en el sistema general o integral, donde, *cada parte de cada sistema individual es el reflejo del todo.* Es una trama de relaciones no lineales sino simultáneas. *Nada se observa aislado del todo;* En cuarto lugar, *el paradigma de que todo es expansivo y está en movimiento energético,* la verdad está en el centro, pero no es absoluta o rígida, ya que está en permanente expansión y evolución como sistema dinamico, el cual se manifiesta en la acción, en el movimiento y esta expansión permite abarcar el sistema integral para comprender, permitir, y desarrollar nuevas ideas y creaciones, como ser o sistema dinamico en evolución y cambio permanente; y En quinto lugar, *el principio o paradigma a tener en cuenta es que en el sistema individual como el sistema integral todo es infinito e ilimitado,* los cuales No tienen un contorno especifico, es etéreo; no tiene límites pero se delimita; No tiene tiempo, en el cual no hay pasado, presente o futuro, sino que es simultáneo y multidimensional en el aquí y ahora, donde el devenir puede ocurrir en varios planos de posibilidades a la vez, el cual reemplaza el sistema de tiempo lineal por el tiempo cíclico, basado en ciclos personales, naturales y cósmicos como lo contiene cada sistema, subsistema o la totalidad del sistema integral.

Teniendo en cuenta, estos principios se dan continuidad a la co-construccion del Proyecto sentido de nuestra vida con resignificación transgeneracional y existencial, según el modelo de activacion energética propuesto por el modelo ecoclinico, el cual se fundamenta en los paradigmas básicos de la psicología integrativa, basada en la medicina integrativa desde la descodificación, el cual concibe que la enfermedad tiene un sentido biológico, el cual se debe interpretar para tratarlo, ya que el cuerpo informa con los signos y síntomas para que descubra el conflicto emocional subyacente que hay detrás de los sintomas de una enfermedad, como mecanismo de interpretación y comprensión de las diferentes fases neurovegetativas creadas por Hammer, donde la enfermedad tiene un signficado biológico que hay que tratarlo con protocolos médicos convencionales incluido la administración de medicamentos, si es el caso de necesitarlo.

De esta manera, la energía de la vida, consiste en la vivencia de donde sale y para donde va, buscando la coherencia entre el desear, pensar y hacer que lleva al sentir. Que mediante el proceso de Biodescodificacion energética pretende optimizar los tratamientos que el cliente o paciente recibe para que mejore su estado de salud, respetando sus creencias, donde el cliente o paciente toma la decisión por si mismo, esta ciencia busca los códigos biológicos, psíquicos o interpretación emocional por parte del inconsciente y psicológico como la vivencia de las emociones para lograr las soluciones de adaptación al medio; facilitando la gestión de las emociones, mediante la toma de conciencia de lo que se tiene, llamándolas cosas por su nombre, de lo que se quiere y a donde quiere llegar con coherencia entre el desear, pensar y hacer facilitando el sentir en el aquí y ahora sin juzgamientos, con propósitos delimitados y definidos para lograr el cambio deseado, según el motivo de consulta; donde el Inconsciente colectivo ha ido heredando la información del aquí y ahora, la información transgeneracional de los secretos y pecados de los padres que se han guardado en la familia, que por lo general, se manifiestan en la tercera, cuarta o quinta generación, dando como resultado la manifestacion de la información propositiva y empoderada al cambio generacional o al desarrollo del conflicto o la enfermedad, donde se basan o fundamentan las constelaciones familiares, que en la toma de conciencia del árbol genealógico la tiene que descubrir y si un miembro de la familia toma conciencia, toda la familia se transformara o sanara según el principio holográfico por que todo es conciencia universal, basada en los principios cuanticos al interior de la terapia holística, ecosistémica clínica protectiva preventiva.

Partiendo de la comprensión del paradigma "Que hecho yo para merecerme esto o aquello", se busca el análisis concensuado y comprendido de dicho paradigma haciendo mia la vivencia del otro, evaluando y comprendiendo mis temores, asumiendo el proceso de atención plena, como principio de la toma de conciencia plena y absoluta de mi subconciente e inconsciente, con la creencia que la energía universal, llamese Dios, universo, etc, me dara lo que necesito de acuerdo a mi realidad actual y mis paradigmas, donde las necesidades que se ven o visualizan en los otros son mis propias necesidades, y los consejos que se da a los otros me los debo dar a mi mismo, a manera de espejo, la realidad del otro que interactua conmigo, me esta mostrando mi propia realidad y mi inconsciente me esta dando las respuestas en cada ciclo vital y momento de mi vida, lo que verdaderamente necesito según los paradigmas interiorizados y no lo que deseo, debido a que la energía universal busca compensar y armonizar la energía vital del universo en el que existo y me relaciono. De ahí, la importancia de que aquello que creemos lo debemos de vivir, siempre como acto consciente, fundamentado en el principio holográfico el cual afirma que "si quiero paz en el mundo, debo vivir en paz conmigo mismo, luego en paz con mi familia, luego en paz con mi pueblo, posteriormente en paz con mi nación y por ende viviré en paz con el mundo".

Es así, que la misma necesidad que tengo como sistema dinamico interrelacionado y cambiante, me lleva a descubrir la necesidad del momento conmigo mismo y en relacion con otros, donde la misma urgencia del cliente como sistema individual le lleva darse cuenta de la urgencia que tiene que cambiar, ya que al cambiar la conciencia como sistema individual, asimila como acceder a la conciencia misma para generar el cambio deseado y mantener la armonía universal, a este proceso se le llama darse cuenta, comprender y asimilar la emoción implícita para que se presente el conflicto o enfermedad, la cual es el vinculo del orden implicado de la escencia de seres humanos como seres emocionales, y como nuestro lenguaje emocional nos lleva a organizar nuestra vida, al encontrar el anclaje de la emoción oculta u oscura o el resentir de la vida en la experimentación de las emociones, ahí se encuentra la curación de la vida. Como por ejemplo, en la experiencia psicoterapéutica me encontré con afirmaciones tales como "odio a mi padre por lo que hizo y a mi madre por lo que dejaba hacer", el problema es creer que odiar a los padres es malo, de ahí la importancia de reevaluar y resignificar los paradigmas que presenta el cliente, ya que este tipo de paradigmas son los que activan los conflictos intrapiquicos que afectan la salud mental o las enfermedades psicosomáticas como el cáncer y las demás enfermedades, paradigmas producto de la creación de las ideologías judeocristianas, donde el trabajo psicoterapéutico reside en cambiar esta emoción por otra, ya que lo que no se expresa se reprime y el inconsciente le da una solución biológica a lo que se reprime desencadenando un resentimiento corporal o enfermedad y alguien tiene que cortar con este veneno, es así, que cuando la persona expresa las emociones y el inconciente recibe esta emoción sin juicio, el inconsciente a su vez, no tiene la capacidad de juzgar, por lo tanto, no responde con resentimientos corporales, por lo tanto, esta dualidad asumida por el cliente, es la que enferma, de esta manera cuando se trabaja la culpabilidad, el rencor o el resntimiento expresados en emociones de odio o temor, se da inicio al proceso de sanación, ya que cuando se trabaja este proceso interno interactivo, el cliente se sana.

Por otro lado, se vive en el tiempo, por que el tiempo esta a la espera del perdón, al sentir que hay que perdonarse a si mismo, el espacio tiempo cambia y esto lo explica la física cuántica, como el todo, contine la parte y la parte contiene el todo, en la formación de los hologramas y cada uno tiene la formación de este holograma y si yo estoy aquí, es porque los otros lo necesitan y lo buscan, por lo tanto, donde hay una conciencia de personas que necesitan ver la vida de otra manera y estos generan una necesidad cuántica y la respuesta cuántica es que llega el expositor para explicar esta consideración cuántica, buscando la necesidad biológica en la respuesta del campo cuantico y su vida cambiara, donde ya no existirá el victimismo o el pobre de mi, cuando se envía la información al campo cuantico del yo no puedo, no soy capaz y la respuesta del campo cuantico es lo que el cliente observa, percibe y habla y le otorga el universo mismo lo que necesita o mas bien lo que busca según el parametro de la desvalorización, se desarrollan las enfermedades como por ejemplo la aparición de la fibromialgia expresada al deseo de control que el cliente tiene sobre los otros, pero si actua y dejo a los demás que hagan su vida y no busca el control, la enfermedad no se presenta o desaparece; por esta razón es importante vigilar nuestro dialogo interno y externo, y la coherencia o congruencia entre el ser, desear, pensar y hacer; mostrándose como se quiere mostrar, o quiere gustar y complacer a los otros y no se gusto a si mismo, o no esta aceptando una circunstancia de la vida de los demás, esta creando constantemente la realidad, observando en los espejos del contexto, lo que duele al si mismo y siempre ve en los otros desde sus prejuicios internos o culpas, como el universo ve mi necesidad me entrega, lo que el inconsiente busca reparar y me entrega lo que necesito, no es nada por casualidad, nada sucede por que si, el universo se confabula para armonizarme y la forma de despertar, y mantenerse despierto es escuchar la incomodidad de los síntomas físicos para dar respuesta a mis necesidades.

Por estas razones, "No permita que nadie, ni nada le robe sus sueños" ya que el principio holográfico, asume toda la información que esta contenida en cada cliente, lo importante es saber quitar los bloqueos o anclajes emocionales, quitar las creencias y cambiar los paradigmas, lo que implica tener conciencia de que el otro tiene la misma información, y con esa información lo que se debe hacer es bendecirla, sin juzgarla o criticarla y no olvidar que "la oscuridad permite ver las estrellas", lo que genera parámetros de cambio y de actitud frente a la vida; de ahí, que el darse cuenta (Dasein) del desorden, conflicto o enfermedad se fundamenta en saber que el soy con el no soy, tiene una repercusión de cosechar lo que se siembra, por lo tanto, si yo maldigo algo, me maldigo a mi mismo, si yo bendigo algo me bendigo a mi mismo.

Como por ejemplo, la terapia génica consiste en coger el ADN del cliente e insertarle un virus y luego este ADN insertarlo al cuerpo del cliente, de esta manera al dar una orden en una celula del cuerpo del cliente, todo el organismo cambia, gracias al holograma, ya que se presenta un cambio en cascada por el tema holográfico, activando una informacion especifica a todo el cuerpo, según la propia idiosincrasia y cuando se esta en paz consigo mismo automáticamente se entra en la condición de cambio de sanación, de esta manera el principio holográfico es la sobrevivencia en todas las partes y en todo momento.

De la misma manera, ocurre en la **psicoterapia ecoclinica**, la cual consiste en evaluar y ampliar el panorama de conflicto, resignificando los paradigmas que ha internalizado el cliente, dándole una nueva interpretacion sin juzgamientos a la situación o condición de conflicto, facilitando la creación de nuevos paradigmas resignificados con el cliente, donde al internalizarlo, la psiquis del cliente cambia, todo esto materializado en el proceso de observación y percepción de la realidad circundante, donde todo el organismo cambia y gracias al holograma se presenta un cambio en cascada realizando la activación energética de todo el sistema a todas las áreas de la vida individual y relacional del cliente, según la propia idiosincrasia y cuando hay coherencia se obtiene el insight que facilita estar en paz consigo mismo, entrando en la condición de cambio o de sanación, de esta manera, el principio holográfico es la sobrevivencia en todas las partes y en todo momento para vivir en armonía con el universo, disminuyendo el vacío existencial y la falta de sentido de vida, mediante la intervención experiencial de resignificación existencial para el cambio desde el modelo ecosistémico clínico, el cual a dado respuesta armonica y coordinada mediante la aplicación de las siete fases de la intervención procesual con cada uno de los clientes que se han integrado al proceso de rehabilitación, comprensión y manejo de sus situaciones o condiciones de conflicto por el cual se presento el motivo de consulta; este proceso se ha llevado a cabo a nivel individual, familiar y grupal partiendo de la toma de conciencia, (dasein, darse cuenta, insight, awarnesis) hasta la autoliberación interior y el empoderamiento en el manejo de su conflicto, favoreciendo el proceso de autorrealización; lo que ha generado sostenibilidad en el cambio comportamental, emocional y social para una adaptación personal, familiar y social con sentido y significado en la vida del cliente.

El procedimiento psicoterapéutico, que el modelo de intervención ecosistémico clínico preventivo protectivo presenta o contiene siete fases o etapas de movilización energética para el cambio. En este proceso de crecimiento se trabaja y profundiza con cada cliente o usuario a nivel personalizado, la evaluación y ascenso en cada fase del proceso de intervencion integral; de tal manera que la primera fase de movilización energética llamada "acogida o encuentro y compromiso existencial del ser, sentir, hacer y estar", es el primer paso en el cual se motiva, sensibiliza y brinda un recibimiento digno a la persona y a su familia, como práctica concreta del restablecimiento y garantía de derechos, se ofrece además un conocimiento y adaptación preliminares del cliente llamese niño, niña, adolescente o joven a la cotidianidad y normas institucionales, así como la orientación del proceso psicoterapéutico lúdico pedagógico formativo, pasando a una segunda fase, llamada "motivación; adaptación y concienciación o darse cuenta", centrada en la aceptación del motivo de consulta o ingreso y búsqueda de alternativas para un adecuado manejo del mismo; posteriormente se pasa a una etapa transitoria de encausamiento para la permanencia que se refiere a la "convivencia, aprendizaje, autodescubrimiento, aceptación y autoliberación", pasando de esta manera al tratamiento o permanencia propiamente dicho en el cual se asume y vivencia las fases cuatro y cinco del proceso psicoterapéutico psicoeducativo como son la de "creación, reflexión y comunicación" e "iniciativa y entrenamiento para la vida cotidiana", logrando de esta manera pasar a la siguiente etapa de preparación para el egreso, en la cual se vivencia la fase sexta del proceso terapéutico expresada en la "consolidación del proceso terapéutico formativo reeducativo y de desarrollo humano integral", finalmente se termina con la etapa de egreso o sostenibilidad y seguimiento postinstitucional, materializada en el proceso psicoterapéutico de la fase séptima de "fortalecimiento, autoapoyo y autotrascendencia" encaminada a prevenir reincidencias o recaídas frente al conflicto por el cual asumió el proceso psicoterapéutico.

A lo largo de los años de aplicación y experiencia del modelo de intervención psicoterapéutica ecoclínico, en los que Gestar Futuro CAD IPS, ha desarrollado programas de intervención especializada, hemos constatado la imperiosa necesidad de cultivar y desarrollar la interdisciplinariedad como estrategia sin la cual no es posible atender integralmente a quienes requieren de nuestra intervención especializada psicoterapéutica de habilitación, reeducación, protección y prevención, por ello, en cada uno de los programas que ha desarrollado Gestar Futuro CAD IPS, cuenta con equipos conformados por: Profesionales de la Medicina general y psiquiatria, Odontología, Nutrición, Enfermería, Psicología, Trabajo Social, Terapia Ocupacional, Sociología, Pedagogía y en general de las ciencias de la educación, Tecnologías de operadores o acompañantes terapéuticos o educadores socio terapeutas experienciales, técnicos de artes y oficios, con la asesoría permanente y continuada con el especialista en la prevención y tratamiento de las conductas adictivas a quienes se le ha ofrecido una formación y capacitación continuada de inducción y re-inducción permanente en el manejo de guías, protocolos, procedimientos y procesos de atención e intervención con calidad y calidez, al interior de la institución manteniéndonos actualizados en los avances científicos, técnicos y legales de las diferentes disciplinas en el marco de la atención especializada en la promoción, garantía y restitución de los derechos de la infancia, adolescencia y familia, donde estos profesionales se han integrado a los grupos de jóvenes y con su participación han realizado proyectos personalizados y productivos que han estado orientados a satisfacer las necesidades de los clientes o usuarios sujetos de atención, adicionalmente a la construcción de entornos protectores de su entorno, para que cuando nuevamente se incluyan al medio relacional puedan contar con estrategias para la prevención de recaidas o reincidencias.

Es así, como la acción interventiva psicoterapéutica- lúdico pedagógica integral mediante el ejercicio permanente y continuado, parte del conocimiento activo experiencial de cada ser humano que se construye, a partir de las siete funciones cognitivo-emotivas existenciales a saber: 1º) Aprender a vivir responsablemente, 2º) Aprender a aprender y a pensar, 3º) Aprender a comunicarse, 4º) Aprender a saber, 5º) Aprender a vivir juntos y convivir, 6º) Aprender a ser o desarrollarse como persona y 7º) Aprender a hacer y emprender, mediante el empoderamiento y la autogestión, en los cuales se atiende a los clientes, donde transversalmente se da prioridad a los siete enfoques de intervención integral tales como: 1º) Enfoque de derechos, 2º) Enfoque de intervención integral desde la perspectiva ecosistémica clínica, 3º) Enfoque solidario de familia centrado en la corresponsabilidad y subsidiariedad individual, familiar y comunitaria; 4º) Enfoque de sentido de vida con trascendencia, significado y autonomía personal, 5º) Enfoque de interacción y conformación de redes sociales y vinculares, 6º) Enfoque de autogestión emprendimiento y empoderamiento individual y familiar y 7º) Enfoque de gestión institucional; complementados secuencial y transversalmente desde los siete componentes de atención como son: 1º) Componente Familiar, 2º) Componente lúdico Pedagógico formativo reeducativo, 3º) Componente Cultural y de convivencia en la cotidianidad, 4) Componente psicoterapéutico, 5º) Componente Socio-legal, 6º) Componente de Alimentación, Salud y Nutrición física y emocional, 7º) Componente de Gestión, los cuales se apoyan en el conocimiento teórico científico de las ciencias humanas, de la salud y de la educación en las siete áreas fundamentales de intervención profesional como son: 1ª) psicológica, 2ª) salud integral con medicina y nutrición, 3ª) trabajo social o área sociofamiliar, 4ª) áreas de bienestar social con psicología y terapia ocupacional; 5ª) área académica con la pedagogía y ciencias de la educación y 6ª) área técnica de formación para el trabajo y el desarrollo humano fundamentado en las ciencias de la educación y 7ª) orientación prevocacional, vocacional y formación en aptitudes ocupacionales apoyados en terapia ocupacional, psicología y ciencias de la educación, para lograr los objetivos terapéuticos especializados a la población cliente o usuaria de la institución.

RESUMEN INTERVÉNTIVO SEGÚN EL MODELO DE ATENCIÓN ECO CLÍNICO.

FUNCIONES COGNITIVO - EMOTIVAS EXISTENCIALES: 1º) Aprender a vivir responsablemente, 2º) Aprender a aprender y a pensar, 3º) Aprender a comunicarse, 4º) Aprender a saber, 5º) Aprender a vivir juntos y convivir, 6º) Aprender a ser y desarrollarse como persona y 7º) Aprender a hacer y emprender (empoderamiento y autogestión).

ENFOQUES DE INTERVENCIÓN INTEGRAL: 1º) Enfoque de derechos, 2º) Enfoque de intervención integral, desde la perspectiva ecosistémica clínica, 3º) Enfoque solidario de familia corresponsable y subsidiario a nivel individual, familiar y comunitario; 4º) Enfoque de sentido de vida con trascendencia y autonomía personal, 5º) Enfoque de interacción y conformación de redes sociales y vinculares, 6º) Enfoque de autogestión, emprendimiento y empoderamiento individual y familiar, 7º) Enfoque de gestión institucional.

COMPONENTES DE ATENCIÓN: 1º) Componente Familiar, 2º) Componente Lúdico Pedagógico Reeducativo, Protectivo, 3º) Componente cultural y de convivencia, 4) Componente Terapéutico, 5º) Componente Socio-legal, 6º) Componente de Alimentación, Salud y Nutrición, 7º) Componente de Gestión.

ÁREAS DE LAS CIENCIAS HUMANAS Y DE LA SALUD: 1ª) La psicología, 2ª) La salud integral con psiquiatría, medicina y nutrición, 3ª) Trabajo social o área socio familiar, 4ª) Las áreas de bienestar social con psicología y terapia ocupacional; 5ª) El área académica con la pedagogía y ciencias de la educación, 6ª) El área técnica de formación para el trabajo y el desarrollo humano desde las ciencias de la educación. 7ª) La orientación pre vocacional, vocacional y formación en aptitudes ocupacionales apoyados en terapia ocupacional, psicología y ciencias de la educación, para lograr los objetivos terapéuticos especializados con los usuarios.

La gran fortaleza en la aplicación del modelo ecoclinico en los Programas de intervención especializada para los niños, niñas, adolescentes y sus familias radica en el enfoque de intervención integral, la calidad y calidez humana y existencial como se acoge y se motiva al usuario y su familia para encontrarle significado y significantes a su realidad personal y a su vida en general, la atención personalizada y personalizante mediante la aprobación constante como sujeto de derechos con dignidad, el profesionalismo de los equipos de trabajo, los enfoques integrales de intervención y el cumplimiento de lo estipulado en la legislación de infancia y adolescencia internacional y nacional, donde no solamente se ha atendido con programas interventivos terapéuticos de rehabilitación y reeducativos sino también en el ámbito de la prevención integral a nivel general, especifica y aplicada según las necesidades del contexto; por ello es que haciendo eco al clamor mundial y nacional por incentivar medidas alternativas de intervención y tratamiento especializado, implementamos el modelo de intervención ecosistémico clínico protectivo preventivo, fortalecidos con el modelo solidario de inclusión y atención a las familias promovido por el ICBF, mediante la aplicación práctica del enfoque de intervención familiar sistémico como posibilidad de recuperación personal y familiar, el desarrollo moral en las diversas etapas del ciclo evolutivo de la infancia y adolescencia, como también la promoción de la justicia restaurativa, mediante la aplicación de la pedagogía lúdica experiencial o de la presencia, en los diferentes programas institucionales de prestación de servicios terapéuticos formativos reeducativos a la comunidad en general.

Es importante resaltar entonces, que a nivel de prevención se tiene avances muy significativos en propuestas de prevención integral orientadas hacia la promoción y garantía de derechos, prevención de su victimización y restablecimiento de derechos, favoreciendo la construcción de entornos protectores así:

Mediante el modelo de intervención ecosistemico clínico desde la intervención terapéutica y la pedagogía reeducativa experiencial, se aborda la integralidad del ser humano desde sus áreas personales especificas internas a nivel biológico, psicológico, social, cultural y espiritual, como los estilos de vida saludables, el sentido de vida, la trascendencia, la autogestión y el emprendimiento, pasando por las áreas externas como la familiar, relacional y social, partiendo del principio de abordaje de integralidad según el modelo ecológico en los diferentes contextos a saber: Macrosistema en los aspectos relacionados con los sistemas Político, Económico, Cultural, Educativo, Ideológico, y creencias culturales ancestrales o religiosas, Exosistema en lo que respecta a la familia de origen, las relaciones laborales, vecinales y servicios sociales del contexto inmediato); Mesosistema, en los contextos de escuela, comunidad, y Microsistema a nivel de las relaciones interpersonales y objétales a nivel de Pareja, entre Hermanos, entre padres e hijos. De tal manera, que todas las áreas propuestas de intervención especializada psicoterapéutica pedagógica formativa reeducativa que viene a intervenir de manera integral las siguientes areas:

AREA PERSONAL E INTERPERSONAL, Centrada en desarrollar, **LA CAPACIDAD ESTRUCTURAL INDIVIDUAL, DEL SER HUMANO PARA EL AUTOCONOCIMIENTO, LA AUTORREGULACIÓN Y EL AUTOCONTROL,** Son materializados como un plan de competencia personal que supone: *Identificar los pensamientos, sentimientos y comportamientos personales; Conocer, interiorizar, resignificar y modelar las estrategias para mejorar las situaciones de conflicto, Establecer planes de cambio y practicarlos en la vida cotidiana, y Disponer la motivación y utilización de los recursos para llevarlos a cabo.* Básicamente implica tres procesos fundamentales a saber: a) Analizar la forma de pensar, interpretar y valorar las percepciones, prestando atención a su influencia sobre las emociones y los comportamientos. b) Reconocer e identificar las sensaciones y percepciones y el cómo estas afectan los sentimientosy la manera de interpretar y reaccionar. c) Observar el comportamiento y las reacciones frente al mismo, analizando los efectos que estos comportamientos producen, ya sea de forma directa o indirecta, sobre los pensamientos, las percepcines de la realidad y los sentimientos.

EL CONTEXTO PERSONAL, RELACIONAL Y LA AUTO-REGULACIÓN EMOCIONAL, aquí, el papel de las emociones entra a jugar un papel importante y fundamental, ya que estas son respuestas a los acontecimientos que son significativos para una persona y existe un amplio rango de emociones o respuestas posibles, en función de cómo se interpretan las situaciones, y en función de los paradigmas personales y familiares, los códigos culturales, los cuales expresan una clara realidad social, por lo tanto, saber analizar los feed-back significativos, son un elemento crucial, sabiendo qué lo que se piensa, cómo se siente y como se reacciona ante los mensajes externos que provienen de las ordenes o mandatos de los demás, son importantes, ya que de ahí surgen las creencias irracionales, las distorsiones cognitivas y los pensamientos automáticos[30], según los componentes cognitivos, fisiológicos, comportamentales y sociales se tiene en cuenta que: En primer lugar, *la experiencia subjetiva depende de cómo se interpreta y recuerda una situación.* Por lo tanto, las sensaciones y sentimientos surgen, precisamente, de cómo se definen las situaciones. De esta manera, aprendiendo a reconocer tanto los pensamientos como situaciones con que suelen ir asociadas las emociones constituye un objetivo clave si se quiere aprender a manejarlas. En segundo lugar, *las vivencias emocionales tienen un importante componente fisiológico*, tales como, los cambios de temperatura de la piel, ritmo cardíaco, sudoración…, y de hecho, en los seres humanos se ha comprobado sobre el peso que puede ejercer el hambre, el cansancio, el estrés o el ejercicio físico, tanto en el estado de ánimo como en las emociones personales, donde *los cambios en la activación fisiológica inciden sobre las emociones y por ende en el comportamiento y los diferentes procesos de adaptación social.* En tercer lugar *las expresiones de conducta, tanto no verbal como la expresión facial, volumen y tono de voz…, como verbal inciden sobre las emociones y el comportamiento en el ser humano*, materializando que determinados comportamientos favorecen el desarrollo de ciertas emociones y que determinadas emociones despiertan y desarrollan ciertos comportamientos, donde la intensidad de las emociones van unidas a la intensificación de la expresión facial y comportamental. En cuarto y último lugar, *las emociones son construcciones sociales que se aprenden.* En este sentido, las emociones tienen una inscripción genética y que ciertas emociones, tales como el miedo, el enojo, la tristeza o la satisfacción llamadas primarias,

---

[30]   R.J. Álvarez (1999): Cuando el problema es la solución. Bilbao: Descleé de Brouwer. Colección Crecimiento personal (1998), págs. 120-121

parecen existir independientemente del contexto sociocultural, lo cierto es que sus manifestaciones varían en función del sujeto mismo. El resto de las emociones denominadas secundarias tales como culpa, orgullo, gratitud, nostalgia, amor, estan más condicionadas por las experiencias de socialización y tienen mecanismos aún más variables, por lo tanto, descubrir esos mecanismos sociales constituye un gran objetivo en cualquier proceso psicoterapéutico y plan de autoconocimiento y de regulación emocional o autorregulación, con el fin de aprender a expresar las emociones de forma socialmente adecuada y tener el "control" del proceso de adaptación social bajo parámetros de una convivencia sana y armónica[31].

LA CONCIENCIA DE SÍ MISMO, Y LA CAPACIDAD DE ELECCIÓN Y AUTODIRECCIÓN QUE SE FUNDAMENTAN EN EL AUTO-CONCEPTO Y AUTO-ESTIMA, de esta manera, el auto-concepto, es entendido como actitud, la cual comprende tres dimensiones claves para el análisis, prevención y mejora del área interpersonal del ser humano, a saber:

La dimensión cognitiva, que equivale a la teoría que la persona elabora sobre su propia identidad según el conjunto de creencias sobre las características, cualidades, capacidades, habilidades, límites y valores así como el grado de importancia, prioridad o centralidad que se les concede, identificado con el "autoconocimiento".

La dimensión afectiva, referido a la valoración, positiva o negativa, de los aspectos que definen la propia identidad, y que podría identificarse con el grado de autoestima. *La dimensión motivacional o conductual.* Expresado como la autoimagen, que va unida a valoraciones, positivas o negativas, que condicionan las actitudes y las conductas, hasta el punto de vista que se presenta la tendencia de elegir aquellas conductas y situaciones que son más acordes al auto-concepto particular de cada ser humano. *La dimensión experiencial o interacción sociocultural del aprendizaje social,* Es así que, el auto concepto se aprende en función

---

[31]   R.J. Álvarez (1999), Cuando el problema es la solución. Bilbao: Descleé de Brouwer. Colección Crecimiento personal (1998), págs. 120-121.

de las condiciones experienciales y de interacción social en la formación y construcción de la identidad personal, donde es particularmente relevante los "otros significativos" en: a) La creación de vínculos de pertenencia e identificación, b) El reconocimiento y la aceptación de la singularidad, c) la generación de sentimientos de pertenencia y de control. *La dimensión dinámica evolutiva,* en cuanto que es susceptible de ser modificado por las nuevas experiencias y evolución del ciclo vital, por ejemplo, a medida que la persona se acerca a la adolescencia puede percibir mayores dificultades de autoestima, dada la permeabilidad hacia la opinión de las personas cercanas. *La dimensión histórica experiencial individual selectiva,* en condiciones estresantes, la pantalla se convierte en una barrera que estrecha el campo perceptual, impidiendo afrontar nuevos retos. Por ello, cuando una persona se resiste en una situación nueva se puede sospechar que está intentando salvaguardar su imagen y se debe considerar que tan sólo bajo condiciones de gran seguridad podría bajar los escudos para acomodarse a las nuevas experiencias. *La dimensión multidimensional,* el auto-concepto y autoestima va más allá de la mera suma de sus partes, considerando los aspectos en el plano físico, afectivo, familiar, escolar, social, psicológico.

LAS ESTRATEGIAS DE PROCESAMIENTO, RECONTEXTUALIZACIÓN Y RESIGNIFICACIÓN EXISTENCIAL A NIVEL INDIVIDUAL,

las cuales proporcionan directrices importantes para el cambio comportamental sostenible en el tiempo de cada individuo en la ejecución de las tareas cotidianas y el establecimiento de criterios para la transferencia y aplicación práctica en los entornos múltiples de interacción social, donde las competencias Interpersonales, son uno de los factores fundamentales encaminados al control de la adaptación social, porque tienen la capacidad de mantener relaciones interpersonales, que sean, a la vez, satisfactorias y eficaces las cuales requieren de un conjunto de habilidades complejas tales como: *Interpretar adecuadamente las relaciones interpersonales y las emociones* que despiertan dichas interpretaciones sin juzgamientos o etiquetamientos, *Manejar de forma correcta los códigos verbales y no verbales,* aceptándolos como se presentan, corroborando la información con la fuente, sin asumir como verdad única la interpretación que se hace de ellas. *Seleccionar correctamente las estrategias de interacción para una mejor convivencia,* expresando con coherencia los deseos, pensamientos y acciones, encaminadas a mantener buenas relaciones con los otros, lo que constituye uno de los principales predictores de ajuste personal y social, donde la delimitación de lo que se entiende, por tener una buena capacidad no es fácil, ya que tiene que ver con el proceso de adaptación social integral ajustado a la cotidianeidad en el desarrollo de las "habilidades sociales", "habilidades para la vida", "habilidades de comunicación", "habilidades de resolución de conflictos y asertividad en el manejo de los mismos", "competencias sociales"; "habilidades democráticas", "habilidades ciudadanas"; que desde el punto de vista del enfoque de habilidades sociales, el quehacer fundamental radica, precisamente, en delimitar qué comportamientos concretos, qué micro-habilidades, facilitan una mejor adaptación social y aceptación en los diferentes contextos, para asumir procesos de entrenamiento en la cotidianeidad, para favorecer el crecimiento personal y de esta manera lograr el cambio de las pautas desadaptativas, asumiendo la capacidad de liderazgo individual, familiar y social desde la visión y empoderamiento de los emprendimientos personales y familiares encaminados a la autogestión. *Asumir responsablemente el Entrenamiento,* el cual está encaminado a lograr la estimulación del sujeto para incrementar sus conocimientos, habilidades y destrezas para aumentar la eficiencia en la ejecución de las tareas y así contribuir a su propio bienestar personal, familiar y social[32], este entrenamiento se define como un proceso de enseñanza - aprendizaje que permite al individuo adquirir y/o desarrollar conocimientos, habilidades, destrezas y mejorar las actitudes hacia la adaptación social, a fin de que logre un eficiente desempeño. *Comprometerse en el proceso de recontextualización, y resignificación en el entrenamiento,* el cual constituye un aprendizaje guiado o dirigido, mediante el cual se logra la adquisición de nuevas conductas o cambios de conducta ya observadas, por una nueva conducta deseada; aplicando y practicando los Métodos y Técnicas de Entrenamiento según el modelo de atención integral, apoyado en los parámetros del modelo de entrenamiento de Sikula y McKenna (1992), donde los aspectos más comunes y destacados son[33]: a) *Adiestramiento para la repetición de*

---

[32] Administración de personal, Amaro Guzmán Raimundo, Ed. Limusa, México, 1990, pág. 266.

[33] Métodos de capacitación. Tomado de "Administración de Personal" de Sikula, A. y McKenna, J. F., 1992, (p.158).

patrones adaptativos en la vida cotidiana, que consiste en que el individuo adquiere los conocimientos, habilidades y/o destrezas necesarias para llevar a cabo las tareas que conforman su realidad personal. La principal ventaja de este método es que la persona aprende con el equipo asesor y en el ambiente controlado la repetición de la conducta a practicar en el medio no controlado posterior a su inclusión en el contexto real. b) *Demostración y Ejemplo,* Una demostración comprende una descripción del uso de experimentos o ejemplos. En este método el asesor o educador realiza las tareas, explicando paso por paso el "por qué "y el "cómo" de la experiencia. c) *La simulación,* Es una técnica que constituye una réplica exacta de las condiciones reales que existen en la realidad social, este método es utilizado cuando la práctica real en el contexto involucra alto riesgo o que pudiera causar reincidencia de las pautas desadaptativas. d) *El aprendizaje,* consiste en formar individuos integrales durante un lapso determinado de tiempo en el proceso formativo.

AREA FAMILIAR. Centrado en profundizar... La **PSICOEDUCACIÓN,** referida al conocimiento pleno de la desadaptación social y su incidencia positiva o negativa al interior del núcleo familiar y social, dependiendo del grado de desadaptación social, donde se requiere procesos de fortalecimiento integral en el manejo de pautas de crianza, manejo de roles, ejercicio de la autoridad y manejo asertivo en la inclusión social desde una comunicación asertiva existencial dando prioridad a la unicidad del ser humano desde su dignidad y autonomía personal según la evolución de su ciclo vital. Buscando el **DESARROLLO DE HABILIDADES, DESTREZAS Y COMPETENCIAS, REFERIDAS AL EMPODERAMIENTO DEL ROL FAMILIAR PATERNO, MATERNO O FRATERNAL,** convirtiéndose en un referente positivo en la construcción de factores protectores generativos resilientes, para el usuario en el contexto social en el que se encuentre, ya que la repetición de pautas de comportamiento, por lo general son repeticiones de ciclos familiares adaptativos o desadaptativos según el ejemplo dado en cada circunstancia o evento experienciado, de ahí, que es fundamental trabajar con la familia en la resignificación, análisis y puesta en marcha un proceso de reestructuración cognoscitiva y experiencial del comportamiento y sentido existencial en el cual se expresan en la cotidianeidad. Por lo tanto, trascender la atención individual y activar procesos de colaboración y de corresponsabilidad con la familia, es indispensable para los individuos ya que es el contexto más propicio para generar vínculos significativos y generativos para favorecer la socialización y estimular el desarrollo humano integral, para el Estado y la sociedad, teniendo en cuenta que la familia es su capital social. Asumiendo la **CORRESPONSABILIDAD DE LA FAMILIA COMO CAPITAL SOCIAL,** la familia es un bien de la humanidad que co-evoluciona con todos los demás sistemas sociales, participa como unidad activa en el inter-juego social y requiere en consecuencia respeto a su autonomía y reconocimiento de su pleno protagonismo en la conservación constructiva de los individuos y de la sociedad. Por lo tanto, al invertir en la familia como unidad se está invirtiendo en el desarrollo de las personas, las comunidades y el país, y se está garantizando el cumplimiento de los derechos y el destino efectivo de los recursos, partiendo del reposicionamiento de la familia en la relación con el Estado y con la sociedad, con la intención de, ubicar y reposicionar a la familia como sistema dinamico funcional, nucleo fundamental de la sociedad, de esta manera: a) *La familia es considerada como constructora del capital social* y su atención es primordial en el medio sociocultural y en referencia a las políticas públicas, b) *Es importante fundamentar paradigmáticamente a la familia,* las instituciones y los equipos técnicos para hacer viables la implementación, gestión y evaluación del impacto del Modelo Solidario de Inclusión y Atención de Familias como lo propone los lineamientos técnicos de ICBF[34]. c) *La atención ecoclinica basada en los procesos psicoterapéuticos intervéntivos, formativos reeducativos preventivos, protectivos experienciales,* están orientados a la familia frente al proceso de inclusión y atención de los niños, niñas y adolescentes con alta vulnerabilidad social y derechos vulnerados desde el marco paradigmático, conceptual, metodológico y normativo que orienta el trabajo con las familias, que desde la perspectiva ecosistémica implementa los procesos interventivos formativos reeducativos sustentados en el Modelo Solidario para la Inclusión y Atención de Familias, propuesto como mecanismo coherente con la política de protección y fortalecimiento de la familia, encaminada a generar redes de

---

[34] Lineamientos técnicos para la inclusión y atención de familias, Instituto Colombiano de Bienestar Familiar, Organización Internacional para las Migraciones. Primera edición, febrero de 2008.

pertenencia y vinculación afectiva, basada en la modelización sistémica y en la investigación contextual y reflexiva, involucrando a los diversos actores del núcleo familiar para conformar escenarios de cooperación, corresponsabilidad, asumiendo que la construcción de la identidad de las personas; parte de la formación inicial en el núcleo familiar, la cual asienta las bases del desarrollo personal y aporta a la protección afectiva y efectiva favoreciendo el ejercicio de la ciudadanía, como reza la constitución política colombiana amparando a la familia como institución básica de la sociedad[35], de la cual se despliegan los siguientes principios: *La persona es la base de la existencia de la familia:* Por persona se entiende "todo ser capaz de adquirir derechos y de contraer obligaciones". Desde una consideración filosófica, la familia está conformada por personas, seres humanos únicos e irrepetibles que tienen el derecho de ser concebidos, a nacer, a crecer y a morir en el seno mismo de la familia. *La familia es sujeto titular de derechos y obligaciones,* en igual forma que la persona, los derechos y obligaciones que tiene el individuo pueden también tener como titular a la familia[36], donde la normatividad le reconoce a la institución familiar un conjunto de derechos fundamentales, tales como el *Derecho a la dignidad,* que equivale al merecimiento de un trato especial que tiene toda persona por el hecho de ser como tal. Adicionalmente en lo que se refiere a la institución familiar, la Constitución identifica las implicaciones de la dignidad con los derechos familiares, donde los miembros de la familia están obligados al mutuo respeto y a la recíproca consideración, y cada uno de ellos merece un trato acorde no solamente con su dignidad humana sino adecuado con los cercanos vínculos de parentesco existentes[37].

LA FAMILIA COMO PROMOTORA DEL EMPRENDIMIENTO Y LA AUTOGESTIÓN DE VIDA CON SENTIDO Y PROPÓSITO,

se refiere a la dimensión nosológica o espiritual en el hombre es aquella energía subjetiva actitudinal que impulsa al ser humano y le permite trabajar con compromiso, luchar por una meta, aspirar a ser el mejor, romper con las dependencias, en fin lograr la auto-trascendencia;

---

[35] Constitucion política colombiana, articulo 5.
[36] Constitución política de Colombia, inciso 2 del Art. 42.
[37] Constitución política de Colombia, 1991.

comprendiendo el hecho antropológico de estar siempre dirigido a descodificar, resignificar, reaprender, etc...., la vida, sobretodo las emociones, sin juicios, ni etiquetamientos, lo que da paso a sentir, comprender y cambiar las percepciones desadaptativas cuando se presenta un conflicto, de esta manera la emoción es mi emoción y nada mas; lo cual no debe afectar la proyección de la individualidad de los integrantes del nucleo familiar.

AREA DISFUNCIONAL O TRASTORNOS DEL FUNCIONAMIENTO Y DESARROLLO DEL YO. Los trastornos intrapsiquícos en el desarrollo y funcionamiento yoico, están relacionados con las características del ejemplo, de una emisora mal sintonizada, o ruidosa. Es asi, que los trastornos del funcionamiento yoico no son categorías fijas, como muy a menudo parecen ser, en la terminología psicológica y psiquiátrica, más bien, las categorías son fijas, pero, la conducta humana no lo es. Por lo tanto, la psicoterapia ecosistémica clínica comprende, que las diversas caracterizaciones de la conducta sana y disfuncional o anormal son referencias de los procesos actuales de una emisora mal sintonizada; es asi, que estas caracterizaciones representan las conductas actuales del cliente o usuario en este momento o realidad presente que se encuentra frente a un conflicto; pero, a medida que se da el cambio; se piensa, de él en forma diferente o sea el preciso momento del tiempo y su realidad, lo que permite categorizar la conducta, eso no quiere decir que va a continuar a través del tiempo con lo mismo.

De esta manera, la caracterización del trastorno o disfuncionalidad en la psicoterapia ecosistemica clínica consiste, en términos de diferencias del proceso del darse cuenta (insight), o ampliar el panorama de conflicto, descodificando las emociones, resignificando el comportamiento y las conductas contenidas en los paradigmas que se han formado a través de la experiencia en la vida cotidiana, con asertividad, aceptación y sin prejuicios, aceptando la realidad como fue, en relación con su modo sano y normal en el momento actual y real del contexto, cuando se habla de trastorno de la dificultad del darse cuenta o insight, al permitir que persista ó aparezca el punto cero, o de la incapacidad del cliente para dejar que se decodifiquen o disuelvan las percepciones de la realidad sin juzgamientos después de que han dejado de ser como eran percibidas, según los parámetros interiorizados, con alguna disonancia cognoscitiva, es lo que se define como la anormalidad en relación con los mismos procesos que se tiene en cuenta para definir la salud; toma de conciencia, insight, darse cuenta, contactar con las emociones tal y como son sin juzgamientos, y cierre de asuntos inconclusos o con disonancia perceptual, etc.

PROCESO DE INTERVENCION DESDE EL MODELO ECOCLINICO.

ENTREVISTA DE DEVOLUCION Y PROPUESTAS PARA ASUMIR EL PLAN DE TRATAMIENTO: Apoyados en la experiencia y la exposicion de las modalidades de tratamiento y motivacion para asumir compromisos para el tratamiento, se da inicio a este proceso, con la entrevista de devolución del diagnostico, de la siguiente manera: **ENTREVISTA DE DEVOLUCIÓN DEL DIAGNÓSTICO.** En este momento, se inicia un dialogo abierto y empático con el usuario y su familia a quienes se les explica lo que se ha encontrado en el proceso de evaluación y diagnostico, adicionalmente lo que se ha observado, los hábitos que tiene desarrollados de manera más o menos funcional y aquellos en los que se debería mejorar, de la misma manera, se explica la gravedad del problema consultado, según los perfiles de diagnostico de gravedad y su posible abordaje terapéutico, pronóstico y logros en un determinado tiempo, siempre y cuando se cumplan los compromisos al pie de la letra, asumiendo totalmente las pautas necesarias para asumir y lograr el compromiso terapéutico en el tratamiento a asumir por el consultante y su familia, de la siguiente manera:

CONTRASTACIÓN DE LA PERCEPCIÓN DE LA PROBLEMÁTICA DEL USUARIO Y LA FAMILIA CON RESPECTO AL TERAPEUTA: Durante esta entrevista se contrasta si el usuario y la familia, tienen la misma percepción de la problemática o situaciones de conflicto motivo de consulta, profundizando todos los aspectos encontrados y sentidos por los consultantes, aterrizando puntos concretos a trabajar, de no ser asi, se seguirá profundizando hasta llegar a puntos de acuerdo para el abordaje integral de la problemática.

CONSTRUCCIÓN DEL PLAN DE ATENCIÓN INDIVIDUAL: En este momento, durante la entrevista se dan las instrucciones para que el usuario, su familia y el psicoterapeuta en conjunto diseñan, elaboran y gestionan su Plan de atención individual y familiar personalizado para su respectivo tratamiento, según las necesidades particulares del usuario y su familia, el cual queda realizado y firmado en conjunto por el usuario, su familia, el psicólogo y el equipo de profesionales necesario para el tratamiento integral del consultante o cliente.

En esta entrevista, se fijan las metas a conseguir, los objetivos de desarrollo desde el Diagnóstico, Plan personal y Familiar, adicionalmente se realiza el Contrato Terapeutico en el que el usuario, su familia y el equipo de profesionales se comprometen mutuamente para lograr esos objetivos, y por ende el trabajo en equipo en la consecusion de la meta proyectada para el mismo fin, materializando durante la entrevista de diagnóstico, de devolución del diagnóstico, y de establecimiento de objetivos, en la consecusion de la meta deseada.

Posteriormente se continua con una serie de entrevistas programadas según las necesidades del consultante sujeto usuario y su familia en las cuales se trabajan a fondo sobre los objetivos planteados, el fin propuesto para lograr el abordaje de la problemática existente, en las cuales se van poniendo en practica, revisando y confirmando el plan de acción, encaminado al logro de la meta a conseguir y los objetivos propuestos para tal fin, bajo los criterios de coherencia y responsabilidad ético. Asumiendo un **COMPROMISO A LARGO PLAZO:** *Los usuarios que logran comprometerse a largo plazo con un tratamiento estructurado, tienen un mayor porcentaje de éxito, que los que no se integran a este tipo de psicoterapia ecosistémica clinica.* El tratamiento frente a las afectaciones de la salud mental, específicamente en el tratamiento de las conductas adictivas tales como el consumo de sustancias psicoactivas SPA, supone, contar con un diagnóstico integral, ya sea de abuso o de dependencia de sustancias y visualizado el perfil del consultante o cliente y su familia, en los niveles de consumo y pautas codependenciales. Desde la experiencia sólo algunos de los consultantes usuarios con conductas adictivas dependientes de sustancias psicoactivas, deja de consumir este tipo de sustancias espontáneamente, o en su defecto dismuniye el nivel de consumo o cambia del consumo de sustancias toxicas fuertes a sustancias toxicas blandas o aprobadas socialmente. En el caso del abuso de sustancias, la aplicación de estrategias de "intervención mínima", como los procesos de psicoeducación sobre reducción, suspensión o manejo funcional del consumo, técnicas de autocontrol y apoyo familiar como mecanismo de contención para lograr una mejoría.

En el caso del consumo del alcohol, se ayuda al consultante/ cliente o paciente a lograr un consumo moderado, que no genere efectos de deterioro físico, psicológico, familiar y social. Cuando este objetivo, no es alcanzable con las diversas intervenciones psicoeducativas o terapéuticas, la meta debe ser la abstinencia total. Para el caso de las drogas ilegales llamese marihuana, cocaína, bazuco, anfetaminas, etc. La indicación siempre ha de ser la abstinencia total. Es indispensable, tener presente los diferentes tipos de perfiles de usuarios, según su personalidad y niveles de consumo los cuales serán entregados en una próxima publicación, ya que si se logra encuadrar el tipo de perfil, y el procedimiento de intervención psicoterapéutico; es mas fácil realizar el proceso de intervencion, debido a que se puede llevar a cabo, el plan estructurado y personalizado que se puede seguir para cada caso especifico, según el plan de acción obtenido del trabajo de equipo, en la practica y sistematización de la experiencia con los clientes atendidos a lo largo de tres años de aplicación del modelo de intervención ecosistémico clínico intervéntivo preventivo y protectivo.

ENTREVISTA DE MOTIVACION, ENGANCHE Y COMPROMISOS TERAPEUTICOS. Teniendo como fundamento el MOTIVO, es aquel factor en una persona que lo impulsa a realizar una acción determinada; dentro de este concepto se puede encontrar dos clases de motivaciones a saber: la motivación extrínseca, que no proviene del individuo sino de las cosas que lo rodean, y la motivación intrínseca, que sí proviene del individuo mismo. Llevando a evaluar y desarrollar **LAS MOTIVACIONES INTRÍNSECAS,** son siempre las más importantes, porque provienen netamente del individuo. A menudo, con los factores extrínsecos, el cliente tiende a hacer algo por la presión que se está ejerciendo sobre él, y no porque realmente lo desee. Este sería el caso de un adolescente consumidor de sustancias toxicas que asume un proceso de tratamiento terapéutico por presión de su familia, si esa misma persona tuviera una motivación intrínseca, estaría asumiendo el proceso psicoterapéutico porque realmente siente que lo necesita y que desea hacerlo. Por esta razón, el psicoterapeuta realmente efectivo va a generar en el consultante o cliente las alternativas en el desarrollo de estrategias de motivaciones intrínsecas para adherirse al tratamiento. Donde la Motivación personal o intrínseca está íntimamente relacionada con los sueños. Normalmente cada ser humano posee grandes joyas en su corazón que a veces va dejando en el camino, se llaman "sueños", que primordialmente son los deseos que cada persona tiene y quiere, lograr y que le alegran el día cuando sabe que está cerca de ellos, y que por desgracia a veces se van dejando en el camino, o simplemente viene alguien a lanzarnos drásticamente de nuestra meta fijada que se había construido durante mucho tiempo.

Si bien es cierto, se sabe diferenciar la realidad de los deseos, son los sueños los que hacen la realidad, tenga por seguro que todos los seres humanos tenemos sueños, y si ve a alguien sin ganas de seguir, o ve tanta maldad en las personas, eso no significa que no existan, sino, que a lo largo del tiempo ha ido abandonando sus sueños de alguna u otra manera. Es por esto que como buen soñador, debe siempre estar pendiente de ellos para que de esta forma mantenga su Motivación Personal despierta. Los sueños son la cosa más linda que un ser humano puede tener, ya que le permiten tener los pies en la tierra y la mente en sintonía con lo que quiere. El aclamado escritor brasilero Paulo Coelho, es el autor de muchos libros que más ha vendido en la historia literaria del Brasil y en otros paises, es un gran soñador y defensor de los sueños y en su exitosa obra "El Alquimista" nada más y nada menos empieza así: "Cuando una persona desea realmente algo, el Universo entero se conspira para que pueda realizar su sueño. Basta con aprender a escuchar los dictados del corazón y a descifrar un lenguaje que está más allá de las palabras, el que muestra aquello que los ojos no pueden ver."[38]

De la misma manera, frente a la realidad y los sueños o de los sueños y la realidad, afirmo que "ojos que no leen, palabras que no se entienden y realidad que no se percibe o se comprende no se visualiza y disfruta", esta afirmación va mas alla de las palabras, ya que la vida de los seres humanos, siempre esta orientada a la consecusion de los sueños, que no son cosas imposibles de realizar, debido a que están presentes en el aquí y ahora, en su vida, y que por alguna razón, justificada o no, no se es

---

[38]   Coelho, Paulo, el alquimista, 1994.

consciente de lo que se tiene en cada momento, por estar "dormido o distraído" a causa de buscar las respuestas y los sueños afuera del si mismo, que por alguna razón circunstancial nos desconectamos del fluir energético personal en armonía con el fluir energético universal; partiendo de este principio, tenga la plena seguridad de que si despierta y observa la realidad con atención, la misma energía personal en armonía con la energía universal no le van a dejar caer en momentos difíciles, es mas, si busca las respuestas dentro del gran sabio y maestro que es usted mismo, se dara cuenta que hay están las respuestas, solo que hay que hacer las preguntas correctas, leyendo las palabras y la realidad como son, ni mas, ni menos; de tal manera que la invitación es seguir soñando, sin abandonar los deseos mas profundos de su ser; a veces ni siquiera se tiene palabras para describir, lo que esa sensación le causa, o lo que visualiza, simplemente es un regalo del universo, llamese Dios o energía universal, su propia idealización del sueño es el que le saca una sonrisa, hasta en los días más tristes y oscuros, en esos días, en que la crisis le acecha por todos lados, por estar dormido o distraido, siéntase bendecido por tener un sueño, por el cual luchar, una imagen visualizada clara y concreta de lo que desea y que por ello puede levantar la cabeza y continuar, esto realmente mantendrá su motivación personal al máximo, con la convicción de que el universo hara fluir su energía para colocarlo en armonía, con la energía universal.

Por lo tanto, defiénda sus sueños, luche por ellos, y nunca, nunca los descarte, muchos tal vez no entiendan lo que significa sus sueños, pero le advierto: es su sueño, únicamente suyo, no es necesario de que algún otro lo entienda, para que sea algo positivo, cuantas cosas se pierden en la vida por esperar a que otros entiendan o aprueben lo que usted desea, o toma el camino más lógico y hace nada mas que los demás hacen, y sigue la vida como esta lo lleve, dejando que las circunstancias armen su vida en el juego del camino. Y ¿sus sueños, que…? Pues, los va abandonando poco a poco y despúes mira con nostalgia el pasado, pensando en lo que podría haber pasado si se hubiese armado con más valor. ¡Pero ojo! Piense que en aquella época pasada probablemente estaba esperando a que las cosas estén mejor, para empezar a soñar con libertad, así que aun NO es tarde, debe sonreír en este preciso momento, si aún guarda en si mismo un destello de su sueño, porque en este preciso instante, ha llegado el momento de no dejarlo ir más, y dejarlo brillar en su vida con luz propia y desafiar en todo momento, a aquellos que se lo quieran arrebatar. ¡Sueñe!... Ame sus sueños, no sienta vergüenza de ellos, siéntase libre de poder sentirlos y tenerlos, de poder socorrerse con ellos cuando se sienta desesperanzado. Y recuerde, siempre deje que los sueños le iluminen su camino y mantengan viva la esperanza y la motivación personal que todos los seres humanos necesitamos para seguir luchando, venciendo obstáculos y todos los retos que se nos vengan por delante en el recorrido por la vida, en su diario devenir.

Adicionalmente, no deseche el uso de toda motivación externa; es verdad que las motivaciones extrínsecas tienen mucho valor, pero solamente cuando éstas sirven para despertar en el individuo sus motivaciones intrínsecas. Lamentablemente, en muchos casos se han usado las motivaciones externas sin que éstas apelen a las internas de la persona. El resultado es casi siempre el mismo, donde el individuo hace las cosas por obligación y de mala gana. Una de las motivaciones extrínsecas más usadas es la de dar premios por ciertas acciones. Donde se promete a la persona, que si ella hace aquella tarea va a recibir tal o cual recompensa. El problema con este enfoque es que, en cuanto desaparezca el premio, la persona ya no sigue haciendo su tarea. La prueba contundente que siempre demuestra una motivación extrínseca es que la mayor parte se la cataloga como buena o mala, en vez de verla sin juzgamientos y evaluar concretamente, si ha ayudado al individuo a volverse una persona de iniciativa, que busca emprender nuevas actividades por sí mismo. Bajo estos parámetros tenga en cuenta las siguientes estrategias motivacionales:

EXPONGA LA PERSONA O CONSULTANTE A LA REALIDAD.

La primera forma de motivar al consultante es crearle la necesidad de exponerlo a la realidad motivo de consulta. De este modo, el consultante puede responder a una necesidad que antes ignoraba. De la misma manera, no se puede motivar al consultante a cambiar de actitud o comportamiento frente a la vida, si este no percibe la necesidad de cambiar. Existen multitudes de clientes o consultantes que tienen abundancia de problemas, pero, nunca hacen nada al respecto, porque no son conscientes de estos problemas en sus propias vidas. Como pueden ver ustedes, lo que realmente ayuda a motivar a una persona es exponerla a la realidad, a los hechos y a las circunstancias reales de la vida. Esto no es solamente motivador para el individuo porque le ayuda a cambiar, sino también porque le da oportunidades de desarrollar su sentido de responsabilidad frente a la vida y lo estimula al empoderamiento de si mismo y por ende al crecimiento personal y su propia autorealizacion. Ahí, está su más importante responsabilidad como psicoterapeuta, que es el hacer que los consultantes desarrollen sus capacidades al máximo. Puede estar seguro de que cuanto más invierta en motivar a las personas, más desarrolladas van a estar. Y recuerde esto, "cada vez que usted le da a un consultante o cliente una responsabilidad que no requiere casi ningún esfuerzo, le está suprimiendo una oportunidad para crecer". "Cuando vea usted clientes que pueden dar más, deles una mayor responsabilidad".

PROVEA ESTÍMULO Y RECONOCIMIENTO. Un segundo método por el cual se puede motivar efectivamente a un cliente o consultante es proporcionándole estímulos y reconocimiento. A menudo ocurre que los clientes o consultantes se desaniman porque se les está señalando en forma constante lo que hacen mal, en vez de reconocer lo que hacen bien. Las constantes críticas tienden a desinflar o desanimar hasta los más entusiasmados. La verdadera prueba de la eficiencia de un psicoterapeuta no se encuentra en lo que él sabe, sino en lo que saben sus clientes o consultantes. Sin la adecuada cantidad de reconocimiento y estímulo, los clientes jamás van a tener la motivación suficiente para aprender lo que su psicoterapeuta le está mostrando. La desconfianza en las propias habilidades es un resultado directo de la falta de estímulo y reconocimiento en sus vidas.

PROVEA MODELOS. Una tercera forma de motivar, es por medio de una demostración de cómo deben hacerse las cosas. Un exceso de exhortaciones no lleva a la acción, sino a un montón de personas con complejos de inferioridad y sentido de culpa. La realidad es que la mayoría de los clientes saben lo que deben hacer, pero pocos lo hacen, debido a que no se les ha mostrado de qué manera hacerlo. Por ello, es importante que usted no se concentre solamente en cuestionar, confrontar y mostrar la realidad, sino también en explicar y demostrar. Mostrando a los clientes con sus palabras, y ejemplo de vida basado en la coherencia entre lo que dice, piensa y hace, como por ejemplo; frente a la invitación a la vivencia y práctica del amor, es porque el psicoterapeuta, explica la emoción del amor, el cual piensa la importancia del amor para la vinculación afectiva y la aprobación del otro y actúa en consonancia frente a esta emoción, de tal manera, que al invitar o exhortar a amar, es porque este ama y lo expresa en actitudes de afecto y amor, en los detalles simples de la vida explicando y mostrando como se hace.

IRRADIE ENTUSIASMO. Usted como psicoterapeuta puede motivar a los clientes o consultantes irradiando entusiasmo personal. Uno de los problemas más comunes con que se enfrenta el psicoterapeuta es el de seguir manteniendo el entusiasmo a través de los años. Muchas veces, parece que la práctica de intervención psicoterapéutica se vuelve una rutina aburrida, que no tiene dinamismo alguno. Si usted se siente así, es muy lógico que no motive a nadie en su trabajo profesional, pues esa actitud nos está diciendo que la formación y el ejercicio profesional es aburrido.

En cierta oportunidad tuve que intervenir en una psicoterapia multifamiliar y sólo asistieron tres personas. La profesional de trabajo social se me acercó y me dijo: "Éste es uno de los problemas con estas personas, ellos no se entusiasman para nada y son incumplidos". Su actitud demostraba claramente que pensaba que era una pérdida de tiempo seguir con la asesoría familiar con tan pocos. Luego de la intervención, me preguntó cuál me parecía que era el problema. "yo le pregunte, usted quiere que sea sincera" —ella me dijo, si por favor _ entones yo le dije— "como están las cosas creo que usted es el problema". – ella, sorprendida me dijo, ¿Cómo así?, explíqueme – entonces "le exprese, la prueba del verdadero asesor de familias se encuentra en la forma como dirige la intervención familiar", ya que ¡Su entusiasmo debe ser tan grande, cuando hay tres personas, como cuando hay treinta!", ya que el entusiasmo es contagioso. Si usted quiere motivar a sus familias, va a tener que demostrar abundantes cantidades de entusiasmo en todo lo que haga y diga. Este método requiere mucho más trabajo que otros, pues uno debe estar dispuesto a demostrar todo lo que enseña. Sin embargo, el desafío a invertir en esta forma de motivación, verá que los resultados serán realmente extraordinarios.

REMUEVA LAS BARRERAS EMOCIONALES. Creo firmemente que va a ser muy difícil motivar a una persona que está enojada, llena de rencor o adolorida por cierta razón. Lo que usted significa para un cliente o consultante es mucho más importante, que lo que usted pueda decirle o hacer por él. Es más, esto va a determinar la manera en que escuchará lo que tenga que decirle. Entre un terapeuta y sus clientes, debe haber un clima de total aceptación; por tal razón, sea sincero con sus clientes y todos aquellos que le rodean, permítales que lo vean tal como usted es. A menudo he visto caer a algún terapeuta por querer aparentar saber todas las cosas. Eso no produce aceptación; la gente se siente inhibida y, lo que es peor, también se da cuenta de que el terapeuta no es honesto con ellos.

INTENSIFIQUE LAS RELACIONES PERSONALES. Recuerde siempre este principio: "Cuanto más cerca esté usted de su cliente, cuanto más estrechos sean los lazos que los unen, más grandes serán las posibilidades de motivacion". Un gran problema es que muchas veces como psicoterapeutas, se desea motivar al cliente sin conocerlo, ni mostrar interés por su vida personal. Por esto, yo me he creado el hábito de aprovechar siempre los momentos informales en las asesorías e intervenciones grupales, porque se puede conocer a la gente y estrechar los vínculos. De esta manera, donde quiera que vaya, cultive las relaciones personales con quienes le rodean. Fundamental mente, tómese el tiempo necesario para interiorizar lo que están viviendo otros. Elija también, de entre su grupo de familias, algunas personas con las cuales pueda pasar gran cantidad de tiempo, conviviendo con ellos. Verá cuán motivados estarán cuando quiera alentarlos a realizar una actividad determinada.

DEMUESTRE AMOR INCONDICIONAL. He dedicado doce años a profundizar diversas estrategias de asesoría psicoterapéutica individual y familiar. Creo que ningún factor influyó tanto en el nivel de su motivación hacia los clientes como la cercanía hacia ellos y la aprobación positiva, bajo los parámetros de la gratuidad del amor incondicional que se les demostró hacia ellos. Por más graves que fueran sus errores, siempre se les siguió asesorando terapéuticamente, bajo los parámetros de la gratuidad del amor y la aprobación incondicional, a pesar de lo que eran. Es digno de notarse que con la intervención de asesoría psicoterapéutica nunca se reprendió o confronto drásticamente a los clientes por sus errores, solamente se les mostro el espejo de su realidad de conflicto, ampliando el panorama perceptual del mismo, bajo los parámetros de la gratuidad del amor, entregando aprobación y aceptación incondicional, los cuales producen lealtad, entrega y dedicación.

CREA EN LO QUE EL TERAPEUTA PUEDE HACER. Una de las lecciones más importantes que he aprendido a través de los años, es que asumir la responsabilidad de un proceso de asesoría psicoterapéutica a un cliente se realiza por lo que es, como ser humano en una situación de conflicto, sino, por lo que puede llegar a ser. Todos los clientes o consultantes tienen valor para descodificar paradigmas cerrados o bloqueados como resultado de la situación de conflicto, y al mismo tiempo la posibilidad de resígnificar la vida encontrando el sentido y significado a la vida misma, que como asesora y formadora psicoterapeutica, es mi responsabilidad comunicar esa verdad constantemente, que a menudo, se presenta la tendencia a escapar o evadir de los clientes que parecen medio "raros", buscando apegarme a aquellos que realmente parecen ser mucho "mejores". Pero, les diré, ha sido mi experiencia el ver que, cliente tras cliente, los que generalmente se ven como "raros, conflictivos y con problemáticas álgidas" son los que llegan a ser los más comprometidos con sus procesos de tratamiento y crecimiento personal; porque sencillamente, llegan a comprender y empoderarse de sus posibilidades y trabajan para lograr la activación energética de su vida, ampliando su panorama de conflicto y resignificando su vida, generando un cambio paulatino y estable.

Cuando estuve en la escuela de formación primaria cuando era niña tuve una profesora con la cual me llevaba muy mal. Ella siempre parecía estar corrigiéndome, castigándome por alguna cosa y, cuanto más lo hacía, más rebelde me tornaba. Después de un tiempo, había llegado a ser conocida entre los profesores como la "niña desobediente y conflictiva". Cuando pasé a sexto grado al colegio de bachillerato, la nueva directora de curso me llamó y me preguntó: "Tú eres Nelly, ¿verdad?". Yo estaba aterrada, sabía que mi profesora de quinto grado de primaria le había contado de los muchos problemas que habíamos tenido. *"Quiero decirte que aunque he oído mucho de ti, no creo nada de lo que me han dicho"*. Esta persona creía en mí, y mi confianza volvió a florecer. Mi sexto grado fue una hermosa experiencia. Y como creyente hice mía la siguiente oración, que espero que quienes la lean, también la puedan hacer suya: "Padre santo, como motivador por excelencia que eres, acércame a ti mediante tu amor. Te pido que me hagas una persona contagiada por tu amor y que me recuerdes siempre que tu especialidad es obrar lo imposible en la vida de los hombres. Que tomas personas sin esperanza, y que los conviertes en hombres y mujeres de valor para la vida y el servicio de tu amado Hijo Jesucristo. Ayúdame a vivir de tal manera que pueda motivar a otros a vivir con alegría y esperanzas frente a la vida para ser modelos y ejemplo de otros con vidas entregadas y comprometidas con la sociedad. Amén".

ENTREVISTA DE PLANIFICACION DEL TRABAJO PSICOTERAPEUTICO, TRABAJANDO JUNTOS UN PROCESO DE DECISIÓN EN COMÚN. Personalmente, he usado mucho las estrategias que facilitan tomar decisiones en común; el cual lo inclui para el desarrollo del proceso psicoterapéutico, el cual está compuesto por seis componentes básicos o pasos, que son los siguientes: *Objetivo:* Resumir en una frase, y claramente, la meta u objetivo principal. *Recursos:* Hacer una lista de los recursos humanos, financieros y materiales para realizar el objetivo. *Planificación:* Planificar es decidir, por adelantado, qué se debe hacer, por qué, dónde, cuándo, quién debe hacerlo y cómo. *Comunicación:* Comunicar la información a los otros profesionales y clientes usuario y familia, para que sean conscientes del objetivo, como también compartir los planes propuestos, he informar a cada cliente de sus responsabilidades específicas. Hacer descripciones, preferiblemente por escrito, de las tareas a realizar, para que todos los implicados conozcan claramente sus deberes y derechos. *Acción:* Poner el plan en movimiento trabajando en las tareas asignadas. Esto sólo debe hacerse cuando ya todo el equipo ha seguido los pasos anteriores. Adicionalmente es necesario que el psicoterapeuta supervise los progresos y atienda los problemas que se puedan estar presentando en el cumplimiento de las tareas asignadas en el desarrollo del proceso psicoterapéutico. *Evaluación:* El equipo de profesionales realiza estudio de caso y pasa revista a toda la programación del proceso psicoterapéutico y el desarrollo de las actividades; tales como: ¿Qué cosas funcionaron? ¿Cuáles no y por qué? Si fuera a repetirse una programación similar, ¿qué se repetiría y qué se omitiría? ¿Se han descubierto nuevas oportunidades y estrategias para fortalecer los procesos psicoterapéuticos entre los que han participado durante la programación de este proceso desarrollando las diversas actividades?; este proceso es de gran valor en la toma de decisiones por parte de un equipo de profesionales.

Ya que su efectividad descansa en la disposición de todos los integrantes a someterse a una disciplina. En demasiadas ocasiones un grupo de profesionales tiene sólo una vaga idea de lo que debe hacerse. Hacen planes apresurados, pasan a la acción y, antes de que sepan lo que ha pasado, ya se ha roto la comunicación; ya que participan en las actividades y no tienen claras sus responsabilidades, ni saben ante quién tiene que rendir cuentas o informes, por otro lado al realizar acciones por separado, tampoco tienen claridad cómo encaja su tarea en todo el proceso de intervención. Hay duplicaciones en algunas áreas, mientras que otras tareas apenas reciben atención. Los ánimos comienzan a calentarse y existe frustración. Los profesionales del equipo interdisciplinario empiezan a echarse las culpas unos a otros y una nube negra cubre todo el proceso de intervención.

Ahora bien, para que funcione este proceso, los profesionales deben practicarlo constantemente. Deben seguir, meticulosamente, los pasos mencionados anteriormente. En ocasiones, cuando dirijo asesorías en terapias multifamiliares, divido a los participantes en pequeños equipos de trabajo de seis o siete integrantes, los cuales deben familiarizarse por sí mismos con los pasos del proceso de decisión. Después les muestro ocho o nueve objetos y les pido que reúnan diez unidades de cada uno en el menor tiempo posible. Cada unidad debe ser etiquetada cuidadosamente. Si estas prácticas se hacen al aire libre, utilizo diferentes tipos de hojas y piedras. El equipo que sigue fielmente los pasos es, normalmente, el ganador. Después dejo que durante veinte minutos los diferentes equipos analicen su actuación y valoren su éxito o fracaso.

En el siguiente ejercicio, pido a los mismos equipos que reúnan el doble de unidades de los mismos objetos en la mitad de tiempo. Lo asombroso es que ahora la mayoría de los equipos logran alcanzar este nuevo objetivo. Han aprendido con la experiencia la importancia de la organización y la observación activa o despierta. También han aprendido la importancia de establecer objetivos claros, planificar cuidadosamente, hacer el mejor uso posible de sus recursos humanos y materiales, realizar buenas descripciones de las tareas a realizar y revisar sus esfuerzos[39].

---

[39]   Alexander, John, Managing Our Work, Administrando Nuestro Trabajo, 1975, pags 65, 66.

De esta manera, teniendo en cuenta este proceso de planificación de una sesión psicoterapéutica, se profundiza sobre la importancia de que hace cambiar a las personas, concluyendo que la motivación, o deseo de cambio, fluctúa de un momento a otro y de una situación a otra, y puede verse influida por muchos factores. Los principios más importantes del cambio son los siguientes: **La motivación intrínseca:** La capacidad de cambio está en el interior de cada persona y es poco susceptible de ser incrementada desde fuera por "transfusiones de voluntad". La voluntad no es otra cosa que la motivación para el cambio y los profesionales de la salud tenemos la responsabilidad de ser facilitadores de ese cambio, permitiendo al sujeto o cliente "el darse cuenta" de sus posibilidades, que las tiene y no las ha utilizado. **La elección y el control propio:** La persona está más motivada para hacer cambios cuando se basan más en sus propias decisiones que si una figura de autoridad le dice lo que tiene que hacer. **El autoconvencimiento auditivo:** Se tiende a creer con más fuerza aquello que una persona se oye decir en voz alta a sí misma. Por esto es importante que el cliente o consultante saque sus propios argumentos y si los profesionales de la salud se los repetimos, ayudamos a que los oiga dos o tres veces "Dices que quieres dejar de fumar porque te va mal para la respiración". **La autoconfianza o percepción de autoeficacia:** Si una persona cree que puede cambiar será más fácil que lo consiga. Esto tiene gran influencia en la capacidad para iniciar una nueva conducta y mantenerla como hábito. El manejo asertivo de **La ambivalencia:** ¿quiero o no quiero cambiar? Con frecuencia es el mayor obstáculo para el cambio. Está presente en casi todos nuestros actos y aún más en las conductas adictivas. Centrado en la búsqueda de **El traje a la medida:** donde cada persona necesita diferente ayuda dependiendo de la fase en que se encuentre en el proceso de activación energética para el cambio.

Fortaleciendo la relación interpersonal: La motivación y la resistencia del cliente al cambio puede estar poderosamente influenciada por el tipo de relación interpersonal que desarrolle el profesional de la salud. A pocas personas les gusta que les digan lo que deben hacer y las indicaciones, instrucciones u órdenes del profesional de la salud puede provocar oposición al cambio "Tienes que dejar de beber". Es importante aprender cómo actuar para aumentar la conciencia del cliente sin provocar su reactancia psicológica o rechazo a perder la libertad de decisión o actuación. Afortunadamente muchas personas consiguen hacer cambios profundos en sus vidas sin ninguna ayuda profesional. Donde **todos ellos comparten una serie de argumentos:** No llegan a promover un cambio por casualidad, sino, que van acumulando buenas razones para iniciar una conducta más sana, y progresivamente aumentan su compromiso y determinación, cosa que les permitirá resistir el sufrimiento que tendrán cuando lo intenten. Una buena información puede producir cambios en la conducta de ciertas personas, pero en otras muchas no. Para concluir; "Motivar, o ayudar a cambiar, es conseguir que el cliente descubra el sabio interno que tiene y cuáles son sus elementos o razones motivadores frente a la vida".

QUÉ ES LA MOVILIZACION ENERGETICA PARA EL CAMBIO.

La movilización energetica para el cambio (MEC) son un tipo de estrategias de toma de conciencia de posibilidades, que se exploran en la entrevista clínica centrada en el cliente que, fundamentalmente, le ayuda a explorar y resolver ambivalencias acerca de una conducta o hábito insano para promover cambios hacia estilos de vida más saludables, la cual se rige bajo los siguientes parámetros: **Facilitar al sujeto o cliente que se posicione hacia el deseo de cambio,** tratando de ayudarle a reconocer y ocuparse de sus problemas presentes y futuros y potenciando su percepción de eficacia. No pretende cambiar el estilo de trabajo de cada profesional sino aportar herramientas que permitan afrontar situaciones que no han podido ser resueltas por las estrategias habituales empleadas en promover cambios de conducta en los sujetos, usuarios de un servicio o clientes.Mediante **La Entrevista de exploración de motivos para pensar en el cambio, la cual permite al profesional de la salud provocar un aumento en el manejo de motivaciones internas y externas del cliente,** teniendo en cuenta cuál es su nivel de motivación intrapsíquica y respetando siempre sus últimas decisiones sin juzgarlo o penalizarlo por ello. Es más eficaz decirle al sujeto o cliente "entiendo que le resulta difícil controlar el consumo, la comida, el juego, etc..." que decirle "si no controla el consumo, la comida, el juego... no entiendo para qué acude a la consulta a solicitar ayuda, etc...", ya que el hecho de acudir significa que no es indiferente a su situación actual y algún tipo de ayuda podremos prestar.

PRINCIPIOS GENERALES DE LA MOVILIZACION ENERGETICA PARA EL CAMBIO "El terapeuta centrado en el sujeto, cliente o paciente necesita ofrecer tres características decisivas para facilitar la movilización energética para el cambio, las cuales son empatía, calidez emocional y autenticidad", características propuestas por Carl Rogers, en su libro "proceso de convertirse en persona"; elementos teóricos importantes para movilizar energéticamente al sujeto para orientarse hacia el cambio de comportamientos, conductas o actitudes, principios teóricos, que facilitan mejorar las habilidades de comunicación de los profesionales de atención en salud, estos principios básicos son: **Expresar empatía:** Significa aceptar y respetar al sujeto o cliente, pero no, necesariamente aprobarlo. Implica un cierto grado de solidaridad emocional, intentando comprender sus pensamientos y emociones preguntándonos ¿cómo me sentiría yo en sus circunstancias?, ¿coincide la emoción que yo tendría con la que él me expresa?, ¿cómo le transmito que le comprendo? La respuesta empática es una habilidad bien definida que se adquiere con entrenamiento y permite comprender y aceptar lo que el otro expresa. Permite expresar, sinceramente, la solidaridad con gestos, tocar ligeramente al cliente y con palabras, "entiendo que se sienta mal por lo que ha ocurrido". La empatía es la espina dorsal del proceso de movilización energética para el cambio, porque ante el dolor que manifiesta el sujeto o cliente frente a su situación y su deseo de cambio, y las frustraciones que este conlleva, sentir que tiene un apoyo emocional resulta muy útil y motivador. **Desarrollar habilidades de autodiagnóstico y de discrepancia:** Lograr que el cliente reconozca dónde se encuentra y dónde querría estar respecto al hábito o conducta a modificar. Interesa aumentar su nivel de conflicto, especialmente entre la conducta actual y los valores importantes de su vida. Trabajar la emoción que genera la incomodidad de la duda y/o conflicto es el mayor motor para el cambio. Para aumentar las habilidades de autodiagnóstico y por ende de eficacia en los pequeños logros que va obteniendo es importante facilitarle que tome conciencia de la situación y que el sujeto o cliente verbalice los logros que va obteniendo, empoderándolo de la situación positiva y al mismo tiempo que vaya teniendo en cuenta sus discrepancias. **Evitar argumentar y discutir con el sujeto o cliente sobre la conveniencia o utilidad de un cambio porque esto le puede crear resistencias:** Los argumentos directos y los intentos de convencerle tienden a producir oposición ante las indicaciones, sugerencias u órdenes para el cambio. Esta oposición se llama reactancia psicológica, cuanto más se empeña el profesional de la salud más se cierra el sujeto o paciente, y surge con frecuencia cuando la persona tiene la percepción de que su capacidad de elección está limitada y, en general, cuando la sensación de libertad se coarta, se asume una actitud de inconformismo y de rebeldia. Antes de informar es conveniente preguntar al sujeto o paciente si tiene o quiere información al respecto con frases como ¿quiere que le explique algo sobre…? También es importante no precipitarse con un cúmulo de información siendo más útil informar poco a poco e ir preguntando ¿qué le parece esto que le he dicho?, centrándonos en los conflictos del sujeto o cliente. **Trabajar las resistencias del sujeto o paciente evitando las actitudes del profesional de la salud que pueden facilitarlas:** Tratar de imponer un cambio por "su bien", plantear implícita o explícitamente que la relación asistencial conlleva la obligatoriedad de un cambio, discutir o cuestionar al cliente ante el no cambio, etc. En ocasiones genera muchas mas resistencias, de ahí la importancia de que el sujeto sea el que vaya proponiendo los pasos a seguir, en aras de disminuir las resistencias y facilitar el empoderamiento del sujeto. **Apoyar y fomentar el sentido de autoeficacia:** Creer en la posibilidad de cambiar es un factor de movilización energética importante, ya que es permitirle crear motivos por los cuales va a luchar y con los cuales se va a comprometer, ya que tiene una gran influencia en la capacidad de iniciar una nueva conducta y en mantenerla. Los resultados previos satisfactorios refuerzan la creencia del sujeto o paciente en su capacidad para conseguirlo y nuestra ayuda aquí puede estar en analizar con él esos resultados potenciando su positividad, "Es difícil dejar el alcohol del todo y usted lo consiguio". No podemos olvidar que el sujeto o paciente es responsable de escoger y realizar el cambio y nosotros le prestamos ayuda si lo desea.

TÉCNICAS MÁS UTILIZADAS EN EL PROCESO DE MOVILIZACION ENERGETICA PARA EL CAMBIO.

TÉCNICAS DE APOYO NARRATIVO: Carl Rogers, cuya teoría sobre las condiciones básicas del terapeuta para la facilitación del cambio en el cliente es la más claramente articulada y puesta a prueba, el cual afirmaba que una relación interpersonal centrada en el cliente proporciona la atmósfera ideal para el cambio, al permitirle un análisis de sí mismo en un ambiente seguro. La amplia investigación realizada de este tipo de comunicación está permitiendo demostrar un impacto importante en los resultados clínicos y en la satisfacción de los usuarios. *Existen cinco técnicas que ayudan a que el sujeto o paciente pueda sentirse aceptado y entendido,* y que vaya avanzando en verse a sí mismo, y a la situación en que se encuentra, de una forma clara como primer paso para la movilización energética para el cambio: **Preguntas abiertas:** Son aquellas que no pueden contestarse solamente con una o dos palabras a diferencia de las preguntas cerradas, por ej. ¿Qué le preocupa al ver estos análisis? o ¿cómo afecta el tabaco a su vida? Este tipo de preguntas permiten y animan al cliente a explicarse aumentando así su percepción del problema. Una persona cuando habla elabora información y emociones asociadas a lo que va diciendo. Una buena manera de comenzar un proceso de movilización energética para el cambio es con una pregunta abierta, como por ejemplo ¿… qué aspectos de su salud le preocupan más? **Escucha reflexiva:** Es una de las habilidades fundamentales que todo psicoteraputa puede desarrollar; se trata de averiguar lo que intenta decir el sujeto o cliente y devolvérselo por medio de afirmaciones, que son frases sin interrogación final. *Estas afirmaciones pueden ser de cinco tipos: Repetición de alguna palabra dicha* por el sujeto o paciente y que nos parece importante. *Refraseo:* Es como lo anterior pero cambiando alguna palabra por sinónimos o alterando ligeramente lo dicho para clarificarlo. *Parafraseo:* Aquí se refleja lo dicho con nuevas palabras porque el profesional intuye el significado de lo hablado por el sujeto o cliente. *Señalamiento emocional:* Es la forma más profunda de reflexión y consiste en decir frases que muestran sentimientos o emociones: "Le veo un poco triste", "parece que esto que hablamos le emociona". *Silencios:* Utilizados de forma adecuada tienen un potente efecto reflexivo en el paciente porque de forma no verbal le estamos indicando que le entendemos y aceptamos. Permiten, también, un tiempo imprescindible de autoobservación acerca de lo que acaba de decir y sentir. *Con la escucha reflexiva se trata de intentar comprender y deducir lo que el cliente quiere decir con exactitud.*

Fundamental la Reestructuración positiva: Significa afirmar y apoyar al sujeto o cliente, destacar sus aspectos positivos y apoyar lo dicho por él mediante comentarios y frases de comprensión. Sirve para recuperar y fortalecer su autoestima y el sentido de autoconfianza, "Debe ser difícil para usted mantenerte sin cocaína", "Parece una persona muy optimista".

A medida que el sujeto o paciente se siente escuchado y aceptado por el terapeuta, él se vuelve capaz de escucharse y aceptarse, aumenta la comprensión y el control sobre sí mismo y su sensación de poder. Donde se busque permanentemente **Resumir** intentando destacar de lo dicho por el cliente lo que nos parece más crucial, a manera de espejo para que tome consciencia de su situación y los logros que hasta el momento va obteniendo.

Igualmente importante utilizar las AFIRMACIONES DE AUTOMOVILIZACION Y AUTOMOTIVACIÓN. Esta estrategia es muy importante, por lo tanto, favorecerlas y provocarlas mediante preguntas evocadoras que pueden ser sobre diferentes aspectos tales como: **Reconocimiento del problema:** ¿De qué manera esto ha sido importante para usted?, **Expresión de preocupación:** ¿Cómo se siente con su forma de actuar, comportarse o beber?, **Intención de cambio:** ¿Cuáles son las razones que usted percibe, ve o comprende para cambiar?, **Optimismo por el cambio:** ¿Qué le hace pensar que podría cambiar si lo deseara? Una forma general de pregunta es: ¿Qué más…?

Facilitando que el sujeto o cliente continúe realizando afirmaciones automovilizadoras y automotivadoras, analizando a la par la ambivalencia que se pueda estar presentando en ese preciso instante, de lo cual dependerá, en gran parte, de la manera de responder y afirmar con entusiasmo dejando salir el sabio que se lleva adentro del si mismo, siendo importante hacerlo de forma que se comunique aceptación, se refuerce la autoexpresión y se estimule un análisis continuo y permanente. *El trabajo del profesional, en este tipo de intervenciones, es facilitar la expresión de emociones, cogniciones, percepciones y preocupaciones por el propio sujeto o cliente, sobre los argumentos para movilizarse y motivarse hacia el cambio,* como también la forma de resolver su ambivalencia y que avance hacia una decisión de cambio. Idealmente se trata de conseguir que el sujeto o cliente escuche a su sabio interno y que se convenza de la necesidad de cambio y movilización con sus propios recursos.

TÉCNICAS PARA INCREMENTAR EL NIVEL DE CONCIENCIA RESPECTO AL CAMBIO: Para que el diálogo sea fluido y eficaz avanzando hacia la determinación del cambio las siguientes técnicas sirven de ayuda:

Reforzar de forma verbal y no verbal las afirmaciones de automovilizacion y automotivación del sujeto o cliente. Asesorar y facilitar la toma de decisiones balanceada, que significa indicar los aspectos positivos y negativos de ambas conductas, antigua y nueva a adquirir, que el sujeto o cliente haya explicitado: "Dice que beber alcohol tiene cosas buenas como… y otras malas como…y también dice que no beber tiene como positivo…y como negativo…". Provocar la elaboración de cada situación que se le presente, pidiendo ejemplos concretos y específicos, clarificando el cómo, cuándo, etc.

Utilizar los extremos imaginando la peor de las consecuencias posibles.

Mirar hacia atrás y/o hacia delante. Visualizar con el sujeto o cliente cómo era antes de adquirir el hábito y/o cómo se encontrará después de abandonarlo. Explorar valores, realmente importantes para la vida del sujeto o cliente, ¿qué es lo más importante en su vida? Utilizar la paradoja, hacer de abogado del diablo. Esta técnica puede ser desbloqueadora de situaciones aparentemente irresolubles pero es bastante arriesgada. Requiere adiestramiento y no puede utilizarse con cualquier persona, ya que precisa un cierto nivel de autoestima. Al ponerse el profesional del lado de los argumentos del cliente, éste puede observar "desde fuera" lo absurdo de su situación; los tipos de intervenciones paradójicas son: "No creo que valga la pena que lo intente" o "Por lo que dice, probablemente en este momento lo más acertado es que siga bebiendo lo mismo".

Importante evaluar las TRAMPAS A EVITAR: El conocimiento de las estrategias generales útiles para afrontar en el proceso de activación energética para el cambio, implica comprender qué es lo que no se debe hacer. Por lo tanto hay varias trampas que interfieren rápidamente en el progreso del sujeto o cliente hacia el deseo y consecusion del cambio. *Son actitudes y comportamientos o maneras que aparecen en las diferentes sesiones de trabajo individual o grupal con este tipo de personas, lo importante en que como terapeutas NO caigamos en el juego de las diferentes estrategias de justificación o manipulación que se pueden estar presentando, estas son:* **Pregunta-Respuesta:** Significa formular preguntas que el sujeto responde con frases cortas y simples. Implican una interacción entre un experto activo y un sujeto pasivo y no facilita la reflexión y elaboración por parte del sujeto o cliente. Se evita con preguntas abiertas y escucha reflexiva. Como norma general conviene evitar el formular tres preguntas abiertas seguidas. **Confrontación-Negación:** Es lo más frecuente y la trampa que más interesa evitar. Cuanto más se enfrente o confronte al sujeto con su situación, él se volverá más resistente y reacio al cambio con respuestas del tipo "No creo que sea tan serio el problema porque olvide cosas cuando bebo". **Trampa del experto:** Ofrecer, con la mejor intención, respuestas y soluciones al sujeto, por lo general lo llevan a éste, a asumir un rol pasivo totalmente contrario al modelo de intervencion ecoclinico el cual es participativo, proactivo y autogestionario. **Etiquetaje:** Clasificar a un sujeto por un hábito con etiquetas, que a menudo, acarrean un cierto tipo de estigmatización social, por lo general se incrementan las resistencias innecesariamente; por ejemplo: "Eres alcohólico", lo llevan a convencerse que lo es y a mantenerse en dicha situación o conducta, por la experiencia practica he llegado a la conclusión que cuando se evita este tipo de etiquetas los sujetos tienen mayor nivel de libertad. **Focalización prematura:** por lo que al profesional de la salud le parece más importante mientras el cliente desea hablar sobre otros temas que le preocupan y que son más amplios, aquí es mas relevante evitar implicarse en una lucha sobre qué tema es más apropiado para iniciar el proceso de intervencion y el empezar con las preocupaciones del sujeto o cliente facilita la tarea. Si intentamos centrar rápidamente el tema, por ejemplo en una adicción del cliente, éste se distanciará y se pondrá a la defensiva. **Culpabilización:** Desaprovechar tiempo y energía en analizar de quién es la culpa del problema, coloca al sujeto a la defensiva. La culpa o responsabilidad es irrelevante y conviene afrontarla con reflexión y reformulación de las preocupaciones del sujeto o cliente.

ACTUACIONES ADAPTADAS A LA ACTIVACION ENERGETICA PARA EL CAMBIO: El lema general es no adelantar nunca al sujeto o cliente, ni forzarlo a que tome decisiones precipitadas, es fundamental adaptarse al proceso individualizado de cada sujeto. Para esto es fundamental vencer la ansiedad como psicoterapeuta respecto a tener que hacer algo enseguida y a obtener resultados evidentes rápidamente, por lo tanto, debemos trabajar la interiorizacion del manejo de la conducta adictiva sin precipitaciones desde una perspectiva específica según las fases del modelo ecoclinico y no sólo desde la consideración de un cambio hacia la fase de autotrascendencia.

De esta manera, el procedimiento terapéutico presenta cuatro niveles de profundizacion, contenido en sietes fases de movilización energética o crecimiento incluidas en cada fase del proceso a trabajar y profundizar con cada usuario a nivel personalizado; de tal manera que la primera fase de movilización energética llamada *"acogida o encuentro y compromiso existencial del ser, sentir, hacer y estar"*, reconocida como ACTIVAR EL CONTACTO, es el primer paso en el cual se motiva, sensibiliza y brinda un recibimiento digno a la persona y a su familia, como práctica concreta del restablecimiento y garantía de derechos, se ofrece además un conocimiento y adaptación preliminares al sujeto a la cotidianidad y normas institucionales, así como la orientación del proceso terapéutico pedagógico reeducativo, pasando a una segunda fase, llamada *"motivación; adaptación y concienciación o darse cuenta"*, reconocida como VIVIR EN CONTACTO, centrada en la aceptación del motivo de consulta o ingreso y búsqueda de alternativas para un adecuado manejo del mismo; posteriormente se pasa a una *etapa transitoria de encausamiento para la permanencia que se refiere a la "convivencia, aprendizaje, autodescubrimiento, aceptación y autoliberación", fase llamada como AUTODESCUBRIR, ACEPTAR Y AUTOLIBERAR, pasando de esta manera al tratamiento o permanencia propiamente dicho en el cual se asume y vivencia de las fases cuatro y cinco del proceso terapéutico como son la de "creación, reflexión y comunicación" o RECREAR LA REALIDAD, e "iniciativa y entrenamiento para la vida cotidiana", o* ENTRENAMIENTO CON INICIATIVA, logrando de esta manera pasar a la siguiente etapa de preparación para el egreso, en la cual se vivencia la fase sexta del proceso terapéutico expresada en la *"consolidación del proceso terapéutico formativo reeducativo y de desarrollo humano integral"*, o CONSOLIDACION DEL ENTRENAMIENTO, finalmente se termina con la etapa de egreso o sostenibilidad y seguimiento post-institucional materializada en el proceso terapéutico de la fase séptima de *"fortalecimiento, autoapoyo y autotrascendencia" o SOSTENERSE Y FORTALECERSE, donde se termina el proceso mediante la AUTOTRASCENDENCIA RESPONSABLE*, encaminada a prevenir reincidencias o recaídas.

FASES MODELO ECOCLINICO ACTIVACION ENERGETICO PARA EL CAMBIO

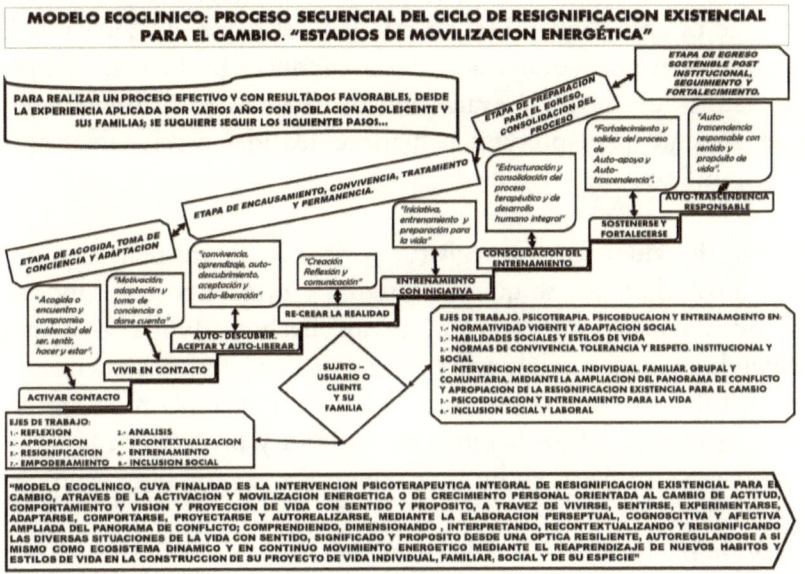

De esta manera, en el darse cuenta como fase inicial del proceso para la activación energética del cambio, la persona no considera la conducta motivo de preocupación, aunque la gente de su entorno cercano sufra las consecuencias. En esta fase podemos intentar, previa creación de un clima adecuado, incrementar el nivel de contradicción para que afloren motivos de preocupación. Hay que evitar las resistencias, la información no solicitada y la petición de cambios prematuros, siendo importante aprovechar el momento y la oportunidad de intervenir, para que de esta manera el cliente, paulatinamente considere la conducta problema y la posibilidad del cambio, pero, hay que tener en cuenta que se puede presentar la ambivalencia la cual puede cronificar la permanencia de la no aceptación del problema y por ende el rechazo al tratamiento, lo que puede hacerlo muy frustrante para el psicoterapeuta; por lo tanto la actuación profesional se centrará en desarrollar estrategias adecuadas para moverlo hacia la determinación de aceptar la conducta problema, sin olvidar que la toma de decisiones, la hace el propio individuo y no tanto por la información recibida. Las estrategias más adecuadas parecen las técnicas de apoyo narrativo y tienen como finalidad aumentar la disonancia cognitiva o discordancia entre conocimientos y conducta del cliente, dentro de un clima empático, ya que la persona se encuentra más receptiva a conectar con las implicaciones personales que comporta el deseo de cambio. Son útiles, en esta fase, el diario de Vida y la hoja de balance decisional, evaluación de la conducta problema, evaluación de los factores de riesgo, y evaluación de recursos para fortalecerlos en el entrenamiento para prevenir o manejar recaidas o reincidencias. Los recursos a utilizar son:

El diario de vida: Es un registro escrito de la frecuencia con que suceden los hechos que se quieren estudiar y otros aspectos importantes relacionados con la presentación de los hechos. Ayuda al cliente a aumentar la autopercepción sobre la conducta y sus consecuencias y al profesional de la salud a realizar observaciones que le permitan proponer cambios específicos en los hábitos. Es más útil y preciso que la recogida de información sea diaria en lugar de semanal.

Formato de balance decisional: Es un registro escrito de las razones para continuar igual y las razones para desear el cambio. Sirve para clarificar las dificultades y los beneficios de la conducta y de cualquier cambio. En su forma más sencilla es una hoja de dos columnas y resulta útil dividirla en apartados sobre diferentes aspectos bio-psico-sociales.

Evaluacion de la conducta problema: Una vez el cliente acepta la conducta problema, toma conciencia de aceptar el tratamiento, se da inicio al tratamiento propiamente dicho, teniendo en cuenta que aunque se haya decidido iniciar el cambio, la ambivalencia puede persistir ya que no suele estar totalmente resuelta, debido a los efectos adversos de iniciar el tratamiento ocasionados por el síndrome de abstinencia de la conducta problemática, aquí tenemos que evitar las prisas, y solicitar la ayuda de otros profesionales del equipo para intervenir los efectos adversos de la decisión de asumir el tratamiento, aunque resulte tentador insistir en esta fase de apoyo psicoterapeutico.

Aquí conviene evaluar la intensidad y el nivel de compromiso para asumir el tratamiento propiamente dicho, lo que conlleva a una valoración realista, por parte del cliente, de las dificultades presentes, y el compromiso de parte del cliente en asumir las ayudas terapéuticas adicionales que se le ofrece para manejar los factores adversos que se puedan estar presentando por el síndrome de abstinencia, o disonancias o interrupciones adicionales que el cliente no haya verbalizado, donde el psicoterapeuta puede colaborar con él en la elaboración de un plan de acción aceptable, con objetivos concretos, útiles, alcanzables y medibles a corto plazo, con relación a ¿Suprimir la ingesta de alcohol o disminuirla?). El hecho de que el cliente verbalice su compromiso de cambio aumenta las posibilidades de éxito.

De esta manera se daría continuidad al proceso psicoterapéutico el cual repercute en el cambio de la conducta problema, fortaleciendo la motivación realizando un proceso psicoeducativo comparativo de mantenerse en la conducta problema y las perdidas que ello le puede ocasionar a nivel personal, familiar y social y las ganancias que puede lograr si continua en el tratamiento para minimizar los riesgos y por ende abandonar la conducta problema, aunque el cliente suele referir que siente que ahora está tomando el control de su vida, éste es un momento muy estresante y duro de sobrellevar por lo que suele ser necesaria una ayuda práctica y emocional, ajustada a su situación personal; por lo tanto como psicoterapeutas debemos incrementar el sentido de autoeficacia del cliente y podemos ofrecerle información sobre otros modelos que hayan tenido éxito. Tanto en esta fase como en la siguiente hay que estar muy atentos para proporcionar apoyo, si fuera necesario, y minimizar la frecuencia de las recaídas o reincidencias.

Evaluación de factores de riesgo: Una vez se haya aceptado continuar en el proceso psicoterapéutico, y solventar las dificultades del mismo por la presencia de los efectos adversos por el síndrome de abstinencia, se presenta un primer periodo de cambio, en que está elevado el sentimiento de confianza en la propia capacidad para controlar la nueva conducta, aparece una crisis de distinta intensidad en cada persona. En esta crisis interviene, entre otros factores, la añoranza por el placer asociado a la conducta que está abandonando. Para prevenir las recaídas, que es un fenómeno muy frecuente, como parte del proceso, podemos evaluar con el cliente las situaciones de alto riesgo y desarrollar conjuntamente estrategias psicoeducativas para prevenir los riesgos mediante la implementación y entrenamiento de habilidades de afrontamiento y asertividad para consolidar la nueva conducta: "¿Qué hará cuando le ofrezcan su grupo de pares o amigos licor, tabaco, o la sustancia de su preferencia?"

Evaluación de recursos para fortalecerlos en el entrenamiento para prevenir o manejar recaidas o reincidencias: En caso de presentarse recaídas han de entenderse como algo frecuente y normal en el proceso del cambio e incluso necesario en un contexto de aprendizaje y entrenamiento, como es el cambio de hábitos arraigados por mucho tiempo. Frente a la recaida o reincidencia conviene distinguir entre una caída ocasional, "un simple resbalón", y una recaída mantenida con justificaciones; de esta manera, después de una recaida, la actitud como psicoterapeutas debe ser cálida, exenta de llamados de atención o critica punitiva, con un mensaje claro de que un desliz aislado no tiene que implicar una recaída la cual puede ser efectiva para reforzar el sentido de autoestima del cliente para que no abandone la nueva conducta iniciada. Conviene evaluar los intentos previos de cambio y los sentimientos asociados a la aparición de la conducta tales como culpa, enojo, placer, alivio de estrés, etc. Asi, como la falta de habilidades para afrontar la nueva conducta o la presencia de situaciones estresantes del entorno; mientras que si se presenta una recaida mantenida con justificaciones, hay que iniciar el proceso desde la primera fase.

INTERVENCION BREVE ENCAMINADA A LA MOVILIZACION ENERGETICA PARA EL CAMBIO: Las técnicas de intervencion breve para generar expectativas motivacionales para incluirse en el proceso de tratamiento son fundamentales y esta estrategia d eintervencion breve ayuda a evitar la confrontación con el sujeto, situación frecuente cuando nos centramos en informar y el sujeto no está seguro de si desea o no el cambio; de igual manera se busca facilitar que el sujeto verbalice motivos de preocupación por su conducta y con ello contribuir a la ampliación del panorama perceptual del sujeto como mecanismo de motivación para desear incluirse en el proceso psicoterapeutico. Este tipo de intervencion puede aplicarse en una entrevista corta, entre 30 segundos y 15 minutos. Estas breves intervenciones resultan eficaces y, además, incrementan nuestra satisfacción como profesionales. Tiene cuatro momentos diferenciados:

Inicio de la entrevista: introducir un tema/problema mediante una pregunta abierta y previa solicitud de permiso, tal como ¿Quiere que hablemos de...?.

Exploración de motivos de preocupación: comporta que el sujeto empiece a elaborar sobre sí mismo y le ayudamos con técnicas de apoyo narrativo, tal como ¿Qué dificultades cree que tiene para hacer el ejercicio?.

Elección de opciones para el cambio mediante preguntas abiertas y escucha reflexiva, por ejemplo, Dice que cuando empieza a evadir las situaciones de consumo se pone triste y apagado.

Finalizar realizando un resumen de lo expresado por el sujeto y preguntándole si es correcto, como por ejemplo,¿Le he comprendido bien?. *"Somos aquello que hacemos repetidamente. La excelencia, pues, no es un acto sino un hábito". Aristóteles.*

Por lo tanto la intervencion breve, esta enfocada en estimular la motivación y favorecer el posicionamiento de habitos sanos, enfatizando los puntos de vista del sujeto y su libertad de escoger; asumiendo el compromiso terapéutico mediante el cual el sujeto y la familia asumen unas conductas de seguimiento acompañada de acciones concretas hacia un estilo de vida saludable, expresado mediante un proceso de toma de conciencia y deseo de cambio por el cual una persona decide iniciar el proceso de asumir un cambio de conducta respecto al consumo de drogas o manejo de su conducta adictiva el cual es muy complejo, contemplando elementos cognitivos, emocionales y eventos vitales, entre muchos otros. Desde el modelo ecoclinico, para motivar al usuario a generar un cambio de conducta, se da inicio con una herramienta clave, como son los resultados de laboratorio (transaminasas, GGT, volumen corpuscular medio, colesterol HDL, etcétera) y los hallazgos del examen físico (un hígado palpable y sensible, signos de neuropatía periférica por alcohol, etcétera), como también el compromiso en su vida familiar, social y laboral.

Por lo tanto, la intervencion breve, se fundamenta desde la posición existencial del sujeto, confirmando que es indispensable hacer Preguntas abiertas, Ser positivo, estimular, facilitar la escucha reflexiva, favorecer el discurso de cambio y resumir; orientado siempre a que el sujeto o CLIENTE asuma la responsabiliddad del cambio, aliente al sujeto o cliente a pensar en los beneficios y los costos del uso de sustancias. Favorezca el conocimiento del sujeto, ofrezca al sujeto ayuda, información y asistencia en su proceso de cortar con su consumo, realizando en las siguientes sesiones preguntas referentes a preguntar por el consumo, revisar metas y progresos, reforzar y motivar avances y revisar técnicas para progresar; de esta manera se inicia y se fortalece el proceso de movilización energética,mediante el enganche positivo y de apoyo, donde se asumen los compromisos terapéuticos para el proceso de rehabilitación.

El modelo ecoclinico expresado en la figura proyectiva de adentro hacia afuera, situado circularmente implica que se parte del individuo como sistema concéntrico circular para el logro de ocho fases en el proceso psicoterapéutico de activación energética para el cambio, las cuales se sitúan circularmente y no funcionan como etapas en un solo sentido, reflejando la realidad del ser humano, que en cualquier momento durante el proceso de activación energética para el cambio, la persona gira varias veces alrededor del proceso antes de alcanzar un cambio estable.

En la práctica clínica se observan altibajos en la posición que va ocupando el cliente en el continuo del sistema concéntrico circular respecto a los hábitos de salud insanos. Cada fase del proceso de activación energética para el cambio registra una actitud mental diferente e implica un tipo de motivación también distinto; En la Fase del darse cuenta, el cliente o la persona sujeto de intervención no ve, o no quiere ver, ningún problema en su conducta, como lo demuestran frases del tipo "de algo hay que morir", "yo soy fuerte y a mí el alcohol no me hace daño" y "mi abuelo murió con 95 años y fumaba", "cuando quiera lo dejo", premisas que muestran la dificultad en la activación del contacto del cliente con la conducta problema, debido a que se presenta el mecanismo de autoengaño para no asumir el proceso por el temor a abandonar la conducta problema por las ganancias secundarias de permitir que otras personas sigan asumiendo las decisiones de tomar las riendas de su vida, por el temor de ser responsable consigo mismo y corresponsable con su entorno.

Pasando a la fase de vivir en contacto, la persona empieza a tener algunas dudas sobre su conducta. Empieza a sopesar los pros y contras, aunque no se ve todavía con ánimo de intentar un cambio, expresado en las siguientes afirmaciones, tales como: "Tendría que dejar el tabaco porque llevo muchos años fumando" o "Me gustaría hacer más ejercicio pero me aburre". Debido a presentarse cierto nivel de ambivalencia frente a asumir el tratamiento propiamente dicho, ya que aun el cliente no logra aceptar plenamente el motivo de consulta debido a la conducta problema y se encuentra buscando justificaciones por la baja motivación debido a los efectos adversos de la crisis de abstinencia y no se da el proceso del darse cuenta con conciencia plena de la necesidad de afrontar la conducta problema, aquí se debe tener en cuenta que como psicoterapeutas se debe asumir la responsabilidad de no caer en el juego de seguir decidiendo pr el cliente y que sea este el que verdaderamente asuma la responsabilidad de tomar las decisiones que afecten su vida positiva o negativamente su vida, se le puede facilitar el darse cuenta para la activación del contacto consigo mismo mediante el análisis de los factores de riesgo de continuar con la conducta problema y las ganancias que podría obtener al comprometerse con el tratamiento.

Posteriormente se pasa a la fase de encausamiento para la permanencia que se refiere a la "convivencia, aprendizaje, autodescubrimiento, aceptación y autoliberación", *llamada* autodescubrir, aceptar y autoliberar, *o de* determinación activa frente al cambio, aquí se requiere tener confianza en poder controlar la nueva conducta, el papel del psicoterapeuta se centra en brindar alternativas para que el cliente logre descubrir sus motivaciones intrínsecas o existenciales para fortalecer el compromiso de iniciar el tratamiento con el compromiso de tomar las riendas de su vida con responsabilidad, compromiso y proactividad en realizar las tareas especificas a la fase para empoderarse mediante la ejecución del proceso psicoeducativo para lograr autoliberarse de sus cadenas que le impiden el disfrute pleno y placentero de estrategias saludables que también generan placer, con la diferencia de que este placer es mas construtivo y perdurable en el tiempo, desarrollando la capacidad de recrear su propia realidad, generando cambios graduales y paulatinos en la consecusion de la meta,la cual es el abandono de la conducta problema como es la conducta adictiva, en este proceso durante esta fase la prioridad es resignificar las conductas y comportamientos disfuncionales o desadaptativos los cuales han generado estigmatización y minusvalía al cliente, por lo tanto en esta fase de activación energética para el cambio, se respalda y fortalece la decisión tomda por el cliente, realizando procesos psicoeducativos reflexivos y de comunicación asertiva como mecanismo de extinción de la conducta problematica.

Luego se da continuidad a la siguiente fase de iniciativa y entrenamiento para la vida cotidiana, o entrenamiento con iniciativa, donde el cliente o la persona sujeto de tratamiento, ha de concentrarse activamente en mantener el cambio y consolidarlo ya que las tentaciones, como por ejemplo, la atracción por la conducta antigua, siempre están presentes, adicionalmente aun pueden presentarse eventos adversos ocasionados por el sindrome de abstinencia, debido al abandono de la conducta adictiva, estas tentaciones forman parte activa del proceso, donde el psicoterapeuta debe estar atento a las claves emocionales o relacionales que el cliente pueda estar expresando consciente o inconsciente mente como mecanismo de información para que se le intervenga oportunamente y de esta manera evitar la recaida o reincidencia.

Posteriormente, el trabajo terapéutico con el cliente se centra en la consolidación del proceso psicoterapéutico formativo reeducativo y de desarrollo humano integral, o también llamado consolidacion del entrenamiento, donde la labor terapéutica se centra en entrenar al cliente en primera instancia en el medio controlado, para que luego lo pueda replicar en el medio no controlado, el proceso psicoterapéutico esta centrado en trabajo grupal vivencial o experiencial mediante técnicas puntuales de juego de roles, psicodrama, entre otros, como mecanismo de brindar y aplicar las estrategias psicoterapéuticas para el manejo adecuado y oportuno en el manejo de la enfermedad o del conflicto por el cual el cliente o su familia consulto.

Al desarrollar el entrenamiento en el proceso psicoeducativo el cliente se siente fortalecido, seguro de si mismo y al evaluar su proceso se siente satisfecho del camino recorrido y los avances logrados en la extinción de la conducta problemática, de tal manera que la responsabilidad psicoterapéutica en esta fase se centra en contemplar la posibilidad de recaida o reincidencia como aspecto puntual fundamental que forma parte del proceso de manejo de la enfermedad o conducta problemática, por lo tanto, es un deber profesional contemplar la posibilidad de que se vuelve a la conducta anterior y a fases anteriores.

La ayuda que el profesional puede ofrecer a sus clientes o usuarios consiste en facilitar avances hacia la siguiente fase, conociendo que tienen necesidades y características diferentes en cada uno de ellos de manera particular. Es fundamental, poder identificar en qué fase del proceso se encuentra el cliente, para poder ayudarle a ir transitando dentro del círculo hacia el cambio de hábitos y su mantenimiento en la vida cotidiana, para que el proceso psicoterapéutico sea sostenible en el tiempo y efectivamente el cliente pueda sostenerse y fortalecerse a si mismo frente a los riesgos que se puedan presentar en el contexto y de esta manera pueda finalizar el proceso viviendo la experiencia personal de autotrascenderse de manera responsable a si mismo en su entorno inmediato, como mecanismo de prevención de reincidencias o recaidas.

Este modelo de intervención psicoterapéutica resulta muy útil, no solo para el tratamiento en salud mental y específicamente en el manejo de las conductas adictivas, sino también en atención primaria en salud por varias razones entre ellas se encuentran:

Facilita un trabajo más realista y eficiente al poder realizar un diagnóstico motivacional y una utilización de estrategias adaptadas a cada fase; es decir, al grado de motivación para la activación energética hacia el cambio de un hábito que presenta una persona en un momento concreto, además plantea una ayuda continuada, con pequeños avances, alejada del todo o nada, que se utiliza habitualmente, de esta manera las intervenciones breves pertinentes, repetidas, paulatinas y mediante entrenamiento continuado a lo largo de un periodo, más o menos largo de tiempo, son eficaces y gratificantes, por que el entrenamiento facilita la repetición y esta a su vez instalacion de un habito, por lo tanto, la recaída no se considera un fracaso, del cliente, ni del profesional, sino una parte del proceso normal del cambio, donde cada recaída no es la misma y representa un avance hacia el éxito del cambio ya que los intentos fallidos sirven para mejorar las estrategias de aprendizaje y entrenamiento que acercan a la persona a la meta de consolidar un cambio permanente.

CAPITULO CUATRO

En el capitulo **CUATRO,** se presenta la psicoterapia aplicada según el modelo ecoclinico, como las estrategias de psicoterapia centradas en los conflictos y su interaccion en el entorno inmedito y próximo del cliente, partiendo del principio de movilización energética mediante la descodificación biológica del síntoma y la resignificación existencial para el cambio, apoyada en cuatro niveles de intervención,los cuales contienen ocho fases evolutivas dentro del recorrido procesual de la intervención psicoterapéutica, específicamente aplicada por varios años a población infantojuvenil y sus familias que presentan alteraciones comportamentales que han afectado su saud mental, entre ellas las conductas adictivas toxicas y no toxicas, a nivel individual, familiar, grupal y comunitario

LA PSICOTERAPIA APLICADA SEGÚN EL MODELO DE INTERVENCION ECOSISTEMICO CLINICO

El modelo de intervención ecosistémico clínico, como las estrategias de psicoterapia centradas en los conflictos y su interaccion en el entorno inmedito y próximo del cliente, es un camino nuevo por recorrer y, como tal, es también la refutación o confirmación de algunos antiguos supuestos psiquiátricos, psicoanalíticos, incluso humanistas y sistémicos psicológicos, aunque se espera no de todos, por cierto. Felizmente, como el lector podrá comprobar, la autora de este libro, ha tratado de tener el tino, de valorar y apoyarse en la historia de las diversas corrientes y reconocer la importancia de cada una de ellas en el abordaje de los diversos conflictos presentes en el ser humano, ya que una y otra vez se destaca la importancia de la orientación teorica de los terapeutas, para que los actuales métodos "activos" no se reduzcan a un acto escénico o verborragia insustancial.

Es asi, que el modelo de intervención ecoclinico parte del principio de movilización energética mediante la descodificación biológica del síntoma hacia la resignificación existencial para el cambio, apoyada en cuatro niveles de intervención,los cuales contienen siete fases evolutivas dentro del recorrido procesual de la intervención psicoterapéutica, específicamente aplicada por varios años a población infantojuvenil y sus familias que presentan alteraciones comportamentales que han afectado su salud mental, entre ellas las conductas adictivas toxicas y no toxicas, ahora bien, el proceso de rehabilitación se realiza a nivel individual, familiar, grupal y comunitario; partiendo desde la toma de conciencia, (darse cuenta, insight, awarnesis) hasta la autoliberación interior (autorrealización); lo que ha generado sostenibilidad en el cambio comportamental, emocional y social para una adaptación social con sentido y significado en su vida.

El modelo de intervención ecoclinico parte de la concepción de ser humano como "un ser integral ecosistémico, desde lo biológico, psicológico, social, y espiritual con una genética y herencia interrelacionada y sistemática con la experiencia en sí mismo y en relación con el entorno concebido como ser integral holístico bio-psico-socio-espiritual interrelacionado y cambiante; tomando como sustento lo biológico genético desde la estructura psíquica inconsciente, preconsciente y consciente, su desarrollo evolutivo, los procesos de adaptación e influencia del entorno con sus experiencias expresadas en conductas y comportamientos, dependiendo de la cultura e influencias de la misma; sus niveles de cognición, percepción, autopoiesis, autoreferencia y autorreflexión según sus características individuales, familiares, sociales, culturales y experienciales con la finalidad de vivirse, sentirse, experimentarse, adaptarse, comportarse, proyectarse y autorrealizarse; elaborando una decodificación de los ciclos neurobiológicos, la reinterpretación de paradigmas, la recontextualización del panorama de conflicto, y la resignificación y autorregulación existencial de sí mismo y de las interacciones con su entorno, como ecosistema dinámico y en continuo movimiento energético mediante el reaprendizaje de nuevos hábitos y estilos de vida en la construcción de su proyecto de vida individual, familiar, social y de su especie". NAFI.

PRECEPTOS BÁSICOS DEL MODELO ECOCLINICO

Los imperativos o preceptos básicos que subyacen en el modelo ecológico y la terapia sistemica. Aunque aparentemente sencillos, a partir de ellos se desarrolla todo un estilo de vida. Estos "mandatos" otorgan una visión integral de este estilo de vida que señala la terapia ecoclinica, toda una filosofía de vida. Basada en el aquí y ahora en atención plena, en la experiencia en el si mismo y en relación con el contexto, en responsabilidad y corresponsabilidad etica. En palabras de su creadora, "vivir en armonía plena en congruencia desde el ser, sentir, pensar, hacer y estar" estos cinco conceptos hacen del modelo ecoclinico un ecosistema integral, una filosofía de lo obvio. Ya que son consideradas cinco realidades obvias. Para comprender estos cinco puntos básicos se tienen en cuenta ocho fases centrales que facilitan el empoderamiento y la comprensión de estos a saber: **Activar el contacto,** o la activación energética del si mismo en el aquí y ahora con plena conciencia de lo que existe en este momento histórico real, es decir, ocupese de lo que existe en este momento, observe, sienta y acepte lo que esta ocurriendo ahí y ahora, sin preocuparse de lo que paso o pasará. **Vivir en contacto,** dese cuenta de lo que ocurre, acéptelo y adaptase, relacionese con este momento presente que esta ocurriendo. **Autodescubra, acepte y autoliberese** de imaginaciones o conceptualizaciones obtenidas en otras experiencias, experimente lo real, lo que realmente esta sucediendo en este momento histórico; para liberarse, lo que necesita es darse cuenta de su programación y de las premisas falsas en que apoya sus acciones. **Recreese** en lo que existe, sienta, observe, reflexione y comunique lo que realmente esta sucediendo, abandonando los pensamientos innecesarios, los razonamientos y juicios que usted mismo crea frente a la realidad. **Entrenese** en tomar la iniciativa de expresar lo que observa y siente, que es lo que realmente esta sucediendo, evitando racionalizar e interpretar la realidad con expresiones de manipulación, explicaciones, justificaciones o juzgamientos. **Consolide el entrenamiento**, liberándose de las ataduras obsoletas mediante la aceptación con conciencia plena de lo que observa y siente agradable o desagradable, placentero o displacentero, como una experiencia adicional de aprendizaje en el recorrido de la vida, "vivir duele, y comprender este dolor como experiencia para autotrascenderse es una ganancia para vivir en armonía consigo mismo y con los demás"**NAFI.** Dese cuenta de la emociones placenteras o displacenteras que experimenta, dese cuenta de las exigencias que se hace a usted mismo, sea capaz de soltar dichas exigencias, dese cuenta de todo esto, tome conciencia que el conflicto viene de las insatisfacciones e intolerancias que tiene usted con usted mismo, Si usted no se acepta a si mismo, ¿Cómo va a tolerar a los demás?. Andará exigiéndose a si mismo y a los demás continuamente, y siempre insatisfecho. Si usted no cambia, ¡ay de usted y de los que le rodean!, pues se convertirá en un intolerante. El secreto del entrenamiento se da atraves de la autotrascendencia liberada y serena le llegará cuando se canse o harte de sufrir. Necesita encontrar "el tesoro escondido" que sólo está dentro de usted. **Sostengase y fortalézcase** desde su observación, percepción y sentir, aceptando y realizando lo que a usted le agrade y desee, sin aceptar ningún otro "debería o tendría" más que el suyo propio. La vida es el regalo mas precioso que se puede desear y tener, por lo tanto, buscar la aprobación de otros sacrificando la propia existencia, inyentando impresionar a la gente, buscando riquezas, honor, poder y prestigio... ¿para que sirve?... lo importante es descubrirse a si mismo, sosteniedndose y fortaleciéndose desde lo que uno es "un ser con dignidad" **Autotrasciendase** responsabilizándose plenamente de sus acciones, sentimientos y pensamientos, liberándose de las programaciones obsoletas enganchadas a experiencias pasadas, por lo tanto, la responsabilidad individual se centra en darse cuenta de las multiples programaciones interiorizadas a lo largo de la existencia, donde la autotrascendencia esta encaminada a llamar cada cosa por su nombre, tal y como ocurre sin juzgamientos, estando despierto mediante la aceptación con atención plena del aquí y el ahora, haciendo caso omiso a las programaciones interiorizadas desde la primera infancia que para el momento actual en que se encuentra ya están pasadas de moda. Lo menos que se puede hacer por la tesponsabilidad de autotrascendencia es ser sincero contigo mismo, tener claridad de percepción y llamar a cada cosa por su nombre. Ser capaz de dar la respuesta precisa sin engañar ni engañarte. Porque se acepta como es y acepta a los demás como son, de la respuesta precisa y concisa, desde su realidad, que le corresponde a usted y a su realidad, en este momento historico. Más tarde no se sabe lo que puede ocurrir, y por ello no haga promesas que no sé si podría cumplir. Esto es lo menos que puede exigirse al deseo y practica de autotrascenderse, que es la sinceridad responsable como ser humano único e irrepetible en el universo. La autotrascendencia consiste en ver las cosas como son, no a través de cristales de color, sino tal como son.

La autotrascendencia ha de nacer de usted mismo; y cuanto más sea usted mismo, será más humano y su ser autotrascendera a un plano más espiritual, donde se sentirá libre de ataduras o programaciones obsoletas que no favorecen su desarrollo integral como ser humano con dignidad que es usted.

A los cuales desde el modelo ecoclinico se sintetiza en la frase *"resignifique su experiencia de vida, aceptese a si mismo tal y como es y a los demás tal como son y fluya energéticamente en el universo" (NAFI. 2011)* que a su vez podrían resumirse en estos tres principios basicos: 1) Valoración de la realidad actual temporal en el momento histórico en donde se encuentra, en el aquí y ahora, en el presente en relación o versus el pasado o el futuro; la percepción espacial contextual en el aquí y ahora o lo presente, versus o en relación con lo ausente y el nivel sustancial o de contenido en cuanto al acto o evento real que se presenta versus la significación simbolica, que ocurre en los diversos actos o eventos reales que acontecen en el diario vivir. 2) Valoración de la atención plena y aceptación de la experiencia como ser multidimensional lleno de energía. 3) Valoración de la responsabilidad y corresponsabilidad consigo mismo y con los otros.

Donde vivir el presente en todas sus dimensiones, conlleva la consciencia plena, responsabilidad y corresponsabilidad, sobre todo aquello que vive consigo mismo y con el entorno; los cuales se toman como principios o declaraciones de una verdad vivida o experimentada y no declaraciones de un deber que hay que cumplir.

LEYES DONDE SE FUNDAMENTA EL MODELO, partiendo desde el punto de vista ético minimo, desde el aquí y ahora, con la conciencia o darse cuenta y la responsabilidad de la realidad en la que se vive, bajo los principios de inclusión, integración y jerarquía del contexto y en el contexto real de experienciación, mediante la observación fenomenológica de los acontecimientos con una intencionalidad o sentido, mediante un proceso o el como, en la búsqueda de unos resultados o consecuencias, bajo unas reglas básicas basadas en las leyes de:

LEY DE PERTENENCIA O VINCULACION: El ser humano presenta una necesidad básica y fundamental, que como sistema dinamico necesita sentir que pertenece a… y que se encuentra vinculado a… de esta manera, en el sistema han de estar reconocidos todos los elementos tales como el olvido, el desprecio o la exclusión que crea alteraciones sistémicas.

LEY DE JERARQUÍA: El ser humano tiene la necesidad imperiosa de ser reconocido en un medio histórico dentro de un sistema social, de esta manera el factor tiempo en el contexto histórico implica que en la antigüedad se jerarquiza el sistema, el que llega antes al sistema tiene prioridad dándose un orden transgeneracional.

LEY DEL INTERCAMBIO: El ser humano como sitema dinamico, que pertenece a un macrosistema requiere cumplir con una transferencia adecuada entre sus elementos. En el caso de padres e hijos, los padres dan y los hijos toman, en el caso de las parejas vendrá dado por el equilibrio en el dar y tomar, etc.

LEY DE LA DESCODIFICACION, centrada en las causas que ocasionaron el desarrollo o aparición de las diversas conductas o comportamientos disfuncionales, encaminado a que el ser humano, que se activa energéticamente e interactua o utiliza las estrategias terapeuticas, se actve energeticamente siguientes parámetros tales como el circulo de asistentes y terapeuta, circulo de dialogo existencial, silla vacia, etc. Entrevista y motivo de consulta, asunto y datos tomados con la ayuda del sujeto y su familia, Ordenar la ayuda, referir el problema, la intervención y la solución a un sistema. Representantes la imagen inicial, el cliente elige uno o varios representaciones para los elementos que formaran el sistema diagnostico incluyendo un representante de si mismo, les da un lugar dentro del circulo de dialogo existencial según su propia imagen interna, ampliando el panorama de conflicto y descodificando su situación problematica.

LEY DE REINTERPRETACION DE PARADIGMAS, posterior a la descodificación el sujeto se encuentra preparado para ampliar la percepción de su situación de conflicto y darle multiples interpretaciones, ya que al comprenderlo de una manera mucha mas amplia, el sujeto lograra resignificar dicha interpretación y de esta manera desarrollar la activación energética, donde el facilitador o terapeuta mediante imágenes de transición, movimientos, preguntas, frases, van conduciendo al encuentro con la imagen de solución, con el sujeto. Los representantes deben dejarse sentir, percibir, las señales del cuerpo, mantener el silencio hasta que le indique responder el facilitador. No mirar fuera del sistema representado, sin necesidad, incluido el facilitador. No tiene que forzar nada, ni intentar seguir un rol, ni intentar un guion dramático. Representar es un servicio de interaccion integral, que ocurre en un nivel de aprendizaje consciente e inconsciente de su propio sistema individual, familiar o comunitario.

De esta manera, el procedimiento psicoterapéutico presenta cuatro niveles de profundizacion, contenido en ocho fases de movilización energética o crecimiento incluidas en cada fase del proceso a trabajar y profundizar con cada usuario a nivel personalizado; de tal manera que la primera fase de movilización energética llamada *"acogida o encuentro y compromiso existencial del ser, sentir, hacer y estar"*, reconocida como **"activar el contacto"**, es el primer paso en el cual se motiva, sensibiliza y brinda un recibimiento digno a la persona y a su familia, como práctica concreta del restablecimiento y garantía de derechos, se ofrece además un conocimiento y adaptación preliminares al sujeto a la cotidianidad y normas institucionales, así como la orientación del proceso terapéutico; pasando a una segunda fase, llamada *"motivación; adaptación y concienciación o darse cuenta"*, reconocida como *"**vivir en contacto**"*, centrada en la aceptación del motivo de consulta o ingreso y búsqueda de alternativas para un adecuado manejo del mismo; posteriormente se pasa a una *etapa transitoria de encausamiento para la permanencia que se refiere a la "convivencia, aprendizaje, autodescubrimiento, aceptación y autoliberación", fase llamada como "**autodescubrir, aceptar y autoliberar**", pasando de esta manera al tratamiento o permanencia propiamente dicho en el cual se asume y vivencia de las fases cuatro y cinco del proceso terapéutico como son la de "creación, reflexión y comunicación" o "**recrear la realidad**", e "iniciativa y entrenamiento para la vida cotidiana", o "**entrenamiento con iniciativa**"*, logrando de esta manera pasar a la siguiente etapa de preparación para el egreso, en la cual se vivencia la fase sexta del proceso terapéutico expresada en la *"consolidación del proceso terapéutico formativo reeducativo y de desarrollo humano integral"*, o *"**consolidacion del entrenamiento**"*, liberándose de las ataduras obsoletas mediante la aceptación con conciencia plena de lo que observa y siente agradable o desagradable, placentero o displacentero, como una experiencia adicional de aprendizaje en el recorrido de la vida diaria; ya que usted necesita encontrar "el tesoro escondido" que sólo está dentro de usted. Finalmente se termina con la etapa de egreso o sostenibilidad y seguimiento post-institucional materializada en el proceso terapéutico de la fase séptima de *"fortalecimiento, autoapoyo y autotrascendencia" o **"sostenerse y fortalecerse",** desde su observación, percepción y sentir, aceptando y realizando lo que a usted le agrade y desee, sin aceptar ningún otro "debería o tendría" más que el suyo propio; *culminando el proceso con la **"autotrascendencia responsable",*** encaminada a prevenir reincidencias o recaídas, donde el sujeto se responsabiliza plenamente de sus acciones, sentimientos y pensamientos, liberándose de las programaciones obsoletas enganchadas a experiencias pasadas, donde, la responsabilidad individual se centra en darse cuenta de las multiples programaciones interiorizadas a lo largo de la existencia, donde la autotrascendencia esta encaminada a llamar cada cosa por su nombre, tal y como ocurre sin juzgamientos, estando despierto mediante la aceptación con atención plena del aquí y el ahora. De esta manera, para lograr mayor claridad del proceso de intervención ecoclinca, se aclaran los siguientes principios donde subyace el proceso de tratamiento.

DESCODIFICACION DE LOS CICLOS NEUROBIOLOGICOS DE LAS EMOCIONES: Se inicia con la descodificación de los ciclos neurobiológicos, la cual consiste en encontrar las claves emocionales o anclajes frente a si mismo y la interaccion en el contexto, por las cuales se acompaña y moviliza al cliente, a identificar las emociones ocultas asociadas al motivo de consulta, que subyacen detrás de todos los comportamientos incongruentes y disonantes o desadaptativos, expresados en alteraciones comportamentales que afectan su salud mental y la integridad de su ser, en formas de conductas antisociales, violencia, adicciones y síntomas físicos llamados enfermedades; a las cuales se busca la comprensión y el empoderamiento de encontrar el sentido que estas emociones tienen desde la historia personal, familiar, y transgeneracional, para hacerla consciente y así poderla tratar mediante técnicas de comprensión y reinterpretación de paradigmas, centradas en la recontextualización o amplificación del panorama de conflicto, buscando la resignificación y autorregulación existencial de sí mismo y de las interacciones con su entorno, y el reaprendizaje de nuevos hábitos y estilos de vida en la construcción de su proyecto de vida individual, familiar, social y de su especie y así favorecer la curación mediante la liberación de la emoción que se ha implantado o anclado en el subconsciente e inconsciente y de esta manera comprender, resignificar y trascender dicha emoción transformándola, mediante la movilización y activación energética para el cambio del cliente.

Es asi, que todo síntoma tiene un sentido biológico, postulado teorico de medicina integrativa, como es la biodescodificación, la cual trabaja el conflicto emocional que esta detrás del síntoma físico de salud, por lo tanto, para biodescodificar es fundamental en primer lugar el diagnostico medico integral, en segundo lugar, distinguir las diferentes fases neurovegetativas del cliente, donde la biodescodificación pretende optimizar los tratamientos médicos frente a un síntoma, que consiste en el descubrimiento de los códigos biológicos psíquicos que se sienten y experimentan, según el programa filogenético de la especie donde se buscan los códigos del conflicto biológico y la solución biológica busca reparar el tejido estropeado mediante los conflictos biológicos o simbólicos que se organizan en el inconsciente, mediante la imaginación que se procesa en el neocortex por la interpretación que se realiza en la historia que esta detrás de la historia en sus propias interpretaciones, la gente cuenta su interpretacion, la enfermedad del cuerpo es la traducción por el cerebro de un programa de supervivencia producido por la psique; por lo tanto cuando se presenta un impacto, se afecta la psique, el cerebro y el órgano; el ser humano nace con unos programas a vivir ciertas situaciones de la vida, mediante el desarrollo del árbol transgeneracional, como poder descodificar, revisar lo que sucedió alrededor de un evento, para reconocer, aceptar y comprender que sucedió, ya que si pasa mucho tiempo y se instaura en el cerebro por mucho tiempo se convierte en un conflicto que mueve e instaura las emociones con codificaciones positivas cuando todo va bien, codificaciones negativas cuando la situación es irregular y la situación neutra cuando están las dos emociones y esta historia que no se libera se codifica instaurándose y en cierta situación repetitiva se convierte en problema, la situación cuando es un hecho traumatico y se lo comen y no lo vomitan se convierte en un problema, cuando no se habla y se lo interioriza, se convierte en un paradigma que da respuesta a las situaciones o eventos que se presenten a partir de este momento histórico.

La aplicación práctica se centra mediante el manejo del protocolo o guía de trabajo **propuesta en el anexo No 1.** Buscando la situación como se encuentra el cliente antes de la situación del impacto emocional, buscando que pensaba ante esta situación, cual es su pensamiento, cual es su sentimiento (abandonado) y cual es su emoción y cual es su resentir en lo que guardo y no lo expreso, que mas tarde busco expresar el sentido físico que posteriormente expreso, de tal manera que esta emoción al no ser expresada se convirtió en un anclaje negativo para la vivencia en libertad del cliente frente a fenómenos disonantes.

En el protocolo, o guía de trabajo, **propuesta en el anexo No 2; 2.1 y 2.2,** se busca que el cliente, se de cuenta o tome conciencia de donde esta, que pasa, que piensa, que siente, cual es su emoción, donde la siente físicamente, que pasa aquí?; profundizando la terapia de la sombra o terapia del espejo revisando la premisa biblica de observar "la viga en el ojo propio y no la paja en el ojo ajeno", donde se realiza el estudio transgeneracional, de las conductas y comportmientos disonantes buscando simplificar los problemas o hacerlos adaptativos, enseñando a gestionar las emociones para saber manejarlas, de esta manera para no llegar a desarrollar los conflictos físicos, desenredando o esclareciendo arboles, para cosas que se repiten una y otra vez, se puedan comprender, asimilar, aceptar y resolver, con la única finalidad de evitar las reincidencias o mantener un patrón conductual desadaptativo.

REINTERPRETACION DE PARADIGMAS: Es a traves de la toma de conciencia o el darse cuenta de las emociones ocultas o reprimidas, que se puede llegar a entender el motivo de consulta, desde su raíz y por ende, lograr reinterpretar los paradigmas que el cliente esta utilizando en el funcionamiento, vivencia y proyección de su vida, con el propósito de hacer renunciar al sujeto o cliente la idea de que es victima de la situación problema, por la cual consulta y de esta manera llevarlo a la madurez emocional, que tanto busca o anhela; proceso apoyado a partir de la investigación y el estudio de fenómenos históricos del inconsciente colectivo propuesto por Carl Gustav Jung, el cual propone que *"la enfermedad es el esfuerzo que hace la naturaleza para curar al hombre* *y no es el hombre el que tiene que curar la enfermedad*[40], de esta manera los cambios y las curaciones de los individuos, sus nucleos familiares y la sociedad en general, surgen en la implementación o implantación y el establecimiento de nuevos paradigmas para la supervivencia y la adaptación social a situaciones de alto impacto emocional, fruto de los conflictos que afectan a todo ser vivo; por lo tanto, llegar a descubrir la emoción oculta o reprimida y no expresada por motivos de religión, cultura, etc. para que el cliente pueda hacer consciente y pueda expresar verbalmente los síntomas de esta emoción, que tras un proceso de tratamiento de experienciación con los órganos de los sentidos y verbalización de cada uno de los síntomas asumidos con coherencia entre el sentir, pensar, decir, hacer el cliente se sienta, visualice y se comprenda integrado, lo que conducirá al cliente hacia la salud integral, principio fundamental del proceso de curación o manejo asertivo de la enfermedad.

ESQUEMA DE REINTERPRETACION DE PARADIGMAS

1.- PARADIGMA SOCIO-LEGAL

ALERTA

Finalidad: ABSTENCION

Población Objeto: Toda

Metas: Máxima-idealistas

Logros: Impedir el consumo

AMBITO DE INTERVENCION

Paradigma: Socio-legal

Universo: Macro-social

---

[40]   Jung, Carl Gustav, la sombra, ed planeta, 1954, Bilbao España.

Intervencion: General información publica

Elemento ambientalista: Sustancia

Factor causal: Disponibilidad de la sustancia en el contexto

Mercado: oferta

TIPO DE INTERVENCION

Nivel: Prevención universal

Tipo: Grupos específicos que aún no presentan el problema

Cubrimiento: Total y centralizado

Población meta: No segmentada

Convocatoria: Movilización general

Consigna: No a la droga, tolerancia cero, disminución de la edad de inicio

Responsabilidad: Gestión especializada

Norma: Prohibición

Referente de la acción: Información

Objetivo: Conocimiento

Actividad: Comunicación

2.- PARADIGMA PSICOSOCIAL Y DE SALUD

HABILITACION

Finalidad: AUTOCONTROL

Población Objeto: Poblacion en riesgo

Metas: Controlar la situacion

Logros: Impedir el abuso

AMBITO DE INTERVENCION

Paradigma: Psicosocial y de salud

Universo: Macro-social

Intervencion: Especifica a nivel comunitario, grupal, familiar e individual.

Elemento ambientalista: Contexto y sustancia

Factor causal: Riesgo proteccion

Mercado: Oferta y demanda

TIPO DE INTERVENCION

Nivel: Prevención especifica

Tipo: Grupos específicos que se encuentran en riesgo del consumo

Cubrimiento: Especifico con grupos de riesgo

Población meta: Zonificada

Convocatoria: Segmentada

Consigna: Intervencion especifica e institucionalización de programas ambultorios

Responsabilidad: Intervencion especializada, promoción de estilos de vida saludables

Norma: Prescripción

Referente de la acción: Reduccion del riesgo

Objetivo: Competencia

Actividad: Atencion

3.- PARADIGMA SOCIO CULTURAL ECOSISTEMICO

NORMALIZACION

Finalidad: ADAPTACION O SITUACION DIALOGICA

Población Objeto: Cualesquiera

Metas: Realistas minimas

Logros: Reducir el riesgo y el daño

AMBITO DE INTERVENCION

Paradigma: Sociocultural ecosistémico

Universo: Macro-social

Intervencion: Indicada en contextos específicos a nivel individual, familiar, grupal y comunitario.

Elemento ambientalista: Contexto, persona y sustancia

Factor causal: Voluntad

Mercado: Oferta

TIPO DE INTERVENCION

Nivel: Prevención indicada

Tipo: Grupos específicos que consumen donde puede incrementarse la problemática.

Cubrimiento: Grupos focales donde se encuentra la problematica

Población meta: Personalizada

Convocatoria: Partes afectadas

Consigna: Intervencion terapéutica indicada, varias modalidades de atención según sea el caso

Responsabilidad: Intervencion especializada y apoyo para la autogestion

Norma: Pactos

Referente de la acción: Reduccion del daño

Objetivo: Autonomia

Actividad: Atencion y cuidado

4.- PARADIGMA ECOCLINICO

REINTERPRETACION

Finalidad: RESIGNIFICACION Y ADAPTACION MODELO ECOCLINICO

Población Objeto: Toda

Metas: Realistas minimas

Logros: Impedir el inicio temprano, controlar el abuso, reducir el riesgo o daño y entrenarse para el manejo de la conducta adictiva o enfermedad

AMBITO DE INTERVENCION

Paradigma: Reinterpretacion del problema y manejo del mismo, modelo ecoclinico

Universo: Macro-social

Intervencion: Universal a poblacio en general, indicada a población en riesgo y especifica a población inmersa en elproblema, en los niveles comunitarios o contextuales, grupales o focalizados, familiares e individuales especificos.

Elemento ambientalista: Sustancia, contexto y persona.

Factor causal: Extrinsecas como la disponibilidad de la sustancia, población en riesgo y motivaciones intrínsecas del sujeto, falta de sentido y propósito en la vida.

Mercado: Oferta y demanda

TIPO DE INTERVENCION

Nivel: Universal, especifica e indicada, mediante la reinterpretación y resignificación de la intervencion.

Tipo: Intervencion temprana a población en general, niños menores de siete años y sus familias; intervencion universal a población en general, intervencion especifica a grupos de riesgo e intervencion indicada a grupos de consumo.

Cubrimiento: Total centralizado e individualizado según la necesidad del contexto

Población meta: No segmentada o general, zonificada por grupos de riesgo y personalizada e individualizada en contextos de consumo.

Convocatoria: Movilizacion general, segmentada por grupos de riesgo y convocatoria para la intervencion especifica a población afectada.

Consigna: "Abstencion del consumo, entrenamiento para control y manejo de la enfermedad o conducta adictiva"

Responsabilidad: Intervencion especializada y apoyo para el empoderamiento, la autogestión y la autonomía.

Norma: Compromiso y corresponsabilidad

Referente de la acción: Informacion, reducción del riesgo, reduccion del daño, control y manejo de la conducta problema.

Objetivo: Libertad, responsabilidad, compromiso y autonomia

Actividad: Comunicación, atención, autocuidado y entrenamiento para el manejo de la enfermedad.

RECONTEXTUALIZACIÓN DEL PANORAMA DE CONFLICTO:

Se da a travez del análisis del contexto y su realidad personal en el aquí y ahora, centrada en restablecer el equilibrio cognitivo, afectivo y comportamental del cliente, con miras a facilitar el equilibrio psíquico y por ende la adaptación a las circunstancias que la vida presenta en ese momento histórico del sujeto o cliente; fortaleciendo sus funciones psíquicas frente a si mismo, tales como la clarificación y el empoderamiento de su autoconcepto, autoimagen y autoestima, y la realidad existente; ubicándolo en el contexto real e inmediato en el que interactua, en el que puede estar relacionado bajo tres estados tales como: a) *lo psíquico* disminuido frente al ambiente, en el cual se percibe aplastado por el ambiente; b) *lo psíquico y el ambiente en igual magnitud,* donde su percepción es de igualdad, en los dos campos interno y externo; c) *lo psíquico aumentado frente al ambiente,* donde se percibe intocable frente al ambiente y asume actitudes y comportamientos transgresores frente a los otros sin respetar los limites; que bajo la comprensión de estos estados anotados anteriormente, facilitan reciclar las situaciones desagradables convirtiendo lo negativo en positivo, y de esta manera ampliar el panorama del conflicto, viéndolo tal cual es y como se presenta sin exajerarlo, para de esta manera abordarlo y darle una solución, desde sus potencialidades y herramientas que el sujeto o cliente posee. Como por ejemplo; cuando el cliente sufre un gran impacto emocional y se genera un conflicto que no se resuelve, el cerebro lo va a guardar como un programa o paradigma el cual lo va a meter en la memoria celular como una creencia destinada a repetirse en el tiempo a través de otros eventos que tendrán en común emociones ocultas parecidas.

Por lo tanto, la vida de los seres humanos, es entonces el resultado de creencias que se alimentan de las expereincias no resueltas, debido a la presencia de miedos o creencias potenciadoras, las cuales se han desarrollado durante eventos primarios en la vida o desde el vientre materno, de esta manera una experiencia vivida de una caída en bicicleta, podrá conducir al cerebro a generar un evento como el de una perdida financiera, en la que la emoción oculta será también esa impresión de caerse y esto ocurrirá en una fecha matemática precisa que coincidirá con la fecha del evento primario. Por lo tanto, se concluye que en la naturaleza todo es cíclico, el día y la noche, las estaciones, el frío y el calor, etc.

Al trabajar con los orígenes de las programaciones, anclajes o creación de paradigmas a raíz de las experiencias, se puede liberar esa mezcla de emociones y cogniciones obsoletas que se encuentran detrás, oculto, de tal manera que se puede trabajar con la fuente, con metodologías tales como la programación neurolingüística, la hipnosis ericksoniana, las técnicas de relajación o sofrología, el análisis o estudio del árbol genealógico sistémico, la visualización creativa, atención plena, círculos de dialogo existencial y la elaboración de duelos propuesto por varios métodos de abordaje terapéutico.

RESIGNIFICACIÓN Y AUTOREGULACION EXISTENCIAL DE SI MISMO Y DEL ENTORNO: Partiendo del principio, que el ser humano es un ecosistema dinamico y en continuo movimiento energético, se facilita la búsqueda de nuevos significados o sentido a las situaciones del si mismo y el entorno, mediante el análisis de las situaciones, los síntomas y la conducta bajo los siguientes parámetros:

Resignificar el presente en función del pasado, dando un nuevo sentido a una experiencia actual en función de algo ocurrido en el pasado, teniendo en cuenta que un síntoma expresa un conflicto infantil. *Resignificar el pasado en función del presente*, dando un nuevo sentido a algo del pasado en función de algo ocurrido en el presente, por ejemplo lo que le ocurrió en la infancia adquiere un nuevo sentido que antes no tenía, porque ahora ocurrió algo, una interpretación, que brinda nueva luz sobre aquella situación pasada, que fue analizada, comprendida y resignificada. *Resignificar el presente en función del futuro*, una situación presente puede ser significada en función de una situación futura. *Resignificar el futuro en función del presente*, como el caso de una persona que se saca la lotería y, en función de ello, resignifica todas las imágenes que hasta entonces tenía sobre su futuro. De tal manera que, "*Resignificar cada instante los días, de nuestra vida, es volver a vivir y darle un nuevo concepto, significado y giro a la vida, a la rutina, y a lo que siempre se ha creído, porque sin instantes no hay momentos y sin momentos no hay vida*"[41]..., ***Resignificando lo significado...*** El sendero de la vida está marcado, "por lo que se es y lo que se cree", se parte de la creencia que todo esta ya en su lugar y se le ha puesto también ya un nombre, pero... ¿que pasaría si un día se resignifica el andar, camino y sendero que el cliente posee o visualiza? y junto con ello... se resignifica la vida, el trabajo, los seres queridos y cada momento en el que se esta caminando y dejando huella en el andar... resignificando el espacio, incluso el nombre... resignificando los miedos, nombrándolos ahora con otro nombre distinto, llamado "aventuras y experiencias"..., resignificando las miradas, sorprendiéndose ahora de las cosas que en un momento dado dejaron de sorprender..., resignificando cada letra, cada espacio, cada coma y cada punto, por que son ellas las que les ponen nombre a cada cosa que se conoce y que se nombra...; Por que no?, resignificar las relaciones personales, ya que ellas son grandes cómplices del significado que se le pone o coloca y se le da a la vida..., ¿Por que no...? Donde al resignificar lo ya significado, se comprende nuevos parámetros de visualización de la realidad histórica, bajo la perspectiva de torear los toros y no mirarlos únicamente desde la barrera, interiorizando la experiencia y creando nuevos paradigmas de comprensión de la realidad

---

[41]   CAZAU, Pablo (2000) Vocabulario de Psicología – Redpsicología.

actual. Mediante el **Reaprendizaje de nuevos habitos y estilos de vida**, en la construcción de los sentidos y proyectos de vida individual, familiar, social y comunitario y de la especie, a travez de la resiliencia o capacidad de superar la adversidad y salir fortalecido de ella…, lo que no significa invulnerabilidad, ni impermeabilidad a los eventos estresores de la vida, se relaciona mas bien, con el poder de "rebotar y recuperarse"[42], respondiendo por los actos, en *primer lugar* comprendiendo que cada acto es propio de cada individuo y no ajeno, *en segundo lugar*, comprender las consecuencias que este acto puede ocasionar para uno mismo o los demás, al respecto cabe aclarar o distinguir la responsabilidad de culpabilidad, donde se coloca el acento sobre el castigo que deberá recibirse, aunque en ocasiones hay clientes que se sienten culpables por algo que no han hecho o que van hacer, lo que difiere sobre la responsabilidad aplicable a actos realmente ejecutados[43].

El objetivo del reaprendizaje esta orientado a tareas específicas, es decir, enseñar al cliente estrategias eficaces para conseguir realizar los aprendizajes o movimientos útiles funcionalmente para lograr instaurar nuevos hábitos y por ende estilos de vida funcionales y adaptativos, aprendeindo a manejar la enfermedad, medianto un proceso de aprendizaje o entrenamiento para el manejo asertivo de esta enfermedad; El principio es simple e intuitivo, se aprende lo que se práctica, donde el cliente es un participante activo que interioriza, experiencias y aplica estrategias adaptativas y funcionales en el proceso de inclusión social.

El programa de entrenamiento y reaprendizaje utiliza cinco estrategias fundamentales para enseñar y motivar al sujeto o cliente, a movilizarse, permitiendo la activación energética de su si mismo, para empoderarse y actuar, este programa de entrenamiento se fundamenta: En primer lugar, el manejo de las instrucciones verbales simples y claras, asociadas si es necesario, a comunicación no verbal; en segundo lugar las demostraciones

---

[42] TAGLE, Soledad, "¿La resiliencia, es la base de la prevención en salud mental?", incluído en Grau Martínez A y otros (2000), Psiquiatría y psicología de la infancia y adolescencia. Madrid: Editorial médica Panamericana, pág. 26.

[43] CAZAU P (2002), Vocabulario de Psicología. Redpsicología

visuales de cómo realizar la tarea. En tercer lugar desarrollar la guía manual de entrenamiento, evitando ayudas innecesarias y disminuyendo progresivamente el nivel de supervisión hasta lograr la práctica independiente. En cuarto lugar asumir e empoderarse del refuerzo y feedback positivo cuando la acción se realiza correctamente. En quinto lugar, la práctica repetitiva en la vida cotidiana del entrenamiento recibido, en su reaprendizaje y recuperación. En vez de tratar al sujeto o cliente, el objetivo en este momento es entrenarlo en la práctica cotidiana con estrategias aplicables y útiles a su realidad personal, para empoderarse asertivamente en el manejo y control de la enfermedad o conducta adictiva.

De esta manera, el entrenamiento para el reaprendizaje posterior al trauma, mediante la psicoeducación y/o reeducación emocional resignificada, como saben los psiquiatras y psicólogos clinicos, todas estas reacciones forman parte de los síntomas que acompañan al *"trastorno de estrés postraumático, perdidas o duelos, o dejar una conducta adictiva"; ya que el nucleoo causa fundamental de este tipo de traumas o periodos de dolor emocional intenso se encuentran en el recuerdo casi obsesivo de la acción violenta causada por un hecho particular; como por ejemplo; un puñetazo, una cuchillada o la detonación de un arma de fuego del estrés postraumático; el dolor físico y emocional de la perdida o duelo expresado en el vacio de la ausencia de una perdida vincular significativa; o el vacio y el dolor físico, de dejar de consumir una sustancia toxica dependiente, debido a los efectos del síndrome de abstinencia; por lo tanto estos recuerdos se agrupan en torno a intensas experiencias perceptibles, ya sean visuales, auditivas, olfativas, etcétera, como el olor a pólvora, los gritos, el silencio súbito de la víctima, las manchas de sangre o las sirenas de los automóviles de la policía, o el paso de carrozas funerarias, o el olor a una sustancia a la cual se sentía apegado y dependiente;* De esta manera, en estudios y análisis realizados por neurocientíficos, estos momentos aterradoramente vívidos se convierten en recuerdos que quedan profundamente grabados en los circuitos neuronales y emocionales de los afectados. Todos estos síntomas son, de hecho, indicadores de una hiperexcitación de la amígdala que impulsa a los recuerdos del acontecimiento traumático a irrumpir de manera obsesiva en la conciencia. En este sentido, los recuerdos traumáticos se convierten en una especie de detonante dispuesto a hacer saltar la alarma al menor indicio de que el acontecimiento temido pueda volver a repetirse. Esta exacerbada susceptibilidad es la cualidad distintiva de todo trauma emocional, incluyendo la violencia física reiterada experimentada durante la infancia.

Por lo tanto, cualquier acontecimiento doloroso o traumático, instalado en la memoria neurobiología y/o conciencia, llamese incendio, accidente de automóvilistico, catástrofe natural, violación o asalto, perdida de un ser querido, o síntomas físicos del síndrome de abstinencia pueden implantar estos recuerdos en la *amígdala*. Son muchas las personas que cada año sufren este tipo de situaciones extremas, calamidades que, en la mayor parte de los casos, dejan una huella indeleble en su cerebro, memoria neurobiológica o conciencia. Donde, los actos que han causado en dolor intenso o temor profundo, son muy perjudiciales; por ejemplo, las víctimas de la violencia, perciben la realidad acaecida como una experiencia gratuita en la que se sienten que han sido elegidas deliberadamente y esa creencia mina la confianza en los demás y en la seguridad del mundo interpersonal, que en cuestión de segundos o un instante, el mundo interpersonal se convierte en un lugar peligroso en el que los otros constituyen una amenaza potencial. El dolor intenso, ya sea físico o psicológico, deja en la memoria del sujeto una impronta que la lleva a responder con miedo, ante todo aquello que pueda recordar vagamente la situación dolorosa; donde el terror congelado en la memoria, "amígdala" "¡No puede librarle de aquellos recuerdos!", donde las imágenes le asaltan con todo lujo de detalles, este terrible recuerdo, todavía vívidamente presente a pesar de los años transcurridos, sigue teniendo el poder de evocar el miedo de aquel día doloroso en el que sucedieron lo hechos; de esta manera, los ejemplos mencionados anteriormente, despiertan y/o descienden peligrosamente al umbral de alarma del sistema nervioso, provocando una respuesta ante las situaciones más cotidianas, como si se tratara de auténticos peligros, donde el circuito neurobiológico implicado en el *"secuestro emocional"*, desempeña un papel esencial en la grabación de este tipo de recuerdos. Y cuanto más doloroso, estremecedor y horrendo sea el acontecimiento que desencadena el secuestro de la *"amígdala"*, más indeleble será la huella que deje.

El fundamento neurológico de este tipo de recuerdos parece asentarse en una alteración drástica de la química cerebral desencadenada por un suceso aislado especialmente doloroso e impresionante. Pero, aunque los descubrimientos realizados frente a este tipo de experiencias similares al *"trastorno de estrés postraumático"*, se basan en el impacto emocional de un episodio único, los episodios de dolor o crueldad repetidos a lo largo de los años, como ocurre, por ejemplo, en el caso de los niños que han sufrido reiterados abusos sexuales, físicos o emocionales, provoca un resultado similar. Debido a que *"desde el punto de vista biológico, las victimas de un trauma de este tipo ya no vuelven a ser las mismas. Poco importa la experiencia sucedida, repetitiva o en la infancia o experiencia puntual, como hallarse atrapado en medio de un incendio, encontrarse en una crisis de intoxicación alcohólica, o estar a punto de morir en un accidente de tráfico; cualquier situación de dolor intenso o estrés incontrolable acarrea idénticas secuelas biológicas"*. El término clave en este sentido, parece ser la palabra incontrolable, puesto que si la persona siente que puede hacer algo para afrontar la situación, que puede ejercer algún tipo de control, no importa lo pequeño que éste sea, reacciona emocionalmente mucho mejor, que quienes se sienten completamente impotentes e indefensos.

Esta sensación de impotencia e indefensión, es precisamente la que convierte a un determinado acontecimiento en algo subjetivamente abrumador, y los cambios que tienen lugar en el circuito limbico cuyo foco está en *la amígdala,* explican los principales síntomas del miedo aprendido, incluyendo el miedo intenso propio del momento que se presento el evento. Algunas de estas alteraciones tienen lugar en el *"locus ceruleus"*, una estructura cerebral que regula la secreción de dos sustancias denominadas genéricamente catecolaminas como la *"adrenalina y la noradrenalina"*, entre cuyas funciones se cuenta la activación del cuerpo para hacer frente a una situación de urgencia y la grabación de los recuerdos con una intensidad especial. En el caso de los ejemplos anteriores, incluyendo el *"trastorno de estrés postraumático"*, este mecanismo se torna hiperreactivo, secretando dosis masivas de estos agentes químicos cerebrales en respuesta a situaciones que suponen poca o ninguna amenaza pero que evocan el trauma original, como ocurría en el caso de los niños de una escuela de la región, cuando se presento una incursión de grupos alzados en armas al margen de la ley, los cuales se sentían aterrorizados cuando escuchaban explosiones o tiros de fusil cerca a ellos parecida a la que habían oído después del tiroteo, cuando se presento la confrontación de estos grupos con el ejercito.

El *locus ceruleus* está estrechamente ligado a la amígdala y a otras estructuras limbicas, como el hipocampo y el hipotálamo; las catecolaminas, por su parte, se difunden a través de todo el córtex. Según se cree, los síntomas de este dolor emocional intenso como el del *"trastorno de estrés postraumático"*, entre los que se cuenta la ansiedad, el miedo, el estado de continua alerta, la alteración, la rapidez de la respuesta de lucha-o-huida y la codificación indeleble de los recuerdos emocionales intensos, dependen de los cambios que tienen lugar en estos circuitos. Es asi, que este tipo de alteraciones que acompañan estas experiencias dolorosas intensas, producen la hipersecreción de esta hormona, particularmente en la amígdala, el hipocampo y el *locus ceruleus*, alertando al cuerpo para hacer frente a una urgencia que en realidad no existe; de tal manera que en las personas o sujetos que padecen de una hipersecreción, la respuesta de alarma es desmedida. Otro tipo de alteraciones es volverse hiperreactivo al sistema de opiáceos cerebrales encargado de la secreción de las endorfinas que mitigan la sensación de dolor. En este caso, el circuito neural implicado afecta también a la amígdala y a una región concreta del córtex cerebral. Los opiáceos son agentes químicos cerebrales que tienen un intenso efecto sedante, como ocurre con el opio y otros narcóticos, de los que son parientes cercanos. Cuando el nivel de endorfinas "la morfina secretada por nuestro propio cerebro" es elevado, la persona presenta una marcada tolerancia al dolor, un efecto que ha sido constatado por los cirujanos que tienen que operar en el campo de batalla, quienes han descubierto que los soldados gravemente heridos necesitan menos anestesia para soportar el dolor que los civiles que sufren lesiones mucho menos graves.

Algo similar, ocurre durante los eventos de dolor físico y emocional intenso debido al trastorno por estrés postraumático, donde los cambios endorfinicos agregan una nueva dimensión a los efectos neurales desencadenados por la reexposición al trauma, la insensibilización ante ciertos sentimientos, lo cual tal vez pudiera explicar la presencia de ciertos síntomas psicológicos "negativos" constatados en el trastorno por estrés postraumático, como la anhedonia o la incapacidad de sentir placer, la indiferencia emocional generalizada, la sensación de hallarse desconectado de la vida y la falta de todo interés por los sentimientos de los demás, una indiferencia que puede ser vivida por las personas próximas como una falta completa de empatía. Otro efecto posible es la disociación, la cual incluye la incapacidad para recordar los minutos, las horas o incluso los días más cruciales del suceso traumático.

De esta manera, las alteraciones neurobiológicas provocadas por el trastorno por estrés postraumático, también parecen aumentar la susceptibilidad de la persona para sufrir nuevos traumas. Esto también podría explicar por qué, a pesar de haber estado expuestas a la misma situación catastrófica, ciertas personas desarrollan un trastorno por estrés postraumático, mientras que otras no lo hacen, puesto que la amígdala de quienes han sufrido un trauma previo se halla especialmente predispuestas, ante la presencia de un peligro real, la cual no tarda en alcanzar su cuota más elevada de activación.

Todas estas alteraciones neurobiológicas ofrecen ventajas a corto plazo para hacer frente a las aterradoras experiencias que las suscitan. A fin de cuentas, en condiciones de extrema dureza, permanecer completamente alerta, activado, presto a la acción, impasible ante el dolor, con el cuerpo dispuesto a afrontar una fuerte demanda física y completamente indiferente, por el momento, a lo que, de otro modo, sería un acontecimiento angustioso, es una cuestión de supervivencia. Pero esta ventaja a corto plazo termina convirtiéndose en un verdadero inconveniente, cuando las alteraciones cerebrales que se acaban de mencionar se instalan de manera permanente, como cuando un automóvil permanece con el acelerador continuamente apretado. El cambio en el nivel de excitabilidad de la amígdala y otras regiones cerebrales relacionadas, provocado por la exposición a un trauma intenso, coloca al sujeto o cliente al borde del colapso, una situación en la que el incidente más inofensivo puede terminar desencadenando fácilmente un secuestro neural que aboque en una explosión de miedo incontrolable.

Por lo tanto, el reaprendizaje emocional resignificado, en el manejo de los recuerdos dolorosos y traumáticos constituye fijaciones del funcionamiento cerebral que interfieren con el aprendizaje posterior y, más concretamente, con el reaprendizaje de una respuesta normal ante los acontecimientos dolorosos y traumáticos. En los casos de pánico adquirido, como, por ejemplo, el trastorno por estrés postraumático, los mecanismos del aprendizaje y la memoria se desvían de su cometido. En este caso la amígdala también juega un papel muy importante pero, en lo que respecta a la superación del miedo aprendido, es el neocórtex el que desempeña el papel fundamental. Los psicólogos denominan miedo condicionado al proceso mediante el cual la mente asocia algo que no supone ninguna amenaza a un suceso aterrador. La región cerebral clave que aprende, recuerda y moviliza el miedo condicionado corresponde al tálamo, la amígdala y el lóbulo prefrontal, el mismo circuito, en suma, implicado en el secuestro neural. En circunstancias normales, el miedo condicionado tiende a remitir con el paso del tiempo, hecho que parece deberse al proceso de reaprendizaje natural que ocurre cuando el sujeto vuelve a enfrentarse al objeto temido en condiciones de completa seguridad. De este modo, por ejemplo, una niña que aprendió a temer a los perros porque fue mordida por un pastor alemán, irá perdiendo gradualmente su miedo de manera natural en la medida en que tenga la oportunidad de estar con alguien que tenga un pastor alemán con el que pueda jugar.

Pero en el caso, de situaciones dolorosas y aterradoras como por ejemplo frente al trastorno por estrés postraumático, este tipo de reaprendizaje natural no tiene lugar. En opinión de Charney, ello se debe a que los cambios cerebrales provocados por el trastorno por estrés postraumático son tan poderosos que cualquier recuerdo, aun mínimo de la situación original, lo que desencadena un secuestro de la amígdala que refuerza la respuesta de pánico. Ello implica que no habrá ninguna ocasión en la que el objeto temido pueda ser afrontado con una sensación de calma, porque la amígdala no es capaz de reaprender una respuesta más moderada; es asi, que la extinción del miedo, implica un proceso de aprendizaje activo, incompatible con el transtorno por estrés postraumático, el cual siempre provoca la persistencia anormal de los recuerdos dolorosos emocionales. Sin embargo, en presencia de las experiencias adecuadas, hasta el trastorno por estrés postraumático puede ser superado. En tal caso, los intensos recuerdos emocionales y las pautas de pensamiento y de reacción que éstos suscitan pueden llegar a modificarse con el tiempo. Por lo tanto, este reaprendizaje, debe ser implementado con estrategias de abordaje a nivel cortical, porque el miedo original grabado en la amígdala nunca llega a desaparecer del todo y es el córtex prefrontal el que inhibe activamente la respuesta de pánico regulada por la amígdala.

En el reaprendizaje resignificado y la reeducación del cerebro emocional, es importante anotar que el circuito emocional puede ser reeducado, así pues, el reaprendizaje puede ayudar a superar traumas tan profundos como los derivados del trastorno por estrés postraumático. Una de las formas espontáneas de curación emocional, al menos en lo que se refiere a los niños; es mediante experiencias lúdicas pedagógicas vivenciales. En ellas, la repetición permite que los niños revivan el trauma sin peligro y abre dos posibles vías de curación. Por un lado, el recuerdo se actualiza en un contexto de baja ansiedad, desensibilizándolo y permitiendo el afloramiento de otro tipo de respuestas no traumáticas, mientras que, por el otro lado, permite el logro de un desenlace imaginario más positivo. Este tipo de juegos es previsible en niños pequeños que han sido testigos de una violencia desmedida.

Por otro lado, el arte, es uno de los vehículos a través de los que se expresa el inconsciente, el cual constituye una forma de movilizar los recuerdos estancados en la amígdala. El cerebro emocional está estrechamente ligado a los contenidos simbólicos y a lo que Freud denominaba "procesos primarios", el tipo de pensamiento propio de la metáfora, el cuento, el mito y el arte, es una modalidad, utilizada con frecuencia en el tratamiento de los niños que han experimentado dolor intenso y traumatizante. En ocasiones, la expresión artística puede despejar el camino para que los niños hablen de los terribles momentos vividos de un modo que sería imposible por otros medios. Por lo tanto, cuando los niños son reacios a hablar de todo lo que han vivido durante aquella terrible experiencia, se les pide que realicen un dibujo sobre un tema libre, técnica que abre la puerta para emprender la terapia con este tipo de niños, porque en casi todos ellos aparecen referencias tangenciales a la escena dolorosa y traumática. Además, el hecho de dibujar es, en sí mismo, terapéutico, y pone en marcha un proceso que termina conduciendo a la superación del trauma y por ende el manejo del dolor emocional intenso.

Mediante el reaprendizaje emocional y la superación del trauma, por medio de la expresión artística, es en si misma es el primer paso para recuperar la sensación de seguridad, que consiste en disminuir el grado de sobreexcitación emocional; principal obstáculo para el reaprendizaje y de esta manera permitir que el sujeto pueda tranquilizarse. Normalmente, este paso se da ayudando a que el sujeto o cliente comprenda que sus pesadillas, su permanente sobresalto, su hipervigilancia y su pánico, forman parte del cuadro de síntomas propio del trastorno por estrés postraumático, un tipo de comprensión que, por si solo, proporciona cierto alivio. Esta primera fase también apunta a que el cliente recupere cierta sensación de control sobre lo que le está ocurriendo, una especie de desaprendizaje de la lección de impotencia que supuso el trauma.

La "inseguridad" que presenta un sujeto aquejado de trastorno por estrés postraumático, va más allá del miedo que pueda suscitar una amenaza externa y tiene un origen más profundo basado en la sensación de que carece de todo control, sobre lo que le ocurre, tanto a nivel corporal como emocional. Esto es algo muy comprensible, dado que el trastorno por estrés postraumático hipersensibiliza la amígdala y rebaja el umbral de activación del secuestro emocional, al respecto, la ayuda farmacológica también contribuye a que el sujeto recupere la sensación de que no se halla a merced de la alarma emocional que le embarga en forma de ansiedad, insomnio o pesadillas.

Desde el abordaje ecoclinico, en primer lugar los clientes reciben un entrenamiento especial por medio de relajación que les permite aliviar su irritabilidad y nerviosismo. La calma fisiológica constituye la clave para que los circuitos emocionales implicados descubran de nuevo que la vida no supone una amenaza constante y restituyan así al sujeto la sensación de seguridad de que gozaba antes de experimentar el dolor intenso ocasionado por el trauma. En segundo lugar se pasa a descubrir el camino que conduce a la curación que tiene que ver con la narración, reconstrucción y resignificación de la historia de dolor intenso y traumática al abrigo de la seguridad recientemente recobrada, una sensación que permite que el circuito emocional reencuadre los recuerdos traumáticos y sus posibles detonantes y reaccione de un modo más realista ante ellos.

Cuando el sujeto ya es capaz de relatar o narrar los terribles pormenores del incidente, se produce una auténtica transformación, tanto en lo que atañe al contenido emocional de los recuerdos como a sus efectos sobre el cerebro emocional. El ritmo de esta rememoración verbal con acompañamiento preverbal por medio del psicodrama, resignificando la experiencia es un factor sumamente delicado y parece reflejar el ritmo natural de la recuperación frente al trauma de quienes han experimentado esta situación de dolor intenso físico y emocional. En estos casos parece existir una especie de reloj interno que "alterna", a lo largo de días o incluso de meses, períodos de recuerdo del evento, con otros en los que el sujeto no parece recordar nada, permitiendo así una dosificación que favorece la asimilación gradual del evento doloroso y perturbador.

Esta alternancia, entre el recuerdo y el olvido parece fomentar tanto la integración espontánea del trauma como el reaprendizaje resignificado de una nueva respuesta emocional. El terapeuta debe alentar al sujeto a relatar los sucesos dolorosos y traumáticos tan minuciosamente como le sea posible, como si estuviera contando una película de terror, deteniéndose en cada detalle sórdido, lo cual no sólo incluye todos los pormenores visuales, auditivos, olfativos y táctiles, sino también las reacciones de "miedo, rechazo, náusea", que le produjeron estas sensaciones. El objetivo que se persigue en esta fase consiste en llegar a traducir verbal y preverbalmente todas sus vivencias del acontecimiento, lo cual contribuye a la reintegración de recuerdos que pudieran estar disociados y desgajados de la memoria consciente para poder recomponer así la escena con todo lujo de detalles.

Esta tentativa verbalizadora cumple con la función de poner a todos los recuerdos bajo el control del neocórtex, para que así, las reacciones suscitadas puedan comprenderse y dirigirse mejor. En este punto del proceso de recuperación, el reaprendizaje emocional resignificado se logra en buena medida gracias a la vivida rememoración de los sucesos dolorosos y traumáticos y de las emociones que éstos suscitaron, pero, en esta ocasión, en el contexto seguro de la consulta de un terapeuta responsable.

Este abordaje terapéutico, permite que el sujeto experimente directamente que el recuerdo del incidente traumático, no tiene por qué ir acompañado de un pánico incontrolable, sino que puede ser revivido con total seguridad. Como por ejemplo en el caso de un niño de cinco años que fue testigo del asesinato de su madre, el dibujo del personaje con los ojos desorbitadamente abiertos realizado en la consulta, fue el instrumento y estraegia para el abordaje terapéutico del niño, ya que a partir de entonces, él niño y yo como su terapeuta nos implicamos en diferentes juegos que le permitieron al niño establecer un vínculo profundo y armónico, con su experiencia dolorosa y aterradora. **(Ej.un caso, anexo figura humana)** Poco a poco, el niño comenzó a relatar la historia del asesinato, primero de un modo muy estereotipado, repitiendo una y otra vez los mismos detalles pero, con el paso del tiempo, sus palabras fueron haciéndose cada vez más flexibles y fluidas, su cuerpo se fue relajando y, paralelamente, las pesadillas también fueron desapareciendo, indicadores de un cierto "control del trauma". Paulatinamente, el tema de las entrevistas fue cambiando y centrándose cada vez menos en los miedos relacionados con el trauma y enfocándose en lo que ocurría en los acontecimientos cotidianos del niño, quien estaba tratando de recuperar paulatinamente el ritmo normal de su vida en su nuevo hogar con su padre. Una vez liberado del trauma, el niño fue finalmente capaz de centrarse en su vida cotidiana.

En este sentido, las quejas que acompañan a la rememoración verbal y preverbal de los acontecimientos traumáticos resignificandolos constituyen un claro indicador de la capacidad del sujeto para superar el trauma, porque ello significa que, en vez de estar continuamente asediado por los acontecimientos del pasado, puede comenzar a mirar hacia el futuro y albergar cierta esperanza de que es posible reconstruir su vida libre del yugo del dolor traumatico. Es, pues, como sí por fin se pudiera erradicar la reactivación del terror traumático por parte del circuito emocional. Entre éstos cabe destacar la reducción de los síntomas fisiológicos hasta un nivel soportable y la capacidad de afrontar los sentimientos asociados al recuerdo del trauma. Especialmente significativo resulta el hecho de que los recuerdos traumáticos dejan de irrumpir de manera descontrolada, que el sujeto es capaz de recordarlos a voluntad, como si se tratara de recuerdos normales y, lo que es quizá más importante, que puede dejar de pensar en ellos. Todo esto implica, finalmente, la reanudación de una nueva vida en la que puedan establecerse profundas relaciones basadas en la confianza y en un sistema de creencias que encuentre sentido incluso a un mundo en el que caben este tipo de injusticias. Todos éstos son, a fin de cuentas, indicadores del éxito de cualquier proceso de reeducación del cerebro emocional resignificado.

De esta manera, se argumenta con evidencias que la psicoterapia como reaprendizaje emocional resignificado, es una herramienta fundamental para el abordaje de estas tragedias que quedan grabadas en el sujeto victima de un evento traumatico. Sin embargo, a pesar de ello, el mismo circuito emocional que tan profundamente inscribe los recuerdos traumáticos, también permanece activo en los momentos menos dramáticos. Los problemas más comunes de la infancia, como por ejemplo, sentirse crónicamente ignorado y falto de atención o afecto, el abandono, la pérdida o el rechazo social, tal vez no lleguen a alcanzar dimensiones tan traumáticas, pero también dejan su impronta en el cerebro emocional, ocasionando distorsiones o disonancias y también lágrimas y arrebatos de cólera, en las relaciones que el sujeto establecerá durante el resto de su vida. Pero si el trastorno por estrés postraumático puede curarse, también pueden serlo las cicatrices emocionales que muchos de los seres humanos llevamos profundamente grabadas.

Esa es, precisamente, la tarea de la psicoterapia y, en términos generales, puede afirmarse que una de las principales contribuciones de la intervencion ecoclinica, es la resignificación de experiencias mediante la activación energética para el cambio el cual consiste en aprender a relacionarse de manera más inteligente, asertiva y resiliente con el obstáculo emocional o disonancia perceptual que cada ser humano lleva consigo por su historia experiencial. Ya que la dinámica existente entre la amígdala y el mejor informado córtex prefrontal proporciona un modelo neuroanatómico del modo en que la psicoterapia puede ayudar a superar este tipo de profundas y nocivas pautas emocionales, debido a que la activación energética para el cambio se realiza en el inconsiente, elaborándolo y resignificandolo a nivel preconsciente y pasándolo por el filtro de la resignificación de la realidad de manera resiliente a nivel consciente, donde el cliente se reconoce, se acepta y se relaciona con el otro, encontrando nuevos significados a la experiencia traumatica y vibrando energéticamente en el contexto real que le toco vivir.

Como propone Joseph Ledoux, investigador del sistema nervioso que descubrió el papel que desempeña la amígdala como desencadenante de los arrebatos emocionales: *"una vez que el sistema emocional aprende algo, parece que jamás podrá olvidarlo, pero la psicoterapia nos ayuda a revertir esa situación porque, gracias a ella, el neocórtex puede aprender a inhibir el funcionamiento de la amígdala. De este modo, el sujeto puede superar la tendencia a reaccionar de manera automática, aunque las emociones básicas provocadas por la situación sigan persistiendo de manera subyacente"*[44]. Así pues, aun después de un proceso de reaprendizaje emocional resignificado o incluso después de una psicoterapia eficaz, siempre queda el vestigio de la reacción, del temor o de la susceptibilidad original. El córtex prefrontal puede moderar o refrenar el impulso a desbordarse de la amígdala, pero no puede eliminar completamente su respuesta automática. No obstante, aunque no se pueda decidir cuando aparecerá un arrebato emocional, sí que se puede ejercer cierto control, sobre cuanto tiempo durará. La pronta recuperación del equilibrio tras un estallido de este tipo bien podría ser un índice de madurez emocional.

En términos cerebrales, se puede concluir que el sistema límbico emite señales de alarma ante el menor indicio del acontecimiento temido, pero el córtex prefrontal y las áreas anexas son capaces de aprender un modelo de respuesta nuevo y más saludable. En resumen, pues, el entrenamiento emocional y por ende el reaprendizaje, resignificando las experiencias, es una tarea que, ciertamente, no concluye nunca, lo que si es cierto, que por la experiencia aplicada durante años, es que con este modelo, mediante este proceso se pueden resignificar, reestructurar y hasta remodelar los hábitos emocionales y comportamentales más profundamente arraigados desde la infancia, de esta manera los traumas pueden ser superados, en tanto, que se esté conciente de que se los tiene y se empiece a trabajar para solucionarlos.

Teniendo en cuenta estos parámetros, la activación energética para el cambio de los diferentes acontecimientos que se presenten en la vida, incluyendo la conductas adictivas o cualquier tipo de alteración del comportamiento radica en el vacío existencial y falta de sentido para la comprensión de la situación problemática, que se presentan en el transcurso o devenir de la vida, por tanto, desde la resignificación existencial para el cambio comportamental mediante la activación energética de la psiquis humana fundamentada desde el modelo

---

[44] LEDOUX, Joseph, "el cerebro emocional", ed, Planeta, 1999, ISBN 9788408029069

ecosistemico clinico, la cual presenta cuatro etapas, materializado en ocho fases de intervención procesual que lleva al sujeto a asumir desde la toma de conciencia (darse cuenta – awarnesis) a la autoliberación interior y autotrascendencia, fundamento de sostenibilidad en el cambio comportamental, emocional y social para una adecuada adaptación social con sentido y significado existencial de su vida, contribuye integralmente para el reaprendizaje emocional y posterior adaptación social en la vida cotidiana con estilos de vida y habitos saludables[45].

La acción interventiva terapéutica- pedagógica integral para el reaprendizaje emocional resignificado, mediante la activación energética de la psiquis del ser humano, se centra en el ejercicio permanente y continuado, que parte del conocimiento activo experiencial de cada ser humano que se construye, a partir de las siete funciones cognitivo-emotivas existenciales a saber: Aprender a vivir responsablemente. Aprender a aprender y a pensar. Aprender a comunicarse. Aprender a saber. Aprender a vivir juntos y convivir. Aprender a ser o desarrollarse como persona. Y Aprender a hacer y emprender mediante el empoderamiento y la autogestión de si mismo y de sus potencialidades en las relaciones con el entorno.

Adicionalmente, la atención interventiva ecoclinica se apoya simultáneamente según siete enfoques de intervención integral tales como: Enfoque de derechos. Enfoque de intervención integral desde la perspectiva ecosistémica clínica. Enfoque solidario de familia centrado en la corresponsabilidad y subsidiariedad individual, familiar y comunitaria. Enfoque de sentido de vida con trascendencia y autonomía personal. Enfoque de interacción y conformación de redes sociales y vinculares. Enfoque de autogestión emprendimiento y empoderamiento individual y familiar. Y el Enfoque de gestión institucional. Complementando transversalmente desde los siete componentes de la atención integral, tales como: Componente Familiar, componente Pedagógico formativo reeducativo, componente Cultural y de convivencia, componente

---

[45] NAFI, Modelo ecositemico clínico, para la activación energética de la psiquis humana, mediante la resignificación existencial orientada hacia el cambio, Gestar Futuro, ONG, 2009.

psicoterapéutico, componente Socio-legal, componente de Alimentación, Salud y Nutrición, componente de Gestión, los cuales se apoyan en el conocimiento teórico científico de las ciencias humanas, de la salud y de la educación en las siete áreas fundamentales de intervención profesional tales como psicología, salud integral con medicina, nutrición y psiquiatria, trabajo social o área sociofamiliar, y áreas de bienestar social con psicología y terapia ocupacional; área académica con la pedagogía y ciencias de la educación y el área técnica de formación para el trabajo y el desarrollo humano fundamentado en las ciencias de la educación y la orientación prevocacional, vocacional y formación en aptitudes ocupacionales apoyados en terapia ocupacional, psicología y ciencias de la educación, para lograr los objetivos terapéuticos especializados a la población usuaria de la institución. Atencion integral con exelentes resultados con reconocimiento social del medio donde se ha intervenido con esta población. Adicionalmente, el apoyo de algunas herramientas psicoterapéuticas que se mencionan a continuación brevemente ha contribuido positivamente en el campo de intervención para mejorar la calidad de vida de los sujetos usuarios o clientes que han asumido estos procesos de intervención, como sigue:

ENTRENAMIENTO EN ATENCIÓN, CON CONSCIENCIA PLENA: la cual enfatiza que "el mantenimiento en la consciencia de los pensamientos y las emociones en vez de intentar cambiarlos", es un factor importante, que a mi juicio, permite considerar a esta estrategia como propias de un enfoque radical, no dualista y esencialmente conductual, que aporta sustancialmente al modelo ecoclinico, en el proceso de intervención para la activación energética del cambio desde la resignificación existencial, trasformando el comportamiento y la conducta para interiorizar la emoción y los pensamientos sin juicio alguno, como mecanismo de abordaje de entrar en contacto con el conflicto, mirándolo tal cual es en el aquí y ahora, resignificando la experiencia sin juzgamientos logrando de esta manera la integración de los pensamientos y las emociones en los procesos de prevención de recaidas o reincidencias.

Es asi, que el procedimiento psicoterapéutico conocido con el nombre de atención plena, traducido también como "consciencia plena" o Mindfulness, donde la atención y conciencia plena se entiende como *"presencia plena y reflexiva a lo que sucede en el momento actual, donde se pretende que la persona o cliente se centre en el momento presente de un modo activo, procurando no interferir ni valorar lo que se siente o se percibe en cada momento. Como procedimiento terapéutico busca, ante todo, que los aspectos emocionales y cualesquiera otros procesos de carácter no verbal, sean aceptados y vividos en su propia condición, sin ser evitados o intentar controlarlos. El control sobre sucesos incontrolables, sujetos a procedimiento automático, requiere de la mera experimentación y exposición natural con la menor interferencia posible",* o "la consciencia plena implica prestar atención de un modo particular; con un fin, en el momento presente y sin juzgar."

Dentro de estas estrategias, se encuentran, al menos de alguna manera, procedimientos ya conocidos en la disciplina psicologica, como pueden ser la exposición, la autorregulación, y en general todo aquello que implica dejar que los fenómenos perceptivos y sensoriales se muestren como son. Estas estrategias chocan con procedimientos clásicos basados en el control, la búsqueda del bienestar o la eliminación de síntomas. Por lo tanto, "Soñar despierto", vivir en la "irrealidad" o estar anclados en el flujo del proceso verbal o pensamiento que está siempre con nosotros, son estados sobre los se presenta la atención plena como alternativa, con el único objeto de vivir, simplemente, el momento actual, el aquí y el ahora. La forma de experimentar debe ser meramente contemplativa y no valorativa, aceptando la experiencia tal como es, tal como se da o se presenta. Sus elementos esenciales pueden sintetizarse en los siguientes aspectos, a saber:

Centrarse en el momento presente: Sentir las cosas tal como suceden, sin buscar su control; aceptar las experiencias y sensaciones tal como se dan o presentan. **Apertura a la experiencia y a los hechos, sin rechazarlos:** el ser humano es un ecosistema dinamico, de evolución permanente, que a medida que interactua y experimenta los hechos como se presentan logra darles un significado y un significante, lo que da sentido al entrenamiento psicoeducativo de activación energética mediante la resignificación existencial. **Aceptación radical, no valorativa de la experiencia:** Esta encaminada a aceptar los hechos como son, sin juicio alguno, con la premisa de "una experiencia mas para aprender", que al ser visualizado desde esta óptica, no se presentan cargas o culpas para mantenerse en el conflicto. **Elección de las experiencias:** es un ejercicio activo donde el sujeto o cliente o las personas eligen activamente sobre qué implicarse, mirar, actuar, centrarse, como mecanismo de entrenamiento para manejar el conflicto, motivo de consulta. **Renuncia al control directo:** Se trata de experimentar, tal como son, las reacciones, sentimientos o emociones; no es conceptual, ya que se experiencia sin centrarse en los pensamientos implicados; se centra en el presente; es intencional, ya que se elige en qué centrarse, lo que supone observación participativa, implicándose en lo que se observa; no es verbal, sino que es emocional y sensorial; es un proceso exploratorio abierto a la observación sensorial y perceptiva y esta es una experiencia liberadora.

De esta manera, hay ciertos aspectos que caracterizan a la atención plena como activa psicoterapéuticamente, entre los que se destacan: El intento por observar las emociones, pensamientos y sensaciones como lo que son, no con el objetivo de controlarlos; ello implica una "exposición conductual" y da la oportunidad para el "reaprendizaje de nuevas respuestas". La experimentación de la atención plena puede cambiar la tendencia de respuesta automática, promoviendo una "regulación emocional" natural, sin repetir paradigmas obsoletos, ya que al aceptarlos y comprenderlos mediante la activación energética se genera un cambio, sin necesidad de reestructurar, re-enmarcar o modificar. Supone todo un proceso alternativo de entrenamiento, en base al aprendizaje de reglas, normas, o convivencia social, como mecanismo de adaptación, asumiendo conductas gobernadas por reglas, quedando la experiencia a disposición de las eventualidades que se puedan presentar a futuro, por tanto, elevando la sensibilidad del sujeto a las mismas, lo que favorece el incremento de nuevos aprendizajes. El control de la atención al momento presente, se considera como una alternativa práctica para impedir las rumiaciones o pensamientos repetitivos que suelen agravar los problemas.

Por otro lado, como lo propone Shapiro, Carlson, Astin y Freedam[46] (2006; cit. en la misma fuente), proponen una organización de los componentes terapéuticos en base a tres axiomas que definen a la

---

[46] SHAPIRO, CARLSON, ASTIN Y FREEDAM, REVISTA DE PSICOLOGÍA CLÍNICA, vol. 62 (3), 373-386 (2006), Wiley periódicos, Inc. Publicado en línea en Wiley InterScience, (www.interscience.wiley. com). DOI: 10.1002 / jclp.20237

atención plena, los cuales son: **Intención:** propósito voluntario que ha de implicar la experiencia. **Atención:** contemplar las cosas tal como son. Y **Actitud:** atender de forma abierta, sin interpretaciones. Partiendo de dichos axiomas, los autores consideran que la atención plena consta de un elemento fundamental que se denomina "repercepción". Básicamente, se insiste en evidenciar experiencialmente cómo lo que se observa es distinto a quién lo observa. La repercepción contendría cuatro mecanismos principales, como la autorregulación; la clarificación de valores; la flexibilidad (cognitiva, emocional y comportamental); y la exposición. Sobre las aplicaciones clínicas, aunque la literatura científica empieza a proporcionar una amplia gama de problemas psicológicos, sobre los que se puede intervenir con atención plena, es evidente que la mayoría de los usos psicoterapéuticos estarían en torno a aquéllos en los que está implicado el control fisiológico-emocional.

Por lo tanto, a modo de hipótesis, siguiendo el paradigma de la terapia cognitiva, será que el mantenimiento de las actitudes disfuncionales, más allá del periodo de conflicto propiamente dicho, que causa estados depresivos, sería la causa para explicar el proceso de recaída o reincidencia, especialmente en sujetos vulnerables y no vulnerables, no siendo por consiguiente, el motivo esencial para que se presente la recaída. Sin embargo, cuando se profundiza en el estudio sobre los efectos del estado de ánimo tales como tristeza o depresión, cuando se presenta el conflicto, este estado se mantiene mas alla de la recuperación de un episodio depresivo, el cual afecta significativamente a la vulnerabilidad para la recaída, ya que los estados de animo reactivan las actitudes y creencias vulnerables, los cuales incrementan la posibilidad de recaída o reincidencia[47].

Es asi, que la estrategia de entrenamiento en atención con conciencia plena enfatiza en el trabajo psicoterapéutico de estar despierto y experimentarse con los pensamientos y las emociones, tal y como

---

[47] Segal, Z. V., Williams J.M. y Teasdale J.D. (2006). "Terapia cognitiva de la depresión basada en la consciencia plena. Un nuevo abordaje para la prevención de recaídas", centro de psicología conductual modulo 14, formación de terapeutas, revista "EduPyskhé" (2006, vol. 5, núm. 2).

se presentan, aceptándolas tal cual es, sin intentar cambiarlas, lo que permite considerar esta estrategia metodológica como una alternativa radical, que aporta sustancialmente al modelo ecoclinico, en el proceso de intervención para la activación energética del cambio desde la resignificación existencial, trasformando el comportamiento y la conducta, favoreciendo la interiorización de la emoción y los pensamientos sin juicio alguno, como mecanismo de abordaje entrando en contacto con el conflicto, observándolo, mirándolo y aceptándolo tal cual es en el aquí y ahora, ampliando el panorama de conflicto, resignificando la experiencia, sin juzgamientos logrando de esta manera la integración de los pensamientos y las emociones en los procesos de prevención de recaidas o reincidencias.

ESTRATEGIAS PUNTUALES Y AYUDAS DIDCTICAS PARA EL PROCESO DE INTERVENCION ECOSISTEMICA CLINICA.

EL DIARIO DE VIDA: Registro escrito, por el cliente de la frecuencia con que suceden los hechos a nivel de sensaciones, emociones, pensamientos y comportamientos que suceden en la presentación de la problemática que se esta abordando o trabajando relacionados con la presentación de los hechos. Ayuda al cliente a aumentar la autopercepción sobre la conducta y sus consecuencias y al terapeuta y el equipo de trabajo a realizar observaciones que le permitan proponer cambios específicos en los hábitos. Es más útil y preciso que la recogida de información sea diaria en lugar de semanal. **Modelo diario de vida. Anexos No. 3**

FORMATO DE BALANCE DECISIONAL: Es un registro escrito de las razones para continuar igual y las razones para desear el cambio. Sirve para clarificar las dificultades y los beneficios de la conducta y de cualquier cambio. En su forma más sencilla es una hoja de dos columnas y resulta útil dividirla en apartados sobre diferentes aspectos bio-psico-socio espirituales. **Modelo Balance decisional. Anexos No 4**

FORMATO DE ACTIVACIÓN ENERGÉTICA HACIA EL CAMBIO: Aunque se haya decidido iniciar el cambio, la ambivalencia persiste ya que no suele estar totalmente resuelta. Este formato ayuda a clarificar al cliente los puntos clave de incidencia repetitiva de la sensaciones, emociones, pensamientos y comportamientos que se presentan en el manejo del proceso terapéutico y las dificultades de la vivencia en coherencia con el objetivo propuesto para el abordaje del motivo de consulta, aquí se tiene que evitar las prisas, aunque resulte tentador insistir en la permanencia de no arriesgarse a continuar con el proceso de búsqueda de coherencia entre el sentir, expresar, pensar, hacer, en la búsqueda del ser integral en relación con el contexto como lo propone el modelo ecoclinico. **Modelo de activación energética hacia el cambio. Anexos No 5**

FORMATO DE EVALUACIÓN DE LA INTENSIDAD DE LOS EVENTOS ESTRESORES O ANSIEDAD Y EL NIVEL DE COMPROMISO PARA EL CAMBIO: aquí se busca una valoración realista, por parte del cliente, de las dificultades presentes y de los temores que suceden en el proceso de intervención, el terapeuta tras valorar los indicadores del compromiso del cliente para el cambio y que el cliente lo haya verbalizado se puede empezar a visualizar la elaboración y construcción de un plan de acción aceptable, con objetivos concretos, útiles, alcanzables y medibles a corto plazo, con relación a suprimir la presentación de los eventos estresores, en el caso de las conductas adictivas el manejo de la ingesta de alcohol con la tendencia a disminuirlo o erradicarlo. El hecho de que el cliente verbalice su compromiso de cambio aumenta las posibilidades de éxito. **Modelo de evaluación de intensidad de eventos estresores o ansiedad y nivel de compromiso al cambio. Anexos No 6**

FORMATO DE LA REALIZACIÓN DE CAMBIOS ACTIVOS: Aunque el cliente suele referir que siente que ahora está tomando el control de su vida, éste es un momento muy estresante y duro de sobrellevar por lo que suele ser necesaria una ayuda práctica y emocional; aquí el terapeuta debe facilitar el incrementar el sentido de autoeficacia del cliente, ofreciendo información sobre el manejo de estrategias de apoyo útiles y practicas para manejar la presencia de eventos estresores, incluso ofreciendo ejemplos de modelos que han tenido éxito; se debe estar muy atento para proporcionar apoyo, si fuera necesario, y minimizar la frecuencia de las reincidencias o recaídas, aunque estas son parte del proceso de estabilización del cliente. **Modelo de realización de cambios activos. Anexos No 7**

FORMATO DE MANTENIMIENTO DE LOGROS: posterior al compromiso y la realización de acciones de cambio, en que está elevado el sentimiento de confianza en la propia capacidad del cliente para controlar los eventos estresores y el manejo de la nueva percepción de la realidad y de los comportamientos, aparece una crisis de distinta intensidad en cada persona. En esta crisis interviene, entre otros factores, la añoranza por el placer asociado a la conducta que está abandonando, o el temor a que se vuelva a presentar el evento estresor y encontrase con la dificultad en el manejo de la misma. Para prevenir las recaídas, que es un fenómeno muy frecuente, como parte del proceso, se puede evaluar con el cliente las situaciones de alto riesgo y desarrollar conjuntamente habilidades de afrontamiento para consolidar la nueva conducta: "¿Qué hará cuando se presente el evento estresor? En las conductas adictivas, que hara cuando le ofrezcan tabaco, licor, spa?" esto debido a que la psiquis humana, en el circuito dopaminergico presenta la tendencia a activarse y de esta manera, sin ninguna explicación, que en muchas ocasiones el cliente no comprende se presenta, de ahí que hay que fortalecer las estrategias de mantenimiento para que cuando se presente la activación dopaminergica, el cliente este preparado para fortalecer las estrategias aprendidas para el manejo de estos implusos y prevenir la reincidencia a estados anteriores. **Modelo de mantenimiento de logros. Anexos No 8**

FORMATO DE EVALUACIÓN DE REINCIDENCIAS O RECAÍDAS: Las reincidencias o recaídas se comprende y entienden como algo frecuente y normal en el proceso del cambio e incluso necesario en un contexto de aprendizaje, como es el cambio de hábitos memorizados por situaciones extremas o arraigados por la presencia de conductas disfuncionales repetitivas como es el consumo de sustancias adictivas, frente a las cuales el sistema límbico y circuito dopaminergico las tienen grabadas y la tendencia es volver a repetirlas, es aho donde la voluntad o capacidad de decisión del cliente las evalue y tome como son, tendencia a la repetición involuntaria. Aquí conviene distinguir entre una caída ocasional, "un simple resbalón", y una recaída mantenida con justificaciones "repetición continuada de la conducta". Una actitud del terapeuta y la familia debe ser bajo parámetros de calidez, acogida y acompañamiento, exenta de ser punitiva y descalificadora, con un mensaje claro de que un desliz aislado, no tiene que implicar una recaída total que ocasione desmotivación, que puede ser efectiva para reforzar el sentido de autoestima del cliente para que no abandone la nueva conducta iniciada y se fortalezca eficazmente con la utilización de las herramientas que ya aprendio a aplicar. Conviene evaluar los intentos previos de cambio y los sentimientos asociados a la aparición de la conducta tales como culpa, enojo, placer, alivio de estrés, etc. Asi, como la falta de habilidades para afrontar la nueva conducta o la presencia de situaciones estresantes del entorno. Mientras que las estrategias motivacionales son más importantes en los primeros momentos de iniciación del cambio como en el darse cuenta, la activación energética para el cambio, la resignificación de experiencias, el empoderamiento de herramientas para el manejo de las mismas, el nivel de conciencia en el balance decisional, la realización de cambios, el mantenimiento de logros y por ende la stisfaccion de tener el control en el manejo de la conducta adictiva o el manejo del evento estresor y determinación activa en el desarrollo y aplicacion del plan de cambios para la adquisición de las habilidades de afrontamiento, experimentando un adecuado sentimiento de autoestima y eficacia en la consecución de la meta terapéutica planteada en el abordaje del motivo de consulta. (**Modelo de evaluación de reincidencias o recaidas. Anexos No 9**)

FORMATO DE DARSE CUENTA Y DE ACEPTACION CON PAUTA DE NO VIOLENCIA O AGRESION: Pasa por asumir el peso social y las dinámicas del poder socialmente implícitos en la relación entre evaluador/a y evaluado/a. De esta forma, se hace hincapié al solicitar una actitud consiente por parte del evaluador respecto de cómo el proceso puede constituir formas de estigmatización basadas usualmente en paradigmas científicos de vigencia típicamente relativa. (**Modelo de darse cuenta y de aceptación con pauta de no violencia o agresion. Anexos No 10**)

FORMATO DE PAUTAS DE CO-CONSTRUCCION DEL PROCESO PSICOTERAPEUTICO: Sin duda quien mejor podría comprender el proceso vital es quien lo vive. Desde aquí se estimula la participación del otro en la construcción de los juicios evaluativos. La cooperación del otro pasa por la destreza de los profesionales en construir relaciones de confianza y transparencia. (**Modelo de pautas en la coconstrucción del proceso psicoterapeutico. Anexos No 11**)

FORMATO DE PAUTA DE RESPONSABILIDAD INTERSUBJETIVA: El rol del evaluador consiste en comprender de la forma más íntegra posible el mundo experimentado por el consultante, accediendo de manera abierta a los propios procesos. Esta es la base de la práctica fenomenológica, y sin duda, la parte más ardua del entrenamiento. La construcción de la realidad suele estar plena de actos preconscientes y elecciones arbitrarias. Pienso que esto no es *lo malo*, sino más bien *lo natural*. La comprensión de esta relación natural puede ser la base de movimiento para las formulaciones diagnósticas, es decir, hace a la realidad susceptible de ser permanentemente reconocida e incluso reconstruida. **(Modelo evaluación de pauta de responsabilidad intersubjetiva. Anexos No 12)**

FORMATO DE PAUTA DE COMPRENSIÓN PROCESAL: Basado en lo anterior, se sugiere la constante reconstitución de los juicios diagnósticos, y en lo posible, el abandono de la intención de certeza. Normalmente, un marco descriptivo tiene ventajas obvias sobre el explicativo a la hora de formular diagnósticos. El pensamiento tiende a fijar los procesos en conceptos estáticos, a veces demasiado rígidos en comparación a lo que sucede frente a nuestros ojos. **(Modelo evaluación de pauta de comprensión procesual. Anexos No 13)**

FORMATO DE PAUTA DE COMPLEJIDAD: Las explicaciones lineales simples pueden aportar un grado importante de tranquilidad frente a la incertidumbre. Más, es poco probable que reporten una base particularmente sólida frente a la comprensión de la conducta humana dada su inmersión en fenómenos amplios y cruciales como la cultura. **(Modelo evaluación de pauta de complejidad. Anexos No 14)**

OBSERVACION Y APLICACIÓN GRADUAL DE LAS REGLAS BASICAS, De esta manera es importante observar entonces la aplicación de estas reglas básicas en la construcción del discurso diagnóstico escrito u oral de valor sistematico, gradual y fenomenológico:

SOBRE LA DISTINCIÓN SUJETO/OBJETO: En este aspecto, asume la responsabilidad el terapeuta como evaluador en la construcción del propio proceso psicoterapeutico, en relación a la diada, sujeto/ objeto, expresado de la siguiente manera, se dice "de acuerdo a quien evalúa", "según la opinión de los evaluadores", "en base a la experiencia de quien suscribe", "según lo observado por el terapeuta, según lo observado por el sujeto, consultante o cliente y su vinculo afectivo o familia", etc.

SOBRE LA RELATIVIDAD TEMPORAL: Implica hacer explícita la noción de proceso con el cliente: "por ahora", "al momento de la entrevista", "con los recursos que por ahora se dispone", etc.

SOBRE LA RELATIVIDAD CONTEXTUAL: Aceptando la complejidad del funcionamiento humano, se hace necesario especificar los juicios evaluativos remitiéndolos a contextos específicos sobre los cuales se podría desarrollar una aseveración; por ejemplo, "al menos en cuanto a la relación de pareja se aprecia que...", "esta resistencia se aprecia específicamente en el marco de la relación terapéutica frente a tal tema...", "no me es posible extrapolar esta actitud a otra área que no sea a la de nuestra relación en la oficina", etc.

Continuando con el proceso, pienso que hay algunas áreas de indagación que me parecen clave, y podrían recoger la base formativa de cualquier terapeuta que aplique el modelo ecosistémico clínico, de esta manera el análisis de las fases con relación al ciclo vital del cliente y sus interacciones con el contexto, las interrupciones o disonancias experienciales defensivas y las polaridades involucradas: Esta resulta la línea básica de investigación de procesos terapéuticos. Se puede rescatar que estas herramientas permiten el diseño de formatos y guias que faciliten estrategias terapéuticas, no sin considerar la importancia de evaluar los recursos de los que disponen los usuarios. En este esquema se basa la estructura de entrevista propuesta. Para cada Fase del ciclo caben preguntas básicas de acuerdo a los temas específicos que se evalúan, cabe anotar que una posición de complejidad implica que la experiencia de la persona no puede resumirse en un ciclo de activación energética experiencial global, ni puede someterse a extrapolaciones. La herramienta-test de evaluación para ascenso de fases propuesta por NAFI (2011)[48] es útil en la medida

---

[48] Fajardo Ibarra, Nelly Aide, propuesta de intervención del modelo ecosistémico clínico, formato de evaluación para ascenso de fases, Fundación Social Gestar Futuro, Plan de atención institucional 2011, San

que se contemple este argumento y se lo aplique. Las preguntas básicas de la entrevista focalizada a un tema específico pueden ser, entre otras posibles:

FASE ACTIVAR EL CONTACTO: ¿Identifica la persona cual es la conducta problema? Identifica la persona cuáles son las sensaciones concomitantes al tema tratado? ¿Estas sensaciones se encontrarán sobre o submoduladas debido a la coexistencia de otras conductas problema o ciclos pendientes o de factores toxológicos, musculares o neuroendocrinos? Forma de la pregunta: "¿Qué sensaciones tienes en su cuerpo cuando hablamos de esto?" "¿Dónde lo siente?" "¿Es como qué?" "¿Agradable o desagradable?"

FASE DE VIVIR EN CONTACTO: fase de "motivación; adaptación y concienciación o darse cuenta", que corresponde a la responsabilidad experiencial del sujeto o cliente, ¿Reporta responsabilidad por la propia experiencia o la proyección de sus experiencias? ¿Valora la experiencia sensorial como argumento relevante en la noción de si mismo? Forma de la pregunta: "¿Qué cree que le muestra esto que siente en relación al hecho que describe?" "¿Significa que esto que siente depende de lo que el otro diga o haga?" "Ahora que percibe esto que siente… ¿De qué se da cuenta?"

FASE DE AUTODESCUBRIR, ACEPTAR Y AUTOLIBERAR: ¿Se permite a si misma la aparición de estados emotivos? ¿Identifica estos estados como motivaciones? Forma de la pregunta: "¿De que tiene ganas?", "¿Cómo se siente cuando se da cuenta de esto?" "¿Qué le impide sentir esto?" "¿Cuál es el problema con sentirse así?".

FASE DE RECREAR LA REALIDAD: centrada en la creación, reflexión y comunicación, o motivos para actuar, es importante evaluar; ¿Se permite la expresión directa de un estado afectivo? ¿Tiene coherencia y consistencia la acción expresada? ¿Se constatan actos reflexivos de

---

Juan de Pasto, apoyado en SALAMA, Héctor y CASTANEDO, Celedonio. Manual de diagnóstico, intervención y supervisión para psicoterapeutas. México: Manual Moderno, 2001.

culpabilizacion o retroflexivos? ¿Cuál parece ser la intensidad del movimiento energético y cómo este parece sobrepasar a quien lo experimenta en el sentido del autocontrol? Forma de la pregunta: "Finalmente, ¿Qué va a hacer?" "¿Cómo piensa lograrlo?" "¿Como hace para expresar esto cuando es su necesidad hacerlo?" "si no resulta, ¿que piensa hacer?" "¿como lo va hacer?""¿Cuenta con alguien para hacerlo?.

FASE ENTRENAMIENTO CON INICIATIVA: La iniciativa en el entrenamiento en la vida cotidiana es un factor importante de sostenibilidad del proceso psicoterapéutico, es importante tener en cuenta, ¿Se dirige la acción hacia el honesto objeto de satisfacción de la necesidad? ¿Es la acción asertiva en el momento del entrenamiento para el contacto a donde quiere llegar? ¿Es este contacto que prioriza esta abarcado honestamente el logro, respecto de la motivación dominante? Forma de la pregunta: "Finalmente, ¿Qué hizo?" "¿A quien más le cuenta estas cosas que le pasan?" "Cuando lo enfrento, ¿Cómo se siente o sintió?""¿el esfuerzo realizado fue coherente con lo que recibió?¿valio la pena?¿era lo que esperaba?"

FASE DE CONSOLIDACION DEL ENTRENAMIENTO: Aquí se prioriza la consolidación del proceso psicoterapéutico y si el entrenamiento prevee factores protectivos frente a posibles recaidas o reincidencias, ¿Resulta satisfactorio y nutritivo el entrenamiento y su aplicación para que el contacto sea satisfactorio? ¿Parece que el entrenamiento fue útil y se siente tranquilo con su aplicación práctica? ¿Sostiene el cliente un apego excesivo al entrenamiento puntual y que pasaría si el entrenamiento no corresponde a la aplicación practica en el contexto real, reconociendo otros elementos inconclusos que lo justifique? Forma de la pregunta: "Revise sus sensaciones frente a lo que ha pasado" "¿Qué cree que va a pasar ahora, después de todo, y cómo se siente frente a esa expectativa?"."¿Algo más le inquieta?"

FASE DE SOSTENERSE Y FORTALECERSE: La sostenibilidad y la fortaleza van de la mano, donde es importante retomar el entrenamiento recibido para ser aplicado en la vida cotidiana, de tal manera que es un factor importante de sostenibilidad del proceso psicoterapéutico, es importante tener en cuenta, ¿Se dirige la acción a permanecer en la estabilidad del entrenamiento siendo receptivo a otras aplicaciones dentro del entorno real para satisfacer la necesidad? ¿El entrenamiento es completo y llena las expectativas deseadas a donde quiere llegar? ¿Es este entrenamiento apropiado para el objetivo planteado, respecto de la motivación dominante? ¿Realmente el entrenamiento satisface la sostenibilidad y la fortaleza como mecanismo de prevención de reincidencias? Forma de la pregunta: "Finalmente, ¿Qué hizo?" "¿Cómo lo hizo? ¿Con quien conto para hacerlo?" A quien más le cuenta estas cosas que le pasan?" "Cuando lo enfrento, ¿Cómo se siente o sintió?" " ¿El esfuerzo realizado ha sido coherente con el objetivo planteado? ¿Valio la pena? ¿Era lo que esperaba?""¿Se siente satisfecho, de haberlo hecho?"

FASE DE AUTOTRASCENDENCIA RESPONSABLE: La autotrascendencia es la meta ya que implica sostenerse y fortalecerse para minimizar los riesgos de recaida, donde es importante practicar en la vida cotidiana el entrenamiento recibido, de tal manera que es un factor importante de sostenibilidad del proceso psicoterapéutico, es importante tener en cuenta, ¿Se dirige la acción a permanecer en la estabilidad del entrenamiento siendo receptivo a otras aplicaciones dentro del entorno real para satisfacer la necesidad? ¿El entrenamiento es completo y llena las expectativas deseadas a donde quiere llegar? ¿Es este entrenamiento apropiado para el objetivo planteado, respecto de la motivación dominante? ¿Realmente el entrenamiento es el trampolín para la autotrascendencia y satisface la sostenibilidad y la fortaleza como mecanismo de prevención de reincidencias? Forma de la pregunta: "Finalmente, ¿Cómo se siente?" "¿Qué le falta por aplicar o vivir? ¿Le preocupa algo en particular?" ¿Con quien cuenta para superar las dificultades que la vida conlleva?" "Cuando recuerda lo sucedido, ¿Cómo se siente o sintió?" " ¿El esfuerzo realizado ha sido coherente con el objetivo planteado? ¿Valio la pena? ¿Era lo que esperaba?""¿Se siente satisfecho, de haberlo hecho?"¿Que le falta por vivir o experimentar o aprender?

TAREAS Y ESTRATEGIAS DE RESIGNIFICACIÓN EXISTENCIAL ADAPTADAS A LA ACTIVACIÓN ENERGÉTICA DE LA PSIQUIS PARA LA OBTENCIÓN DE EL CAMBIO SEGÚN EL MODELO ECOCLINICO.

FASES TAREAS Y ESTRATEGIA PARA LA ACTIVACION ENERGETICA DEL MODELO ECOCLINICO

1.- FASE UNO.- ACTIVAR CONTACTO: *Pre-acogida- Ingreso, Motivación inicial. "Acogida o encuentro y compromiso existencial del ser, sentir, hacer y estar".* **ACOGIDA**

TAREAS.

- Evaluación del perfil de generatividad versus perfil de vulnerabilidad para el restablecimiento y garantía de los derechos.

- Presentación del plan de los diversos planes de tratamientos y el mecanismo de evaluación del perfil del usuario para cada programa de tratamiento.

- Orientación de las normas y pautas de convivencia durante el proceso de tratamiento.

- Orientación de la metodología del proceso terapéutico desde el modelo de intervención pedagógico reeducativo eco clínico.

- Realizar diagnóstico integral

- Acercar al usuario a su red de apoyo

- Valoración del nivel de dependencia y codependencia.

- Definir causas y motivaciones para consumir.

- Definir causas y motivaciones para NO consumir

- Toma de conciencia del protagonismo personal.

- Reforzar motivos para el cambio

- Facilitar el darse cuenta

- Ampliación del panorama de conflicto

- Trabajar la ambivalencia

- Balance decisional frente a pérdidas y ganancias

- Elaborar mapa de creencias

- Priorizar el hábito de ubicarlo en cada fase y el compromiso con la misma.

- Aumentar la autoeficacia y la automotivación.

- Restituir derechos, asumiendo la defensa de sus derechos

- "Darse cuenta", Awarnesis, concienciación.

- Complimiento de normas de convivencia en el contexto,

- Realización de ejercicios prácticas vivenciales en la cotidianeidad.

- Realizar estudio de caso y definir las pautas básicas de intervención según el motivo de consulta

- Realizar reunión de trabajo en conjunto con el usuario y su familia, clarificando el proceso de tratamiento según los hallazgos encontrados.

- Facilitar el darse cuenta y reforzar la motivación al cambio

- Llevar a la toma de conciencia del protagonismo personal (autoconocimiento) por parte del usuario y se red de apoyo.

- Realizar diagnóstico integral multiaxial

- Definir las causas y motivaciones que ocasionaron el consumo

- Realizar estudio de caso y definir las pautas básicas de intervención según el motivo de consulta

- Realizar reunión de trabajo en conjunto con el usuario y su familia, clarificando el proceso de tratamiento según los hallazgos encontrados.

- Facilitar el darse cuenta y reforzar la motivación al cambio

- Llevar a la toma de conciencia del protagonismo personal (autoconocimiento) por parte del usuario y se red de apoyo.

ESTRATEGIAS

- Sensibilización y motivación para iniciar el proceso psicoterapéutico.

- Realizar el recibimiento y la acogida digna al usuario y su familia.

- Enganche individual y familiar

- Manejo de ansiedad y control de impulsos

- Exploración de recursos internos y externos

- Valoración de factores de protección y de riesgo.

- Valoración y aceptación de apoyo de vínculos afectivos

- Auto reconocimiento del ser y recursos potenciales

- Análisis de contextos y tipos de relaciones

- Reconocer las resistencias.

- Apoyo narrativo resignificando la experiencia.

- Conocimiento y empoderamiento de la normatividad colombiana, ley de infancia y adolescencia.

- Manual de convivencia institucional

- Manejo de normatividad y reglas

- Escucha activa

- Reflexión

- Interiorización

- Talleres de entrenamiento vivenciales

- Facilitar la toma de conciencia de la necesidad de desintoxicación física y recuperación nutricional, de suspensión del consumo, de integración y convivencia en grupo y manejo de ansiedad y control de impulsos

- Facilitar la toma de conciencia en la exploración de recursos internos y estrategias de afrontamiento junto con el usuario la valoración de factores de protección y de riesgo

- Facilitar la toma de conciencia de codependencia y aceptación del tratamiento por parte del grupo familiar o vínculo afectivo de apoyo realizando enganche y compromiso familiar.

- Facilitar el auto reconocimiento del ser y sus recursos potenciales logrando la ampliación y conceptualización del panorama de conflicto facilitando la expresión de sentires, acciones y deseos asumiendo un proceso de conocimiento y concientización de la enfermedad y motivación para el manejo de la misma.

- Análisis de contextos y tipos de relaciones que favorecen o aumentan el riesgo de continuar o suspender el consumo realizando una valoración de ganancias y pérdidas frente al fenómeno del consumo.

2.- FASE DOS.- 2.- VIVIR EN CONTACTO: *Motivación, adaptación y darse cuenta o concienciación:* el sujeto ve el problema y sus consecuencias con muchas dudas. Motivación; adaptación y concienciación o darse cuenta", centrada en la aceptación del motivo de consulta o ingreso y búsqueda de alternativas para un adecuado manejo del mismo; posteriormente se pasa a una etapa transitoria de encausamiento para la permanencia que se refiere a la "convivencia, aprendizaje, autodescubrimiento, aceptación y auto liberación"

TAREAS

- Toma de conciencia del protagonismo personal.

- Reforzar motivos para el cambio

- Facilitar el darse cuenta

- Ampliación del panorama de conflicto

- Aumentar las contradicciones entre lo que hace y desea.

- Balance decisional frente a pérdidas y ganancias

- Elaborar mapa de creencias

- Priorizar el hábito de ubicarlo en cada fase y el compromiso con la misma.

- Aumentar la autoeficacia y la automotivación.

- Desarrollar y fortalecer la motivación al cambio

- Desarrollar y fortalecer la toma de conciencia de la enfermedad o situaciones problemáticas

- Desarrollar y fortalecer estrategias de afrontamiento individual y familiar

- Mejorar el concepto de sí mismo y de su familia

- Profundizar en la toma de conciencia de su realidad personal

- Profundizar en el análisis del contexto y el grado de influencia para el usuario

- Profundizar en el autoconocimiento, grado de credibilidad frente a sus promesas y compromisos, y la capacidad de elección que tiene frente a su vida.

ESTRATEGIAS

- Exploración de recursos internos y externos

- Valoración de factores de protección y de riesgo.

- Valoración y aceptación de apoyo de vínculos afectivos

- Auto reconocimiento del ser y recursos potenciales del sujeto

- Análisis de contextos y tipos de relaciones con sujetos

- Reconocer las resistencias.

- Apoyo narrativo resignificando la experiencia.

- Tener conciencia clara de la propia realidad, nivel de responsabilidad frente a si mismo y capacidad de elección

- Conocer y respetar todas las normas de convivencia según la modalidad de tratamiento elegida

- Cuidar de todas las pertenencias del centro terapéutico en cada una de sus modalidades

- Ejercer el amor responsable y sentido de pertenencia, logrando un acrecentamiento al sentido de responsabilidad y respeto por todos los integrantes del programa

- Realizar acciones concretas tales como ser puntual, asistir a todas las sesiones programadas, etc.

- Lograr un mejoramiento del concepto de sí mismo y de su autocuidado, la comprensión del comportamiento y actitud adquirida en el mundo de las drogas y la necesidad de resígnificar su comportamiento asumiendo una nueva actitud y actuar en consecuencia.

- Favorecer el desarrollo de un proceso de maduración de cada usuario

- Facilitar la reestructuración de la escala de valores y la adopción de una identidad y un actuar en consecuencia y corresponsabilidad social interiorizando en su vida el concepto de sobriedad.

- Facilitar la vivencia y convivencia en un ambiente armónico.

- Asumir el compromiso de la desintoxicación física emocional, mental y espiritual, acompañada de acondicionamiento físico y recuperación nutricional, vivenciar el valor de la sobriedad y las ganancias internas y externas.

- Facilitar la toma de conciencia y el Darse cuenta de sus vivencias internas y externas, motivaciones, habilidades, destrezas, competencias y sueños, resignificando el concepto de ansiedad y control de impulsos.

- Asumir permanente mente la exploración de sus recursos internos y estrategias de afrontamiento

- Acompañar a la familia en la recontextualización y resignificación de su compromiso existencial con cada integrante de la misma

- Favorecer el análisis de cada uno de los roles asumidos por cada integrante frente al consumo de drogas de uno de sus integrantes.

- Facilitar el auto reconocimiento del ser, sus recursos potenciales y la viabilización de su proyecto de vida a corto, mediano y largo plazo.

- Facilitar la expresión de sentires, acciones y deseos y comprendiendo la enfermedad y aprendiendo estrategias de manejo como mecanismo de prevención de recaídas

- Facilitar el análisis de contextos, interacción en el medio y tipos de relaciones que favorecen o aumentan el riesgo de continuar o suspender el consumo, realizando una valoración de ganancias y pérdidas frente al fenómeno del consumo.

3.- FASE TRES.- AUTODESCUBRIR, ACEPTAR Y AUTOLIBERAR

- ❖ *Auto liberación, recontextualización y resignificación de la vida*

- ❖ *Autodescubrimiento, convivencia, aprendizaje y aceptación*

- ❖ *Disposición de cambio.*

TAREAS

- Que el cliente verbalice el compromiso de cambio

- Ayudar a elegir la mejor estrategia.

- Desarrollar un plan de actuación conjunto.

- Profundizar la toma de conciencia, conocimiento de sí mismo y su núcleo familiar y aceptación del mismo

- Favorecer la resignificación y recontextualización personal y familiar, cambios conductuales y actitudinales, crecimiento y desarrollo personal, conciencia de la problemática de las adicciones, aceptación de la misma y compromiso individual de sobriedad y prevención de recaídas.

- Profundizar en la contextualización, aceptación y valoración de su núcleo familiar y sus experiencias vividas al interior de la misma, mediante el acompañamiento existencial, afectivo y efectivo en los emprendimientos e iniciativas de los integrantes de la familia, logrando la resignificación de la vivencia de cada integrante al interior de la misma y en el contexto cercano mediante el rescate de los encuentros familiares tradicionales.

ESTRATEGIAS

- Hacer Resumen o sumarios frecuentemente

- Realizar preguntas activadoras

- Vivenciar estilos de vida saludables y el valor de la sobriedad resignificando los conceptos de ansiedad y control de impulsos, aceptando sus fortalezas y debilidades, desarrollando una paulatina y gradual reinserción social.

- Desarrollar vivencias internas y externas, motivaciones, habilidades, destrezas, competencias y sueños, encaminadas a la exploración de sus recursos internos y estrategias de afrontamiento, logrando motivarse en la búsqueda de sentido para su vida elaborando las primeras proyecciones hacia la autonomía personal, respetando y vivenciando a cabalidad los principio de la sobriedad y la convivencia

- Acompañar a la familia en la recontextualización y resignificación de su compromiso existencial con cada integrante de la misma, por medio del auto reconocimiento hacia si mismo y hacia los otros en las interacciones de convivencia familiar y social

- Construcción del proyecto de vida a corto, mediano y largo plazo.

- Análisis de contextos, interacción en el medio y tipos de relaciones que favorecen o aumentan el riesgo de continuar o suspender el consumo, realizando la valoración de ganancias y pérdidas frente al fenómeno del consumo en comparación de una conducta adaptativa y estilos de vida saludable.

- Lograr un buen desempeño y estabilidad laboral y/o educacional

- Lograr la identificación y un manejo adecuado de los mecanismos de defensa

- Asistir al proceso terapéutico las veces correspondientes a esta fase

4.- FASE CUATRO.- RECREAR LA REALIDAD

❖ *Creación Reflexión y comunicación.*

❖ *Iniciativa, entrenamiento y preparación para la vida*

❖ *Inicio del cambio*

TAREAS

- Aumentar la autoeficacia

- Informar sobre otros modelos que hayan tenido éxito

- Reflexión y auto-empoderamiento del valor de la vida, su sentido, visión y misión como pilares fundamentales en la construcción de su proyecto de vida

- Organización de planes de capacitación y psicoeducación en la construcción de proyectos de vida y la interiorización de estilos de vida saludables y desarrollo de estrategias para disminuir el riesgo de recaídas

- Manejo de relaciones afectivas y asertivas al interior del núcleo familiar, ser apoyo en los eventuales riesgos o exposiciones para que se presenten las recaídas y reafirmar los lazos familiares como mecanismo de prevención de recaídas.

- Desarrollar su proyecto de vida y las diferentes alternativas para conseguirlo

- Aceptación del si mismo con sus fortalezas y debilidades desarrollando una paulatina y gradual reinserción social, respetando y viviendo a cabalidad los principio de la sobriedad y la convivencia

- Desarrollar la motivación e inquietud de buscar el sentido para su vida

- Elaborar planes autogestionarios encaminados a la sostenibilidad individual

- Lograr un buen desempeño y estabilidad laboral y/o educacional

- Asistir al proceso terapéutico las veces correspondientes a esta fase

- Favorecer la re significación y re contextualización personal y familiar, cambios conductuales y actitudinales, crecimiento y desarrollo personal.

ESTRATEGIAS

- Apoyo narrativo

- Preguntas activadoras

- Conceptualización y reflexión del valor de la vida, visión y misión encaminadas a la construcción de sentido y proyecto de vida.

- Construcción de proyecto de vida a corto, mediano y largo plazo.

- Análisis y adaptación de estilos de vida saludables según el contexto

- Análisis de disparadores de ansiedad y deseos de consumo para prevenir recaídas

- Manejo de la afectividad y la vivencia, confrontación y análisis de roles y el juego de interacciones según necesidades individuales y familiares desarrollando una paulatina y gradual reinserción social

- Elaborar planes autogestionarios encaminados a la sostenibilidad individual para lograr un buen desempeño y estabilidad laboral y/o educacional

- Lograr el reconocimiento y superación de las diferentes problemáticas personales y la identificación y manejo adecuado de los mecanismos de defensa

- Favorecer la re significación y re contextualización personal y familiar, cambios conductuales y actitudinales, crecimiento y desarrollo personal, con conciencia de la problemática de las adicciones, aceptación de la misma y compromiso individual de sobriedad y prevención de recaídas.

- Proyecto de vida construido

- Asistir al proceso terapéutico las veces correspondientes a esta fase

5.- FASE CINCO.- ENTRENAMIENTO CON INICIATIVA

❖ *Estructuración y consolidación del proceso de desarrollo humano integral*

❖ *Se fortalece y mantiene el cambio.*

TAREAS

- Prevenir las recaídas

- Aumentar la autoeficacia

- Proyección Social.

- Realizar encuentros familiares libres de consumos de bebidas embriagantes o drogas

- Participación activa en el proceso terapéutico y fortalecimiento de pautas funcionales al interior de la familia

- Respaldo emocional, afectivo, económico para el desarrollo de su proyecto de vida. (En caso de manejo residencial visitas familiares al centro de tratamiento y visitas del usuario al interior de la familia y nivel de relación y comunicación entre estos)

- Convivencia en el contexto y entrenamiento de estrategias funcionales para prevenir recaídas

- Consolidación en el auto-empoderamiento del valor de la vida, su sentido, visión y misión

- Vivencia cotidiana de estilos de vida saludables.

- Manejo asertivo de la sobriedad y su valor

ESTRATEGIAS

- Identificación conjunta de las situaciones de riesgo y elaboración de estrategias para afrontarlas.

- Organización y orientación hacia la proyección Social.

- Participar activamente en encuentros familiares libres de consumos de bebidas embriagantes o drogas buscando el respaldo emocional, afectivo, económico para el desarrollo de su proyecto de vida.

- Convivencia en el contexto y entrenamiento de estrategias funcionales para prevenir recaídas mediante la vivencia cotidiana de estilos de vida saludables y manejo asertivo de la sobriedad y su valor

- Construcción de proyecto de vida a corto, mediano y largo plazo logrando una paulatina y gradual reinserción social

- Favorecer la resignificación y recontextualización personal y familiar, cambios conductuales y actitudinales, crecimiento y desarrollo personal logrando tener conciencia de la problemática de las adicciones, aceptación de la misma y compromiso individual y familiar de sobriedad y prevención de recaídas.

- Elaborar planes autogestionarios encaminados a la sostenibilidad individual logrando un buen desempeño y estabilidad laboral y/o educacional

- Proyecto de vida construido

6.- FASE SEIS.- CONSOLIDACION DEL ENTRENAMIENTO

❖ *Fortalecimiento y solidez del proceso*

❖ *Auto apoyo y a auto trascendencia.*

TAREAS

- Reconstruir positivamente y ayudar a renovar el proceso

- Aumentar la autoeficacia y la automotivación.

- Facilitar el desarrollo de la comunicación asertiva y manejo de habilidades sociales aprendidas en las fases anteriores, además de la vivencia de la responsabilidad, compromiso y libertad en el manejo de su vida

- Vivencia de la libertad y desarrollo de la capacidad de elección sin asumir riesgos de posibles recaídas reafirmando la seguridad personal y autonomía en la toma de decisiones

- Convivencia en el contexto y entrenamiento de estrategias funcionales para prevenir recaídas y consolidación el auto-empoderamiento del valor de la vida, su sentido, visión y misión mediante la vivencia cotidiana de estilos de vida saludables y manejo asertivo de la sobriedad y su valor por medio de la convivencia social y manejo asertivo de los limites personales en los diferentes contextos

- Lograr un buen desempeño y estabilidad laboral y/o educacional con la confianza y respaldo de la independencia controlada

- Fortalecer la conciencia de la problemática de las adicciones, aceptación de la misma y compromiso individual de sobriedad y prevención de recaídas retornando a la responsabilidad, libertad y compromiso consigo mismo y las exigencias del medio

ESTRATEGIAS

- Señalamiento emocional

- Reestructuración positiva

- Consolidación en el aprendizaje de estrategias de manejo de sobriedad

- Consolidación de aprendizaje de estrategias de desarrollo de habilidades sociales y resolución de conflictos

- Autoanálisis y reconocimiento de disparadores del deseo de consumo frente a la presión del contexto y vivencia cotidiana de estilos de vida saludables y manejo asertivo de la sobriedad y su valor

- Elaborar planes autogestionarios encaminados a la sostenibilidad individual y lograr un buen desempeño y estabilidad laboral y/o educacional

- Proyecto de vida construida y en funcionamiento

7.- FASE SIETE.- SOSTENERSE Y FORTALECERSE

Recaída: vuelve a la conducta anterior

TAREAS

- Fortalecer el aprendizaje y utilización de estrategias y mecanismos que fortalezcan los logros obtenidos a nivel actitudinal, comportamental, emocional, cognoscitivo y afectivo fomentando el mantenimiento de un estilo de vida saludable, tanto a nivel individual como en el resto de su red de apoyo socio familiar.

- Fortalecer la mantención de la abstinencia física y mental resignificando la autoconfianza, autonomía y libertad en la toma de decisiones potencializando la confianza y respeto frente a sí mismo, los otros y sus interacciones en el entorno

- Realizar la evaluación permanente de su sentir, estar y comportarse mediante el desarrollo de actividades incluyentes al interior de la familia y en el contexto social, trabajo, educación, etc.

- Fortalecer Proyecto de vida construido y sus nuevas redes sociales de apoyo

- Asistencia a controles periódicos en salud como mecanismo de prevención de recaídas, y asistencia a grupo de apoyo semanal o quincenal para fortalecerse en la experiencia de todos.

- Convivencia social y manejo asertivo de los limites personales en los diferentes contextos respetando y vivenciando a cabalidad los principio de la sobriedad y la convivencia

- Retorno a la responsabilidad, libertad y compromiso consigo mismo y en las exigencias del medio logrando un buen desempeño y estabilidad laboral y/o educacional

- Facilitar el desarrollo de la comunicación asertiva y manejo de habilidades sociales aprendidas en las fases anteriores

ESTRATEGIAS

- Consolidación en el aprendizaje de estrategias de manejo de sobriedad

- Consolidación de aprendizaje de estrategias de desarrollo de habilidades sociales y resolución de conflictos

- Autoanálisis y reconocimiento de disparadores del deseo de consumo frente a la presión del contexto

- Vivencia cotidiana de estilos de vida saludable y manejo asertivo de la autoconfianza, autonomía y libertad de elección, mediante la evaluación permanente de su sentir, estar y comportarse.

- Consolidar los planes autogestionarios encaminados a la sostenibilidad individual

- Consolidar el Proyecto de vida construido y sus nuevas redes sociales de apoyo

- Consolidación de su responsabilidad personal frente a la adhesión al tratamiento en seguimiento mensual o bimensual como mecanismo de prevención de recaídas

8.- FASE OCHO.- AUTOTRASCENDENCIA RESPONSABLE

TAREAS

- Fortalecer el aprendizaje psicoeducativo aprendido y entrenado en medio controlado

- Utilizar estrategias adquiridas y fortalecer mecanismos que fortalezcan los logros obtenidos a nivel actitudinal, comportamental, emocional, cognoscitivo y afectivo fomentando el mantenimiento de un estilo de vida saludable, tanto a nivel individual como en el resto de su red de apoyo socio familiar.

- Fortalecer la mantención de la abstinencia física y mental resignificando la autoconfianza, autonomía y libertad en la toma de decisiones potencializando la confianza y respeto frente a si mismo, los otros y sus interacciones en el entorno

- Realizar la evaluación permanente de su sentir, estar y comportarse mediante el desarrollo de actividades incluyentes al interior de la familia y en el contexto social, trabajo, educación, etc

- Fortalecer Proyecto de vida construido y sus nuevas redes sociales de apoyo con las que interactúa.

- Asistencia a controles periódicos en salud como mecanismo de prevención de recaídas, y asistencia a grupo de apoyo semanal o quincenal para fortalecerse en la experiencia de todos.

- Convivencia social y manejo asertivo de los limites personales en los diferentes contextos respetando y vivenciando a cabalidad los principio de la sobriedad y la convivencia

- Retorno a la responsabilidad, libertad y compromiso consigo mismo y en las exigencias del medio logrando un buen desempeño y estabilidad laboral y/o educacional

- Facilitar el desarrollo de la comunicación asertiva y manejo de habilidades sociales aprendidas y entrenadas en las fases anteriores

- Vivir en concordancia con lo aprendido y entrenado en el programa de tratamiento.

ESTRATEGIAS

- Consolidación en el aprendizaje de estrategias de manejo de sobriedad

- Consolidación de aprendizaje de estrategias de desarrollo de habilidades sociales y resolución de conflictos

- Autoanálisis y reconocimiento de disparadores del deseo de consumo frente a la presión del contexto

- Vivencia cotidiana de estilos de vida saludable y manejo asertivo de la autoconfianza, autonomía y libertad de elección, mediante la evaluación permanente de su sentir, estar y comportarse.

- Consolidar los planes autogestionarios encaminados a la sostenibilidad individual y familiar

- Consolidar el Proyecto de vida construido y sus nuevas redes sociales de apoyo

- Consolidación de su responsabilidad personal frente a la adhesión al seguimiento de post egreso del programa de tratamiento asistiendo a las citas programadas mensual o bimensual como mecanismo de prevención de recaídas

- Activar y practicar el plan de prevención de recaídas en el que se entrenó durante el tratamiento.

- Desarrollar y aplicar el proyecto de vida instaurado durante el desarrollo del tratamiento, enfocado al cumplimiento de la misión personal.

- Vivir su vida con sentido y significado en coherencia con lo aprendido, practicado y entrenado durante el plan de tratamiento.

- Comunicar al terapeuta que le hace el seguimiento de los posibles riesgos que se esté encontrando en el medio habitual.

- Realizar el programa de prevención ajustado a los riesgos del contexto.

- Asumir el proceso de adaptación social con serenidad y confianza en sí mismo.

RECURSOS DEL CONSULTANTE O CLIENTE.

Los Recursos del consultante, comprende la existencia del aparato psiquico con todas sus experiencias y son los aspectos constructivos y significativos de la existencia de una persona, en la cual puede encontrarse apoyo para el proceso terapéutico que se busca y obtenga, soportar o estimular el proceso de crecimiento del cliente, en el que se incluya aprendizajes, practicas creativas, relaciones y formas de funcionamiento del sujeto; al igual que la comprensión biológica para el manejo de alguna enfermedad de base, que usualmente se desarrolla de manera idiosincrática. Que mediante una aproximación estratégica implica la valoración de estos aspectos positivos. Sin embargo y hasta ahora, ha habido poco desarrollo de este argumento al interior de la Terapia ecosistémica clínica con relación a la intervención en problemáticas de consumo de drogas o de adicciones comportamentales. Este se ha dado, en su mayoría en la aproximación al trabajo con niños[49] (Oaklander, 1992; Amescua, 1995).

Sin embargo, con relación a este tema, de las conductas adictivas, desde el modelo ecoclinico, exige un marco de referencia para que la técnica resulte asertiva. Un desafío importante para los terapeutas creativos que deseen apropiarse de este modelo de intervención es que la modalidad de abordaje e intervención elegida potencie más al individuo y no al contrario que inhiba la experiencia de este. De esta manera, conocer y valorar los recursos de las personas, permite al terapeuta un campo prolífico de aproximación al otro. En la práctica clínica, las tareas y las técnicas de intervención, pueden dimensionarse e incluso diseñarse en base a estos recursos. Por eso, son parte clave del conocimiento previo del otro. La curiosidad y un genuino interés por descubrir las inspiraciones del otro, me parece la actitud básica por parte del terapeuta

---

[49] Oaklander, V (1992). *Ventanas a Nuestros Niños.* Santiago, Chile: Ed. Cuatro Vientos. O.P.S: Estadísticas de Mortalidad. Ediciones 70. Amescua, G. (1995). *La magia de los niños.* (2a ed). La Habana: Academia. 1995).

para iniciar una fase de diagnóstico. Muchas veces puede suceder que de esta exploración surjan intereses comunes, los que pueden resultar muy relevantes en la consolidación de la relación terapéutica. Las áreas que a continuación se describen, podrían resultar una base más detallada para la definición del hasta ahora vago concepto de autosoporte. *Son áreas a evaluar comunes a cualquier momento evolutivo:*

LOGROS EN LAS FASES DE ACTIVACION ENERGETICA DE LA EXPERIENCIA RELEVANTES, donde las tareas asignadas, sean estos experimentos o actividades a realizar en el ambiente natural del sujeto, requieren de una base de posibilidades, de estma manera evaluar este aspecto es crucial en el éxito de una tarea. Por ejemplo, es bastante poco probable que un sujeto, cliente o consultante pueda realizar exitosamente una visualización creativa, si no tiene la capacidad de tomar conciencia de sus propias sensaciones, o si cuenta con potentes paradigmas acerca de la expresión de sus emociones frente al terapeuta. Considero, además que fracasar en una tarea podría disminuir o mermar la expectativa de eficacia del sujeto, cliente o consultante, de allí el valor de esta indagación. Entonces, me pregunto qué es lo que la persona "lleva de ganar" respecto de su fase experiencial de activación energetica, es decir, qué pasos de una fase relevante efectivamente logra concretar.

USO POSITIVO DE LAS DEFENSAS; probablemente toda defensa tiene una ganancia, lo que significa, que si bien impiden el libre flujo de la experiencia, representa una forma de adaptación consecuente. Las personas normalmente hacemos lo mejor que podemos de acuerdo a los recursos con los que contamos y al valor que damos o intuimos a los sucesos del ambiente. Entonces, la defensa es en si misma un mecanismo autoregulatorio que se basa en la sabiduría organísmica[50] (Kepner, 1992). El camino para la disolución de una defensa que impide el crecimiento, suele requerir movimientos complejos de la relación organismo/ambiente, y no solo cambios a nivel intrapsíquico[51] (Perls, Hefferline & Goodman, 1951). En el caso de la resitencia, en una aproximación terapéutica

---

[50] Kepner, J. (1992) *Proceso Corporal.* México D.F. Manual Moderno.
[51] Perls, Hefferline & Goodman (1951), *Gestalt Therapy.* Edición de The Gestalt Journal Press,1ª ed, NY, EEUU, 1994.

descuidada, puede verse a los terapeutas intentando espontáneamente desenvolver, desenredar o "reventar" la resistencia, sumergiendo al sujeto, consultante en la, a veces innecesaria sensación de quedar avergonzado o vulnerable. Si existen alternativas a esta técnica "de choque", entonces, me parece que la elección puede o no definirse como innecesariamente violenta. En una aproximación basada en la confianza y el respeto, es posible muchas veces desarticular la resistencia, por lo que ya no es necesario considerarlo un fin, sino más bien, como el curso natural de la evolución positiva de la colaboración sujeto o consultante-terapeuta. En este sentido, la resistencia del sujeto consultante no es vista como un problema del consultante / cliente, sino como un desafío para la relación, en donde la tarea para el terapeuta es muchas veces su propia impaciencia y empatía.

APROXIMACIÓN SIMBÓLICA: Cada persona posee formas peculiares de comprender su mundo experiencial. Algunos recursos están a la mano, y otros no, son parte del funcionamiento cotidiano de las personas. Aquí, mas que centrarse en lo que "falta", apoyese plásticamente en lo que hay, incluso en lo que sobresale. Por ejemplo, tiene sentido aprovechar los sueños de aquellos sujetos, clientes / consultantes que tienen la capacidad de recordarlos. No todos pueden hacerlo. ¿Cómo construye representaciones de la experiencia de manera favorita? ¿Mediante imágenes? ¿Sonoramente?, ¿Kinestésicamente? ¿Creativa o estereotipadamente? ¿Construye metáforas simples o complejas? En otro aspecto, muchas personas poseen vías de expresión ya desarrolladas hacia formas creativas o artísticas. En vez de someter al sujeto, consultante a nuestra técnica plástica favorita, podemos aprovechar que para la persona ya son viable ciertas formas de arte. Es posible que la persona reaccione positivamente frente a material plástico que le sugiere o evoca momentos agradables.

CALIDAD DE LA RELACIÓN TERAPÉUTICA: En plena consecuencia, se esta asegurando que la evaluación diagnóstica es inevitablemente relacional. No se remite al mero análisis de los fenómenos transferenciales y contratransferenciales, sino mas bien, a la evaluación de la cualidad y la cantidad de la energía que se ha invertido en el proceso de construcción de confianzas o al posible aprovechamiento de lo que naturalmente se ha dado; ¿Qué impresión tengo de la resistencia de mi consultante hacia el proceso y como esto me afecta en la relación terapeutica? ¿Cómo me afecto frente a la posibilidad de que el sujeto, cliente o consultante se sumerja en un movimiento emocional intenso? ¿Qué hago desde mi cuerpo cuando el/la consultante me confronta?, ¿puedo decir que este es el momento propicio de la confianza para el siguiente experiemento? ¿Cómo percibe el consultante la tensión que parece experimentar cuando le confronto acerca de un tema? ¿Estaremos de acuerdo respecto del ritmo de nuestro trabajo?, etc. Un esquema interesante y complementario de reflexión al respecto lo aportan las actitudes terapéuticas básicas rogerianas.

RED SOCIAL Y AFECTIVA: Es ampliamente aceptado que la condición psicosocial de una persona define en algún grado importante las condiciones de riesgo y vulnerabilidad en las que se encuentra. Si bien la Terapia Ecosistemica clínica promulga la importancia de las interacciones relacionales para la estabilidad o inestabilidad del sujeto o cliente, es importante aclarar que la disminución del soporte ambiental en ocasiones es apropiada en pro del autosoporte, no hay que confundir esta aseveración con una apología a la autosuficiencia. En este caso, para ampliar el conocimiento y profundizar frente a este hecho, es importante tener en cuenta algunos autores que han propuesto redacciones alternativas a la clásica oración gestáltica para dar más claridad a este aspecto[52] (Zinker, 1999; Robine, 1999).

SOPORTE AMBIENTAL: Se refiere a los condicionantes externos del proceso de toma de decisiones, en donde se asegura una pérdida del recurso de la plena conciencia, por lo tanto, de la libertad de optar. Una red social sólida, en cambio, puede ser valorada concientemente como una forma de intercambio imprescindible para un contacto nutritivo. Muchas veces he visto que la pertenencia a esta red; como por ejemplo, comunitaria o familiar, suelen resultar un poderoso sostén al tratamiento. Me parece esperable y positivo, que el sujteo o consultante considere a su terapeuta parte de esa red, e incluso, al menos en un principio, manifieste cierta dependencia a esta relación en pos de la adherencia requerida

---

[52] Robine, J (1999). Contacto y Relación en Psicoterapia. (1a ed). Santiago de Chile: Cuatro Vientos.

para el tratamiento. Por cierto que *se esperaría que este evolucione hacia el autosoporte en forma progresiva*[53] (Zinker, 1999).

DINÁMICA BIOENERGÉTICA E INTEGRACIÓN: Aquí, se aprecia los estados psicocorporales, usualmente revelados por la respiración, las corazas musculares, como aspectos estructurales de la experiencia corporal, y por la presencia de estados corporales transitorios de valor afectivo, frente a sucesos de la relación organismo/ambiente. También aquí se evalua la forma en que la persona parece integrar o no dicha experiencia a la noción de sí mismo. Este elemento me parece desafiante en particular, pues algunos de los modelos en los que se forman los terapeutas, son originalmente concepciones más bien estructuralistas y suelen basarse en caminos de tipologías de la personalidad. Esto puede dictar cierto contrasentido a una posición más bien fenomenológica. En mi opinión, me parece propio al menos sugerir un estudio más dinámico de los alcances y limitaciones de las teorías originales en coordinación con las bases de la Terapia ecosistemica. Por otra parte, se puede encontrar en la obra de Kepner, una consecuente orientación acerca del fenómeno de la integración psicocorporal. La tesis de este autor es particularmente interesante, pues en algún grado parece que rescata la concepción original de integralidad del ser humano acerca del funcionamiento integrado y ecológico de la triada, finalmente teórica, *cuerpo-mente-ambiente*[54]. El sujeto, consultante iniciaría el proceso terapéutico percibiendo estos tres aspectos como entidades separadas, avanzando a un nivel intermedio de integración en el cual habría la suposición de esta relación y mayor conciencia de sí mismo. *Concluiría – en el máximo logro de su funcionamiento integrado - como una persona completa, inmediata, menos conciente y más asertiva.*

EPIFENÓMENOS RELEVANTES: *Dan espacio a integrar elementos relevantes en términos de la experiencia de cada investigador, de lectura compatible al enfoque, y que permiten a quien lo aplica una aproximación más completa y comprensiva:* historia clínica, ciclo evolutivo, condición

---

[53]   (Zinker, J. (1999). El proceso creativo en la terapia gestáltica. (1a ed). México: Paidós.

[54]   KEPNER, J.I.- El proceso Corporal. Manual Moderno. México. 1992

psicosocial, pautas de alimentación, ambiente y toxicidad, consumo de medicamentos, prácticas de sanación coayudantes, actividad física y mental cotidiana, aspectos vocacionales y laborales, procesos de identidad, funcionamiento sexual, fenómenos sociales contingentes, sentido vital, cosmovisión dominante o fenómenos de victimización; Pueden parecer relevantes otras apreciaciones de tendencias generales, por ejemplo, de acuerdo al análisis de la pirámide de satisfacción de necesidades (Maslow) o patrones de Funcionamiento Óptimo[55] (Rogers).

PSICOPATOLOGÍA: *Hay condiciones médicas o psicosociales que definitivamente pueden resultar fundamentales a la hora de considerar un procedimiento.* Este es un aspecto en el que retrospectivamente se puede encontrar frecuentes referencias, más pocas profundizaciones. Un interesante aporte acerca de la relevancia de un adecuado diagnóstico respecto a la variable de psicopatología se encuentra en Gary Yontef (1995)[56], quien señala: "...Cuando la formación y destrucción de una Gestalt se bloquea o rigidiza, cuando las necesidades no son reconocidas o expresadas, se alteran la armonía flexible y el flujo del campo organismo / ambiente. Necesidades no satisfechas forman Gestalten incompletas que claman atención y por tanto, interfieren en nuevas Gestalten..." Un claro ejemplo de esto (usando el ciclo de la experiencia Gestalt), es la necesidad de comer. Supongamos que estamos con un antojo de una hamburguesa, el primer paso, es sin duda la sensación de hambre (Sensación), después me imagino cómo es esa hamburguesa (Formación de Figura), después me dirijo al puesto donde están las hamburguesas (Movilización de energía), después pido la hamburguesa (Acción), le doy una mordida y mastico el bocado (Pre contacto), saboreo el bocado, y lo trago (Contacto), doy un trago a la coca, dejo de sentir el dolor y rugir de mi estómago (Post contacto) y finalmente me siento satisfecho, es decir barriga llena corazón contento (Reposo). Todo este ciclo, lleva a un individuo a satisfacer una necesidad, y abrir otra Gestalt. Cuando en una

---

55 MASLOW, Abraham Harold, (1991). *Motivación y personalidad.*Ediciones Díaz de Santos. ISBN 84-87189-84-9; ROGERS Carls, *Psicoterapia centrada en el cliente.* Barcelona: Ediciones Paidós Ibérica. ISBN 978-84-7509-094-8.

56 Yontef. Gary, Proceso y Diálogo en Psicoterapia Gestalt. Ed. Cuatro Vientos. México. 1995.

de las fases antes dichas: Sensación, Formación de figura, Movilización de energía, Acción, Pre contacto, Contacto, Post contacto y Reposo; existe un bloqueo de energía que impide pasar de una etapa a otra, se genera una Gestalt abierta, la cual ocupará gran parte de nuestra energía hasta ser satisfecha, de lo contrario se dara paso a la psicopatología, presentacion de un cuadro psicótico, o incluso conductas adictivas o toxicomanias, actos violentos, criminología y/o psicopatología social.

CONDICIONES DE RIESGO: *Las intervenciones teóricamente eficaces son un riesgo en la medida que ignoran la condición específica del cliente / consultante.* **RIESGO SUICIDA:** *De acuerdo a las cifras de la Organización Panamericana de la Salud a nivel mundial, el suicidio es más alto en hombres que en mujeres. Es mayor en jóvenes, y crece notoriamente en ancianos.* Los mayores precipitantes de suicidio parecen ser las enfermedades mentales, donde un 60 a un 80% de suicidios consumados se relacionan con depresión. Otras causales serían Enfermedad física, Alcoholismo, Problemas económicos, aislamiento social y disputas interpersonales. *En Colombia constituye la quinta causa de muerte en jóvenes.* En el caso de la depresión, usualmente se trata de consultantes descompensados emocionalmente, y carentes de red social afectiva. Los Hombres propenden a muertes violentas, y las mujeres, al sobreconsumo de medicamentos. En mi experiencia, la ideación suicida no es reportada necesariamente desde el primer encuentro terapeuta-consultante, y requiere de un tratamiento de mucho apoyo, usualmente multidisciplinario y calificado. Existen algunos mitos y teorías clásicas acerca de que los intentos de suicidio no son más que juegos manipulativos, o son formas de castigo. El problema de estas teorías puede que no sea su veracidad en sí, algo reñidas con una comprensión compleja de la conducta humana, sino a mí parecer y como he visto, la actitud simplificadora con la que un profesional mal preparado puede desdeñar señales claras que podrían justificar un procedimiento más apropiado y con un final menos catastrófico.

RIESGO DE VIOLENCIA FÍSICA O PSICOLÓGICA. *Las fuentes de violencia pueden ser múltiples, tales como:* intrafamiliar, accidentes automovilísticos, venganzas personales, delincuencia, racial, sexual, política, maltrato infantil, de género, desplazamiento forzado, etc... También está la violencia que se ejerce contra los derechos de las personas. Existe aquí un amplísimo campo de estudio y debate, donde constantemente se refutan antiguas teorías explicativas y se plantean otras más integradoras. *En los sistemas públicos de apoyo psicosocial contra la violencia de muchos países se aprueba la intervención multidisciplinaria, y se promueven protocolos de prevención e intervención de emergencia. En muchos casos, los profesionales de la salud mental están en el deber de conocer dichos protocolos, y los recursos de la red de apoyo disponible de atención primaria en salud de su región. El profesional está obligado o recomendado a remitir o derivar al consultante a un especialista, o a denunciar tal condición de riesgo.* Otra fuente de esta categoría tiene que ver con exponer a los consultantes a condiciones riesgosas para su integridad. Hace pocos años nos tocó conocer la trágica experiencia de una mala intervención, en la que un miembro de un equipo de apoyo psicosocial aconseja a una madre un castigo ejemplar para su hijo adolescente -una especie de intervención paradojal- impugnándola a no dejarlo entrar a casa la próxima vez que volviera tarde y ebrio. El joven paso la noche en el jardín exterior de su domicilio. El barrio era reconocido por la violencia callejera. El joven fue asaltado violentamente y muerto en horas de la madrugada de esa noche, imposibilitado de defenderse producto del alcohol. La desafortunada intervención pudo evitarse tras una evaluación sistemática de los riesgos involucrados.

LA VISIÓN DEL DIAGNÓSTICO DESDE LA TERAPIA ECOSISTEMICA, al ser encuadrada desde una óptica humanista existencial, comparte "la visión del ser humano orientado a la autorealizacion y no como individuo patologizado, sino con recursos saludables para su desarrollo optimo". Es asi que en la Terapia Ecosistemica, el diagnostico esta centrado en las posibilidades que el cliente / consultante posee, se parte inicialmente de la construcción del vínculo, de las interacciones e interconexiones que el cliente / consultante posee, del nivel de aceptación y aprobación de si mismo y de su entorno inmediato, del nivel relacional y de la capacidad de adaptación al medio histórico donde se encuentra, del grado de estructuración yoica y la capacidad de resiliencia frente a los avatares de la vida y la capacidad de toma de decisiones creativamente frente a los sucesos inesperados que la vida trae consigo, el nivel de apego dependencia o independencia para enfrentar decisiones relevantes frente a si mismo y el entorno, de la misma manera la capacidad perceptiva y observacional para ver la realidad desde diferentes ópticas y finalmente el grado de flexibilidad de ajustar paradigmas a la realidad existente; el modelo ecosistémico al tratarse de un modelo humanista existencial se aleja de esta dinámica y se sale del encuadre epistemológico. Como consecuencia de lo anterior, los terapeutas formados desde el humanismo hemos recibido poca formación en evaluación psicodiagnóstica propiamente dicha, pero por condiciones de tipo laboral en el campo de la salud necesariamente nos hemos visto obligados a la utilización de los manuales de diagnostico a nivel internacional, como es el caso del DSM IVR y el CIE10.

HOY EN DÍA LA TERAPIA ECOSISTEMICA TIENDE A LA INTEGRACIÓN. En este modelo ya no se asocia directamente al diagnóstico con el reduccionismo, es decir, aquellos modelos que reducen los procesos psicológicos a los fisiológicos, es la teoría que defiende buena parte de la integralidad del ser humano, visto como sistema dinamico en continua evolución. *El proceso diagnóstico ha sido adecuado a la teoría ecosistémica; entendido como el cuidadoso estudio fenomenológico del proceso de interaccion relacional consigo mismo y con su entorno en el proceso de activación energética para el cambio de una persona, que permite comprender la organización de su personalidad. Donde es* de vital importancia comprender en forma precisa y adecuada los paradigmas introyectados y la conducta actual de un cliente / consultante desde un comienzo de la terapia. Ya que partir de la comprensión de un diagnóstico, permite al terapeuta saber que intervenciones, secuencia y tiempo usar, y relacionar esto con experiencias previas de tratamientos similares. Como también permite estar prevenido acerca de las precauciones que se deben tomar. Si bien, aún existen discrepancias en relación a la elaboración del diagnóstico entre los psicólogos de formación humanista, diversos autores ponen de relieve la importancia que para ellos tiene llevarlo a cabo, además, de que es fundamental en la prestación de los servicios en salud para que el cliente / consultante pueda tener acceso a este servicio.

Cabe anotar que la resistencia frente al diagnostico del cliente se centra en la filosofía de la cual nace el modelo de intervención, donde se evita poner en el cliente / consultante etiquetas fijas de diagnóstico dado que éste, siempre está en el proceso y no en la persona, debido a la capacidad de movilidad permanente que este tiene, y el diagnostico se centra en algo estatico y repetitivo, por lo que resaltan los patrones de conducta que se repiten. Sin embargo, el terapeuta debe formularse un mapa mnémico que le servirá para tener un panorama general de las características de personalidad del cliente / consultante / paciente[57]. Como también, se ha de evitar las etiquetas de diagnóstico psiquiátrico *y* la mentalidad que las acompaña, pero en esta metodología sí existe una especie de tipología que visualiza un diagnostico, pero ésta tipología es del proceso y de las conductas que presenta el cliente / consultante y no del individuo como ser humano con dignidad.

---

[57] Héctor Salama, en 2001, Latner

A MANERA DE CONCLUSION

Si alguien busca la salud, preguntale si esta dispuesto, a evitar en el futuro las causas de la enfermedad; en caso contrario abstente de ayudarle SOCRATES.

Es un trabajo que apenas comienza y espero que en el trascurrir de los años, vayamos fortaleciendo este modelo para contribuir con un granito de arena a buscar alternativas de solución a una problemática tan álgida y creciente en el mundo entero.

AGRADECIMIENTOS

A todos los usuarios de la Fundacion social Gestar Futuro, quienes han solicitado el servicio de apoyo y acompañamiento del dolor humano de individuos y familias frente a la problemática de las conductas adictivas.

A todos los integrantes del equipo terapéutico de la fundacion social gestar futuro, que han trabajado conmigo a lo largo de estos años, quienes me han permitido que sea posible asesorar procesos y procedimientos, mediante estudios de caso y búsqueda de alternativas de aapoyo en el abordaje de los diferentes usuarios de la institución y de esta manera poder colaborarles y apoyarles en la ardua labor de atención diaria, sin todos ellos, esto habría sido imposible.

ANEXOS

ESTRATEGIAS PUNTUALES: AYUDAS DIDACTICAS PARA EL PROCESO DE INTERVENCION ECOCLINICA.

ANEXO No 1

PLAN DE ACTIVACION ENERGETICA PARA EL CAMBIO

PLAN DE ACTIVACION ENERGETICA PARA EL CAMBIO (FORMATO ADAPTADO DEL MODELO ECO CLÍNICO, DE NAFI, 2014)

Nombre: _____ Fecha: _____ Firma: _____

Posición existencial del ser, sentir, estar: Que tengo?	
¿Hacia dónde me oriento?	
¿Qué quiero lograr?	
¿Cuáles son las razones que me motivan para lograr movilizarme hacia el cambio que deseo?	
¿Qué pasos estoy dispuesto a dar para movilizarme hacia el cambio que deseo?	

¿Cómo me pueden ayudar otras personas a movilizarme para lograr el cambio que deseo?

PERSONAS	**POSIBLES FORMAS DE AYUDA**

¿Cómo evaluó los pasos de movilización hacia el cambio que deseo?	
¿Qué situaciones, circunstancias o personas pueden interferir con los pasos de movilización que propongo?	

Nombres y apellidos:_____ No. identificación: _____ Firma:_____

Testigo de mi compromiso de movilización hacia el cambio: _____, No. Identificación: _____, Firma: _____

El plan de activación energética para el cambio, será revisado y evaluado dentro de _____, días, contados a partir de hoy. Día____ Mes: ____, Año: _____

Profesional responsable del acompañamiento y seguimiento: _____ cargo: No. T:P: o RP:

Familiar o vínculo significativo de apoyo con mi propósito: _____ No.CC: _____ Firma:

ANEXO No 2

PROCESO DECISIONAL DE ACTIVACION ENERGETICA PARA EL CAMBIO

PROCESO DECISIONAL DE ACTIVACION ENERGETICA PARA EL CAMBIO, (FORMATO ADAPTADO DEL MODELO ECO CLÍNICO, DE NAFI, 2014)

Nombre: _____ Fecha: _____
Las personas que presentan conductas adictivas generalmente pueden identificar muchas ventajas y desventajas para mantener o abandonar la conducta adictiva de sustancias toxicas tales como el alcohol u otras drogas y/o conductas comportamentales como las ludopatías, apego a relaciones afectivas dependientes o adicción a las nuevas tecnologías entre otras; donde se invita a colocar en una balanza y contrastar o sopesar las ventajas y las desventajas –pros y contras-, en un esfuerzo por decidir si continua o suspende la conducta adictiva. En el siguiente cuadro, escriba los pros (ventajas) y los contras (desventajas) de mantenerse con la conducta adictiva toxica o no toxica o comportamental.
EVALUESE CON SINCERIDAD CON RELACION A LAS VENTAJAS Y DESVENTAJAS DE MANTENER LA CONDUCTA ADICTIVA

VENTAJAS	DESVENTAJAS
__:	__:
__:	__:
__:	__:
__:	__:
__:	__:

EVALUESE CON SINCERIDAD CON RELACION A LAS VENTAJAS Y DESVENTAJAS DE ABANDONAR LA CONDUCTA ADICTIVA

VENTAJAS	DESVENTAJAS
__:	__:
__:	__:
__:	__:
__:	__:
__:	__:

Revise la lista y califique las razones mencionadas según la importancia que tengan para usted. Posteriormente califique dichas razones siendo el número 5 como la más importante y el numero 1 la menos importante; sume los valores y realice el siguiente ejercicio.
UNA VEZ REALIZADA LA EVALUACION DE VENTAJAS Y DESVENTAJAS, ANALICE SINCERAMENTE EL COSTO EMOCIONAL, SOCIAL Y ECONOMICO, DE MANTENER O ABANDONAR LA CONDUCTA ADICTIVA. Es importante tener en cuenta que muchas personas que presentan una conducta adictiva tóxica o No tóxica, expresan que continúan manteniendo la PAUTA, porque el costo de dejar de hacerlo les parece muy alto o riesgoso. Esto determina la utilidad para decidir si participa o no en algún tratamiento que examine los beneficios y los costos específicos que tiene mantener las cosas como están. *En la tabla a continuación, escriba ejemplos de lo que usted puede ganar y perder si continúa con la conducta adictiva, y de lo que podría ganar o perder si dejara o abandonara la conducta adictiva.*

BENEFICIOS DE CONTINUAR CON LA CONDUCTA ADICTIVA	COSTOS DE CONTINUAR CON LA CONDUCTA ADICTIVA
BENEFICIOS DE DEJAR O ABANDONAR LA CONDUCTA ADICTIVA	COSTOS DE DEJAR O ABANDONAR LA CONDUCTA ADICTIVA

*** Dialogue con su terapeuta sobre los aspectos mencionados por usted en cada uno de los ítems o recuadros contestados. Con base en la información obtenida, respóndase los siguientes interrogantes:

¿Es más favorable para mí, continuar mi vida haciendo que hago? Si__ No__, Explique...

¿Me conviene comprometerme a buscar y logar un cambio en mi vida, con relación a las conductas adictivas que en la actualidad tengo o presento? SI__ NO__, Explique...

¿Según el hallazgo encontrado, que me recomiendo a mí mismo?

¿Según el hallazgo encontrado, cuál es la recomendación que me hace mi terapeuta?

¿Según la información obtenida, cual es el compromiso que asumo frente a mí mismo, y que tipo de ayuda o colaboración requiero de las personas significativas en mi vida, (terapeuta, familia, pareja, hijos, amigos, padres, etc.)?

Acta de compromiso y consentimiento informado, en caso de aceptar el tratamiento psicoterapéutico, para asumir juntos la construcción del plan de trabajo según las necesidades y perfil especifico de cada sujeto o usuario para continuar el proceso psicoterapéutico de activación energético para el cambio, asumiendo responsabilidades de movilización y actualización hacia los logros que se planteen.

FIRMAS DE LAS PARTES. (En el presente formato y en formatos adjuntos de acta de compromiso y de consentimiento informado)

_____   _____

Nombres Nombres

_____   _____

Nombres Nombres

ANEXO 2.1.

FORMATO CARTA DE COMPROMISO

FECHA: _____

Yo: _____,
Identificado con C.C. No._____, de_____, como
representante legal y acudiente de: _____,
Identificado con T.I./NUIP,RC No._____;

DECLARAMOS QUE HEMOS SIDO INFORMADOS Y ACEPTAMOS LA NORMAS DE LA INSTITUCIONAL QUE SE EXPONE A CONTINUACIÓN COMO CONDICIÓN PARA PODER ACCEDER AL PROCESO DE TRATAMIENTO ESPECIALIZADO AMBULATORIO O INTERNADO, SEGÚN SEA EL CASO DE ACUERDO AL PERFIL QUE CORRESPONDA DE MI REPRESENTADO, PARA REALIZAR EL PROCESO DE TRATAMIENTO EN LA INSTITUCION.

1. Acogernos a los lineamientos terapéuticos de tratamiento, tanto de mi representado, como de la familia, en cuanto a la asistencia y participación directa en el proceso terapéutico en psicoterapias individuales, grupales, multifamiliares y recreativas para el manejo de la conducta adictiva y en general de las pautas de dependencia y codependencia. El trabajo terapéutico y compromiso del mismo de mí representado como usuario y nosotros como su familia.

2. **Acogernos y aceptar la semana de observación y valoración completa de todos los profesionales para realizar un diagnóstico personalizado a nivel individual y familiar del proceso a seguir en el tratamiento de las conductas adictivas.**

3. Nosotros, usuario y familia que solicitamos el servicio de la institución asumimos un trato de respeto hacia el resto de usuarios y colaboradores de la institución. Este trato hace referencia a evitar completamente algún tipo de agresiones verbales, físicas, amenazas, insultos, levantamientos de voz,

tiempos de espera, etc.; y es extensible a todos los demás usuarios compañeros que se encuentran en tratamiento, a las familias que los acompañan y a todo el personal que labora en la institución.

4. Aceptar y cumplir las normas de convivencia y de tratamiento en los procesos psicoterapéuticos con mi representado como usuario y nosotros como familiares, manejo de horarios de trabajo terapéutico y actividades lúdicas pedagógicas y de descanso.

5. Respeto hacia las instalaciones físicas del centro de tratamiento, enseres del mismo, (dotación institucional materiales, herramientas y equipos); haciendo un uso adecuado y correcto de todos y cada uno de los servicios que el centro oferta en los tiempos y condiciones que me han especificado y que yo conozco a nivel ambulatorio y residencial.

6. No violentar puertas o ventanas para sustraer objetos o pertenencias de la institución para realizar negociaciones o presiones al personal de turno.

7. No evadirse del centro de atención ambulatorio o residencial sin realizar los trámites administrativos en compañía de su familia, quienes solicitaron el servicio de atención especializada o de la autoridad competente, que remite.

8. Evitar el porte, consumo y tráfico (incluidas pastillas y alcohol) no está permitido en el centro, ya que se trabaja bajo el enfoque libre de drogas y abstinencia completa de las conductas adictivas, en caso de presentar ansiedad o Craving Informar al personal de turno para manejo terapéutico.

9. Recoger muestras de orina para realizar pruebas de control a nivel toxicológico para verificar sobriedad y compromiso en el tratamiento, cuando el equipo de profesionales lo solicite en cualquier momento.

10. El horario de acceso a los servicios del centro queda establecido en el siguiente horario: Internado 24 horas al día por treinta

días cada mes, durante el periodo de tratamiento, según el nivel de complejidad de la conducta adictiva, el cual requiere compromiso y trabajo continuo del usuario y de la familia, para la familia; quienes aceptamos para nuestro caso el horario de mi representado es:_____, y nosotros como familia es:_____, pudiendo ser modificado por el personal profesional, en función de las necesidades y compromiso en el tratamiento. Solo se realizara los tratamientos especializados en cuanto al manejo de las conductas adictivas, por personal autorizado del control y seguimiento, en cuanto al manejo de otras patologías médicas, la familia asumirá los respectivos controles de acompañamiento fuera del centro con otros profesionales.

11. Realizar un aprendizaje mancomunado tanto del usuario como de la familia como mecanismo de prevención de recaídas e inclusión social a la salida del centro de atención en el manejo de las conductas adictivas

12. La familia del usuario asumirá directamente la gestión administrativa de entregar las epicrisis o informe mensual y documentación en las EPS o entidad Contratista para solicitar las autorizaciones de continuidad del tratamiento y pago oportuno a la Institución, como trámite administrativo que verifica el pago de los servicios prestados en la continuidad del proceso terapéutico.

13. Asumir la mantención de unas condiciones higiénicas básicas de presentación personal y aseo para permanecer en el centro y participar de las actividades terapéuticas.

14. El incumplimiento de alguna de estas normas puede conllevar a la cesación de los servicios de la Institución, de manera temporal o indefinida, ya que son parte fundamental del proceso de tratamiento, aprendizaje y entrenamiento para el manejo de la enfermedad de las conductas adictivas.

15. **Declaramos que hemos leído el presente documento íntegramente, incluyendo el plegable de derechos y deberes**

durante el tratamiento, afirmando que tenemos claridad sobre los derechos, deberes y requisitos administrativos que se deben cumplir durante el proceso, por el cual nos sometemos al mismo.

Para constancia se firma a los_____ días del mes de _____ de_____

USUARIO	REPRESENTANTE LEGAL USUARIO
NOMBRES Y APELLIDOS: _____	NOMBRES Y APELLIDOS: _____
No IDENTIFICACION: _____	No IDENTIFICACION: _____
FIRMA: _____	FIRMA: _____
DEFENSOR DE FAMILIA Y/O REPRESENTANTE ADMINISTRATIVO DE EPS	QUIEN RECIBE / FUNCIONARIO INSTITUCIONAL
NOMBRES Y APELLIDOS: _____	NOMBRES Y APELLIDOS: _____
DIRECCION: _____	CARGO: _____
FIRMA: _____	REGISTRO PROFESIONAL: _____
	FIRMA: _____

OBSERVACIONES Y/O RECOMENDACIONES: _____

_____
_____
_____
_____

Aprobado. _____

NELLY AIDE FAJARDO IBARRA

DIRECTORA CIENTIFICA Y REPRESENTANTE LEGAL

ANEXO 2.2.

FORMATO DE CONSENTIMIENTO INFORMADO EN CLÍNICA DE TRATAMIENTO PARA USUARIOS QUE PRESENTAN CONDUCTAS ADICTIVAS.

Yo: _____
_____, Identificado con C.C. No._____, de_____, en calidad

de representante legal y acudiente de: _____, Identificado con T.I./NUIP,RC No._____, de__.

MANIFIESTAMOS QUE:

Hemos recibido toda la información necesaria de forma confidencial, clara, comprensible y satisfactoria sobre la naturaleza y propósito de los objetivos, procedimientos, horarios, tiempo de tratamiento, honorarios o gestión administrativa con entidad de protección o de salud, que cubren el costo del tratamiento a lo largo del proceso a seguir, aplicándose los artículos referidos a las normas de confidencialidad establecidas en el Código deontológico de los/as profesionales que asumen el proceso de atención integral. Por otra parte y para un mejor resultado de la evaluación y tratamiento psicoterapéutico los diferentes profesionales guardaran confidencialidad de los datos obtenidos del usuario, salvo en el caso de existir un riesgo para su vida y salud o la de terceros.

Adicionalmente, acepto la aplicación de las diversas técnicas, estrategias y procedimientos para llevar a cabo el proceso psicoterapéutico en todas y cada una de sus partes, incluyendo la toma de exámenes de laboratorio, la aplicación de pruebas psicotécnicas, al inicio y durante el proceso; como también el manejo de medicamentos en caso de necesitarse.

Por lo que CONSIENTO Y AUTORIZO:

NOMBRES Y APELLIDOS COMPLETOS. No IDENTIFICACION.

FIRMA.

_____

Para realizar el citado tratamiento de atención integral. Por lo tanto se firma en la ciudad de Pasto, a los _____ días, del mes de _____, del año _____

USUARIO	REPRESENTANTE LEGAL USUARIO
NOMBRES Y APELLIDOS:_____ _____	NOMBRES Y APELLIDOS:_____ _____
No IDENTIFICACION:_____	No IDENTIFICACION:_____
FIRMA:_____	FIRMA:_____

Firma del profesional institucional: _____

Nombres y apellidos completos: _____

Cargo en la entidad: _____

Registro profesional: _____

ANEXO No. 3

EL DIARIO DE VIDA

FECHA	ACONTECIMIENTOS O EVENTOS	OBSERVACION REFLEXIVA	LECTURA EMOCIONAL	APRENDIZAJES
OBSERVACIONES O RECOMENDACIONES PARA SI MISMO				

*** **NOTA:** Registro escrito, de acontecimientos, eventos, sucesos o hechos del sujeto, la frecuencia con que suceden los hechos a nivel de sensaciones, emociones, pensamientos y comportamientos según la problemática que esté trabajando. Ayuda al sujeto incrementar la consciencia de sí mismo, la autopercepción sobre la conducta y sus consecuencias y al terapeuta y el equipo de trabajo le facilitan realizar observaciones que le permitan proponer cambios específicos en los hábitos disfuncionales.

ANEXO No. 4

FORMATO DE BALANCE DECISIONAL. ACTIVACION ENERGETICA PARA EL CAMBIO.

NOMBRES Y APELLIDOS COMPLETOS:	
FECHA:	
SITUACION ACTUAL:	CONDUCTA PROBLEMA
MOTIVOS PARA CAMBIAR: tener en cuenta los afectivos o emocionales, cognoscitivos, educativos o formativos. Sociales, familiares y laborales	
QUE PASA SI CAMBIO?	QUE PASA SI NO CAMBIO?
VENTAJAS	DESVENTAJAS
QUE ESTRATEGIAS ME PUEDEN AYUDAR A DESEAR Y MANTENER EL CAMBIO	
QUE ESTOY DISPUESTO(A) HACER PARA CONTINUAR CON EL DESEO DE CAMBIAR	
A QUIEN LE PUEDO PEDIR AYUDA PARA FORTALECER MI DESEO DE CAMBIO	
COMO ME PUEDEN AYUDAR LOS OTROS A MANTENER EL DESEO DE CAMBIO	
COMO ME PUEDEN AAYUDAR LOS OTROS A CONTINUAR CAMBIANDO	
QUE GANANCIAS TENGO CON EL CAMBIO	
COMO EVALUO MI PROCESO DE CAMBIO	
A QUE ME COMPROMETO DESDE HOY	

*** **NOTA:** Es un registro escrito de las razones para continuar igual y las razones para desear el cambio. Sirve para clarificar las dificultades y los beneficios de la conducta problema o de cualquier cambio.

ANEXO No 5

FORMATO DE ACTIVACIÓN ENERGÉTICA HACIA EL CAMBIO

NOMBRES Y APELLIDOS COMPLETOS:	FECHA DE AUTOVALORACION:
DESE CUENTA DE SUS SENSACIONES, IMPRESIONES O SOBRESALTOS REPETITIVOS O REITERATIVOS A NIVEL: Físico – corporal, emocional o estados afectivos, cognoscitiva o pensamientos recurrentes o repetitivos, comportamientos o conductas frecuentes.	Que siente
DESE CUENTA DE SUS PERCEPCIONES, APRECIACIONES O DISCERNIMIENTOS REPETITIVOS A NIVEL: Físico – corporal, emocional o estados afectivos, cognoscitiva o pensamientos recurrentes o repetitivos, comportamientos o conductas frecuentes.	Cómo reacciona
DESE CUENTA DE SUS PENSAMIENTOS, REFLEXIONES O IDEAS REPETITIVAS A NIVEL: Físico – corporal, emocional o estados afectivos, cognoscitivo o pensamientos recurrentes o repetitivos, comportamientos o conductas frecuentes.	Que piensa
DESE CUENTA DE SUS CONDUCTAS, COMPORTAMIENTOS, ACTUACIONES, PROCEDERES O PROCEDIMIENTOS REPETITIVOS A NIVEL: Físico – corporal, emocional o estados afectivos, cognoscitiva o pensamientos recurrentes o repetitivos, comportamientos o conductas frecuentes.	Que hace
EVALUE EL GRADO DE COHERENCIA entre los cuatro ítems valorados o evaluados anteriormente, explique:	Hay coherencia entre lo que siente, reacciona, piensa y hace? Si___ No____ explique:
CON RELACION A LO ANTERIOR, PODRIA EXPLICAR QUE TAN COHERENTE ES... lo que siente, con lo que piensa, con lo que expresa o dice y con lo que hace? EXPLIQUE...	
EN BASE A LAS PREGUNTAS ANTERIORES, A QUE LE DA MAS VALOR? "al sentir, al expresar o comunicar, al pensar o al hacer" justifique su respuesta... explique...	
SU MANERA NORMAL O HABITUAL DE RESPONDER A LOS ACONTECIMIENTOS O EVENTOS DE LA VIDA COTIDIANA ES... ¿por lo que siente, por lo que comunica, expresa o dice, por lo que piensa o por lo que hace?, evalué su percepción sensorial, la cual responde a los estímulos cerebrales logrados a través de los 5 sentidos, vista, olfato, tacto, auditivo, gusto, los cuales dan una realidad física del ambiente; justifique su respuesta o de ejemplos.	
Tome conciencia dándose cuenta de su manera de funcionar frente a la vida cotidiana, que lo impulsa internamente a responder.... Es por lo que siente? Por lo que desea comunicar o expresar?, por qué piensa? O por lo que desea hacer?	

NOTA Aunque se haya decidido iniciar el cambio, la ambivalencia puede persistir, ya que si no conoce la manera habitual de responder desde su sí mismo a los estímulos externos, difícilmente podrá manejarlos y responder a ellos de manera asertiva, activarse energéticamente hacia el cambio consiste en actuar en coherencia desde lo que cada sujeto es y tiene. Este formato ayuda a clarificar al sujeto puntos clave de incidencia repetitiva de la sensaciones, emociones, pensamientos y comportamientos que se presentan en su cotidianeidad y de esta manera entrenarse para poder manejarlos con asertividad y resiliencia.

ANEXO No. 6

FORMATO DE EVALUACIÓN DE LA INTENSIDAD DE LOS EVENTOS ESTRESORES O ANSIEDAD Y EL NIVEL DE COMPROMISO PARA EL CAMBIO.

EVENTO O CIRCUNSTANCIA REAL	CONCIENCIA DE REALIDAD ACEPTACIÓN DEL EVENTO	EXPLICACIÓN O AMPLIFICACIÓN DEL EVENTO	COMPROMISO Y RESPONSABILIDAD EN EL MANEJO DEL EVENTO
Cambios en el ciclo vital de la familia			
Eventos estresores			
Cambios en la estructura familiar, roles, funciones, número de miembros pautas de interacción y negociación, por diversas razones			
Pérdida de algún miembro de la familia nuclear, o familia extensa y amigo cercano			
Embarazo, nacimiento de algún nuevo miembro			
Uso y abuso de sustancias dentro de la familia			
Violencia intrafamiliar y abuso sexual			
Conflictos con la ley			
Acontecimientos negativos: Producen dolor y daño pero no amenazan la vida del sujeto. (*Alteraciones familiares graves, *Desgracias familiares, *Desgracias personales, *Desgracias catastróficas, *Desastres naturales, *Situaciones provocadas por otras personas			

VALORACION DEL NIVEL DE COMPROMISO, Y ADAPTACION FUNCIONAL DEL SUJETO.

Manejo del evento	OBJETIVO o meta a lograr	RECURSOS, lista humanos, financieros y materiales	PLANIFICACION, que hacer, porque, donde, cuando, quién y cómo?	COMUNICACIÓN, a profesional, al usuario a la familia, compartir el plan, las tareas a realizar, conocer con claridad deberes y derechos	ACCION. plan en movimiento, trabajando tareas asignadas, supervisando progresos	EVALUACION, estudio de caso, supervisando el desarrollo de tareas asignadas, que funciona y que no funciona y porque? que se puede repetir y que no, e implementar nuevas oportunidades y estrategias para fortalecer el proceso?

*** NOTA: aquí se busca una valoración realista, de las dificultades presentes y de los temores que suceden en el proceso de intervención, en la primera parte, posteriormente el terapeuta tras valorar los compromisos y responsabilidades del sujeto o cliente para lograr el cambio, una vez haya escrito y verbalizado el análisis, se puede empezar a visualizar la elaboración y construcción de un plan de acción personalizado, con objetivos concretos, útiles, alcanzables y medibles a corto plazo, como lo muestra la segunda parte de valoración del nivel de compromiso, y adaptación funcional del sujeto, con relación a suprimir la presentación de los eventos estresores, en el caso de las conductas adictivas, el manejo de la ingesta de alcohol u otras drogas, con la tendencia a disminuirlo o erradicarlo. El hecho de que el cliente verbalice su compromiso de cambio aumenta las posibilidades de éxito, preparándose a la presencia de eventos impredecibles o situaciones esperables, o en su defecto situaciones extraordinarias extra situacionales, donde se puede responder con asertividad, si se ha realizado un plan adecuado y a la medida.

ANEXO No 7

FORMATO DE LA REALIZACIÓN DE CAMBIOS ACTIVOS

PARÁMETROS DE VALORACION	Sentido de auto-eficacia	Riesgo de reincidencia	Parámetro a practicar o entrenarse para disminuir el riesgo de reincidencia
Distorsiones cognitivas			
Mecanismos de defensa			
Conciencia emocional			
Empatía con el otro			
Toma de decisiones			
Tolerancia a la espera o frustración			
Reducción del conflicto			
Tolerancia a la ambigüedad			
Tendencia al riesgo			
Impulsividad o poco control de impulsos			
Prevención del riesgo			
Estilo de vida positivo y autónomo			

NOTARetomar el control de la vida, requiere de un trabajo y entrenamiento continuo y permanente frente a las situaciones que la vida nos presenta diariamente, de esta manera, es necesario que el sujeto se apropie de su situación y se comprometa a realizar el entrenamiento específico para fortalecer y mantener los cambios activos y recurrentes a largo plazo

ANEXO No 8

FORMATO DE MANTENIMIENTO DE LOGROS

META A LOGRAR:					
AMBITOS O PARAMETROS	ORIENTACIÓN	TAREA	HABILIDAD	APRENDIZAJE	MEJORA
Clima psicológico: Desarrollo de habilidades sociales, regulación emocional y control de la ira, reestructuración cognoscitiva y entrenamiento en técnicas de afrontamiento					
Clima motivacional: Desarrollo del pensamiento orientado al trabajo psicoterapéutico hacia la autoeficacia y aprobación social llevando a cabo un plan de acción, demostrando sus habilidades					
Clima contextual: Desarrollo de habilidades interacciónales y comuni-cacionales orientado al análisis e interdependencia en la toma de decisiones.					
Clima situacional: Desarrollo de la percepción ante situaciones explicitas concretas transmitidas al compartir con otros.					
Estado de implicación e involucra-miento: En cuanto a la disposición personal, percepción de la realidad contextual, motivacional y de activación energética.					
Conducta de logro: Manejando situaciones conflictivas de la vida diaria incluyendo la jerarquización de situaciones, resignificación situacional, relajación, entrenamiento en afrontamiento y manejo de la situación o enfermedad en la practica diaria					

*** **NOTA:** En las conductas adictivas, por generar una activación directa al sistema nervioso del ser humano; por ejemplo frente a la pregunta, que hará cuando le ofrezcan tabaco, licor, spa?" esto debido a que la psiquis humana, en el circuito dopaminérgico presenta la tendencia a activarse y de esta manera, sin ninguna explicación, que en muchas ocasiones el cliente no comprende se presenta, de ahí que hay que fortalecer las estrategias de entrenamiento y mantenimiento para que cuando se presente la activación dopaminérgico, el cliente esté preparado para fortalecer las estrategias aprendidas para el manejo de estos impulsos y prevenir la reincidencia a estados anteriores.

ANEXO No 9

FORMATO DE EVALUACIÓN DE REINCIDENCIAS O RECAÍDAS IDENTIFICACIÓN Y CONTROL DEL PROCESO DE RECAÍDA

IDENTIFI-CACIÓN DE ANTECEDENTES DEL CONSUMO	SEÑALES INTERNAS DE ALERTA DE RECAÍDA	EVALUACIÓN DE SITUACIONES DE RIESGO
-.*Identificación de antecedentes del consumo de drogas*	-.Dificultad para pensar claramente.	**Riesgo de la negación** de la problemática o el deseo inconsciente y recurrente estas dos últimas semanas
-.**Analizar el comportamiento desde una perspectiva conductual.**	-.Dificultad para reconocer sentimientos y emociones.	**Comportamiento evasivo y defensivo,** bajo la creencia de tener todo bajo control, "la dejo cuando quiero y yo nunca volveré a consumir", con cierto aire de grandeza y poderío, asumiendo una postura defensiva y de preocupación por otros olvidándose de sí mismo.
-.**Comprender la influencia de esta en sí misma y por la presión de contexto**	-.Dificultad en recordar cosas. -.Dificultad para manejar el estrés.	**Creando situaciones de crisis,** bajo la perspectiva de visión en túnel, desencadenando situaciones de conflicto con los demás, demostrando evidencias de alteración en la salud mental, tipo depresión menor, como enojo, miedo y tristeza, y/o deseos de destruir lo obtenido, donde empiezan a fallar los planes propuestos o programados.
-.**Identificar las situaciones estimulantes o favorecedoras del consumo de drogas.**	-.Dificultad para dormir descansadamente. -.Dificultad de movimientos corporales.	**Inmovilización,** bajo la premisa de estar soñando despiertos, con rasgos específicos de pensamiento fantasioso, o sentimientos de que "nada puede ser resuelto", sobresaliendo el deseo inmaduro de ser feliz, bajo la premisa inmadura del deseo de que alguien me haga sentir feliz, de afuera hacia adentro, evadiendo su propia responsabilidad, asumiendo la postura de, hacer una tormenta en un vaso con agua, sin solucionar los diversos conflictos emocionales y por ende evadiendo la responsabilidad de sus decisiones y acciones, con conciencia de que si "algo está mal" hay que hacer algo al respecto.
-.**Aprender a valorar las consecuencias que se derivan de cada comportamiento.**	-.Sentimiento de vergüenza, culpa y desesperanza.	**Confusión y sobre reacción;** periodos de estar confundido sin justificación alguna, o irritación con los amigos, familia, compañeros de grupo sin explicación alguna, con alta tendencia hacia el enojo, con baja tolerancia a la espera y baja tolerancia a la frustración.
	-.Riesgo de Alta preocupación por sí mismo y negación de estar preocupado (proceso de negación) comportamiento evasivo y defensivo	**Depresión;** con hábitos alimenticios irregulares, falta de deseo o de motivación a ejecutar acciones para solucionar dificultades, hábitos irregulares para dormir, pérdida de la estructura funcional diaria, y periodos de depresión profunda.
		Pérdida del control del comportamiento, con asistencia irregular a reuniones de grupos de Alcohólicos Anónimos y de narcóticos Anónimos, y de tratamiento terapéutico; bajo una actitud de "no me importa" y de rechazo abierto a la ayuda, "no necesito de nadie, yo puedo solo", con expresiones de sentimientos de impotencia y no ser útil.
	-. Comportamiento compulsivo (no parar hasta lograr lo que se quiere).	**Reconocimiento de la pérdida de control.** Expresado en autocompasión (pobre de mí como sufro, nadie me comprende). Pensamiento de uso social (creo que puedo consumir un poco en la fiesta). Pensamiento de uso a escondidas (consumiré sin que se den cuenta, ni mi familia ni el grupo de apoyo de Alcohólicos Anónimos); con mentiras conscientes y frecuentes, con explicaciones irracionales e injustificadas y la presencia de obsesión por el consumo (deseos irrefrenables de consumir).
	-. Comportamiento impulsivo (hacer las cosas sin pensar en las consecuencias).	**Reducción de opciones,** con la presencia de resentimientos irracionales, falta de motivación de seguir recuperándose en grupos de autoayuda y terapeuta. Soledad inmensa y abrumadora (nadie me comprende, me siento solo......) Sentimientos de frustración (es tan difícil mi recuperación y enfrentar la vida misma...); Sentimientos de enojo y rabia (no me dan lo que yo quiero). Sentimientos de impotencia (ya no puedo consumir y lo deseo tanto....) Sentimientos de tensión (no puedo con tantos problemas). Pérdida del control del comportamiento (me ganan mis emociones
	-. Tendencia hacia la soledad.	provocando daño).
		Cuando se regresa **AL CONSUMO,** estar junto a una persona que está consumiendo, regreso de manera gradual al consumo de dicha sustancia, expresando tener control y manejo, experiencia de vergüenza y culpa por volver a consumir. Pensamiento de "ya lo hice, y no me importa lo que digan los demás" Pérdida de control de sí mismo emocionalmente.

IDENTIFICACION Y CONTROL DEL PROCESO DE RECAIDA		
AUTORREGISTROS Y AUTO INFORMES PARA RECONOCER LOS ASPECTOS DE UNA EVENTUAL RECAIDA	EVALUACIÓN DE EXPECTATIVAS DE AUTOEFICACIA	EVALUACIÓN DE ESTRATEGIAS DE AFRONTAMIENTO
-. *Identificación y control del proceso de recaídas.* -. Conocer la diferencia entre una recaída y un fallo, así como la forma más eficaz de intervenir en cada uno de ellos para facilitar el mantenimiento de la abstinencia. -. Aprender a identificar aquellos sucesos y comportamientos que anteceden a un proceso de recaída, con objeto de hacer más fácil su control. -. Dotar de un esquema teórico que facilite el análisis de una recaída, así como de estrategias que ayuden a combatir los efectos de violación de la abstinencia. -. Las motivaciones de una eventual recaída se deben a: *al mal manejo emocional,* ya que los estados emocionales negativos como la ira, frustración, ansiedad, pánico, depresión, previos o recurrentes a la recaída. Por otro lado los conflictos interpersonales, tales como una ruptura matrimonial o de pareja, divorcio, abandono, separación, disputas y conflictos, deudas, muerte de un familiar, es otro factor de alta incidencia al igual que la Presión social o influencia de otras personas para que el sujeto adicto vuelva a consumir. -. LA FUGA GEOGRAFICA (Como irse de fiesta, son grandes precipitadores o desencadenantes de la recaída), donde los adictos prueban los límites que hay alrededor de ellos, los cuales violan las leyes y ven que tan lejos pueden llegar, aumentando la excitación de sus actuaciones; los cuales caen en problemas financieros, legales, conyugales, familiares, gastan grandes sumas de dinero y no ven el futuro, para un adicto el sentimiento desagradable se convierte en una señal para vivir la adicción, y no una señal para pedir ayuda a compañeros del grupo de autoayuda de A.A., terapeuta, o consigo mismo. -. Finalmente, LA OBSESION MENTAL, es frecuentemente una indicación de tensión y por ende justificación para recaer en el consumo.	-. Autoinformes promoviendo la generalización de los logros terapéuticos a los contextos habituales del sujeto -. Técnicas de entrenamiento en habilidades sociales y toma de decisiones -. Desarrollo de estrategias de inclusión al entrenamiento de personas cercanas al sujeto para apoyarlo en contextos naturales del mismo -. Entrenar al sujeto en: a) detección de situaciones de riesgo para que se presente una recaída, b) prevención en toma de decisiones aparentemente irrelevantes, que al parecer inofensivas podrían acarrear mayor nivel de riesgo, c) adopción de respuestas de afrontamiento adaptativas. -. Conocer, familiarizarse y manejar el craving o deseo intenso irrefrenable de consumo o ansia por la droga, el cual lleva a obnubilar la capacidad de decisión presentándose la tendencia de ser automático y autónomo, que aun cuando se intente reprimir, posteriormente aparece como una compulsión -. Las recaídas siempre van de la mano con los cambios emocionales del sujeto, debido al estrés emocional o estados de ansiedad intermitentes debido al deseo inconsciente del consumo debido a la memorización de la conducta disfuncional en el sistema mesolímbico y circuito dopaminérgico, la cual tiene grabada la sensación de placer, la cual busca que se vuelva a repetir, donde la voluntad del sujeto o capacidad de decisión, no cuenta mucho, ya que este deseo impulsivo y voluntario es difícil de contener si está sometido a situaciones de riesgo, por lo tanto en entrenamiento de autoeficacia va encaminado a no involucrarse en situaciones de riesgo.	-. Aprende y desarrolla estrategias de afrontamiento ante los antecedentes del consumo de drogas. -. Realiza un proceso de entrenamiento para evitar vincularse a situaciones de riesgo sin necesidad -. Constata la importancia de disponer de situaciones y actividades que faciliten la aparición de comportamientos alternativos al consumo de drogas. -. Incrementa las habilidades de auto confianza y auto refuerzo positivo.

*** NOTA: Una actitud del terapeuta y la familia debe ser bajo parámetros de calidez, acogida y acompañamiento, exenta de ser punitiva y descalificadora, con un mensaje claro de que un desliz aislado, no tiene que implicar una recaída total que ocasione desmotivación, que puede ser efectiva para reforzar el sentido de autoestima del usuario para que no abandone la nueva conducta iniciada y se fortalezca eficazmente con la utilización de las herramientas que ya aprendió a aplicar. Conviene evaluar los intentos previos de cambio y los sentimientos asociados a la aparición de la conducta tales como culpa, enojo, placer, alivio de estrés, etc. Así, como la falta de habilidades para afrontar la nueva conducta o la presencia de situaciones estresantes del entorno. Mientras que las estrategias motivacionales son más importantes en los primeros momentos de iniciación del cambio como en el darse cuenta, la activación energética para el cambio, la resignificación de experiencias, el empoderamiento de herramientas para el manejo de las mismas, el nivel de conciencia en el balance decisional, la realización de cambios, el mantenimiento de logros y por ende la satisfacción de tener el control en el manejo de la conducta adictiva o el manejo del evento estresor y determinación activa en el desarrollo y aplicación del plan de cambios para la adquisición de las habilidades de afrontamiento, experimentando un adecuado sentimiento de autoestima y eficacia en la consecución de la meta terapéutica planteada en el abordaje del motivo de consulta.

ANEXO No. 10

FORMATO DE DARSE CUENTA Y DE ACEPTACION CON PAUTA DE NO VIOLENCIA O AGRESION, SEGÚN EL PROCESO DE ACIVACION ENERGÉTICA PARA EL CAMBIO.

CONCIENCIA DEL DARSE CUENTA O ACTIVACIÓN ENERGETICA		
PARÁMETRO	INDICADORES O ASPECTOS A PROFUNDIZAR	RESULTADO PARTICULAR DE CADA SUJETO
FASE ACTIVAR EL CONTACTO	SE CENTRA EN: 1) ¿Identificar cuál es la conducta problema?, 2) ¿Identificar las sensaciones inherentes a la conducta problema? 3) ¿Estas sensaciones se encuentran relacionadas con otras conductas problema, ciclos inconclusos, factores toxicológicos, musculares o neuroendocrinos?	**Como preguntar:** "¿Qué sensaciones tienes en su cuerpo cuando hablamos de esto?" "¿Dónde lo siente?" "¿Es como qué?" "¿Agradable o desagradable?" **EXPLIQUE...**
FASE DE VIVIR EN CONTACTO	Fase de "motivación; adaptación y concienciación o darse cuenta", que corresponde a la responsabilidad experiencial del sujeto o cliente, ¿Reporta responsabilidad por la propia experiencia o la proyección de sus experiencias? ¿Valora la experiencia sensorial como argumento relevante en la noción de sí mismo?	**Como preguntar:** "¿Qué cree que le muestra esto que siente en relación al hecho que describe?" "¿Significa que esto que siente depende de lo que el otro diga o haga?" "Ahora que percibe esto que siente... ¿De qué se da cuenta?"... **Explique...**
FASE DE AUTODESCUBRIR, ACEPTAR Y AUTOLIBERAR	¿Se permite a sí misma la aparición de estados emotivos? ¿Identifica estos estados como motivaciones?	**Como preguntar:** "¿De qué tiene ganas?","¿Cómo se siente cuando se da cuenta de esto?" "¿Qué le impide sentir esto?" "¿Cuál es el problema con sentirse así?".... **Explique...**
FASE DE RECREAR LA REALIDAD	Centrada en la creación, reflexión y comunicación, o motivos para actuar, es importante evaluar; ¿Se permite la expresión directa de un estado afectivo? ¿Tiene coherencia y consistencia la acción expresada? ¿Se constatan actos reflexivos de culpabilización o retro flexivos? ¿Cuál parece ser la intensidad del movimiento energético y cómo este parece sobrepasar a quien lo experimenta en el sentido del autocontrol?	**Como preguntar:** ¿Qué va a hacer?" "¿Cómo piensa lograrlo?" "¿Cómo hace para expresar esto cuando es su necesidad hacerlo?" "si no resulta, ¿qué piensa hacer?" "¿cómo lo va hacer?""¿Cuenta con alguien para hacerlo?.... **Explique...**
FASE ENTRENAMIENTO CON INICIATIVA	La iniciativa en el entrenamiento en la vida cotidiana es un factor importante de sostenibilidad del proceso psicoterapéutico, es importante tener en cuenta, ¿Se dirige la acción hacia el honesto objeto de satisfacción de la necesidad? ¿Es la acción asertiva en el momento del entrenamiento para el contacto a dónde quiere llegar? ¿Es este contacto que prioriza esta abarcado honestamente el logro, respecto de la motivación dominante?	**Como preguntar:** "Finalmente, ¿Qué hizo?" "¿A quién más le cuenta estas cosas que le pasan?" "Cuando lo enfrento, ¿Cómo se siente o sintió?""¿el esfuerzo realizado fue coherente con lo que recibió?¿valio la pena?¿era lo que esperaba?...... **Explique...**
FASE DE CONSOLIDACION DEL ENTRENAMIENTO	Aquí se prioriza la consolidación del proceso psicoterapéutico y si el entrenamiento prevée factores protectivos frente a posibles recaídas o reincidencias, ¿Resulta satisfactorio y nutritivo el entrenamiento y su aplicación para que el contacto sea satisfactorio? ¿Parece que el entrenamiento fue útil y se siente tranquilo con su aplicación práctica? ¿Sostiene el cliente un apego excesivo al entrenamiento puntual y que pasaría si el entrenamiento no corresponde a la aplicación práctica en el contexto real, reconociendo otros elementos inconclusos que lo justifique?	**Como preguntar:** ¿Se dirige la acción hacia el honesto objeto de satisfacción de la necesidad? ¿Es la acción asertiva en el momento del entrenamiento para el contacto a dónde quiere llegar? ¿Es este contacto que prioriza esta abarcado honestamente el logro, respecto de la motivación dominante?... **Explique...**

FASE DE SOSTENERSE Y FORTALECERSE	La sostenibilidad y la fortaleza van de la mano, donde es importante retomar el entrenamiento recibido para ser aplicado en la vida cotidiana, de tal manera que es un factor importante de sostenibilidad del proceso psicoterapéutico, es importante tener en cuenta, ¿Se dirige la acción a permanecer en la estabilidad del entrenamiento siendo receptivo a otras aplicaciones dentro del entorno real para satisfacer la necesidad? ¿El entrenamiento es completo y llena las expectativas deseadas a dónde quiere llegar? ¿Es este entrenamiento apropiado para el objetivo planteado, respecto de la motivación dominante? ¿Realmente el entrenamiento satisface la sostenibilidad y la fortaleza como mecanismo de prevención de reincidencias?	**Como preguntar:** "Finalmente, ¿Qué hizo?" "¿Cómo lo hizo? ¿Con quién conto para hacerlo?" A quien más le cuenta estas cosas que le pasan?" "Cuando lo enfrento, ¿Cómo se siente o sintió?" "¿el esfuerzo realizado ha sido coherente con el objetivo planteado?¿valió la pena?¿era lo que esperaba?""¿se siente satisfecho, de haberlo hecho?"... **Explique...**
FASE DE AUTOTRASCENDENCIA RESPONSABLE	La auto trascendencia es la meta ya que implica sostenerse y fortalecerse para minimizar los riesgos de recaída, donde es importante practicar en la vida cotidiana el entrenamiento recibido, de tal manera que es un factor importante de sostenibilidad del proceso psicoterapéutico, es importante tener en cuenta, ¿Se dirige la acción a permanecer en la estabilidad del entrenamiento siendo receptivo a otras aplicaciones dentro del entorno real para satisfacer la necesidad? ¿El entrenamiento es completo y llena las expectativas deseadas a dónde quiere llegar? ¿Es este entrenamiento apropiado para el objetivo planteado, respecto de la motivación dominante? ¿Realmente el entrenamiento es el trampolín para la auto trascendencia y satisface la sostenibilidad y la fortaleza como mecanismo de prevención de reincidencias?	**Como preguntar:** "Finalmente, ¿Cómo se siente?" "¿Qué le falta por aplicar o vivir? ¿Le preocupa algo en particular?" "¿Con quién cuenta para superar las dificultades que la vida conlleva?" "Cuando recuerda lo sucedido, ¿Cómo se siente o sintió?" "¿El esfuerzo realizado ha sido coherente con el objetivo planteado? ¿Valió la pena? ¿Era lo que esperaba?""¿Se siente satisfecho, de haberlo hecho?"¿Qué le falta por vivir o experimentar o aprender? ... **Explique...**

***NOTA: La movilización energética para el cambio (MEC) son estrategias de toma de conciencia de posibilidades, centradas en el cliente que explorar el accionar personal y van encaminadas a ampliar el panorama individual del sujeto para resolver ambivalencias y empezar a construir hábitos que promuevan estilos de vida más saludables, buscando facilitar al sujeto o cliente que se posicione hacia el deseo de cambio, provocando el aumento de motivaciones internas y externas en la construcción de su proyecto de vida adaptado y funcional

ANEXO No. 11

FORMATO DE PAUTAS DE CO-CONSTRUCCION DEL PROCESO PSICOTERAPEUTICO

ETAPA UNO	ETAPA DOS	ETAPA TRES	ETAPA CUATRO	ETAPA CINCO
Análisis bionergético personal	Análisis estratégico familiar	Co-construcción del accionar del cambio en el sistema	Proceso psicoterapéutico y manejo relacional en la asunción de estrategias terapéuticas.	Redefinición y re encuadre en la estabilización del sistema fortaleciendo el accionar psicológico del cambio en el subsistema afectado.
Observación del cuerpo del sujeto o cliente	Evaluación de las relaciones de poder e interacción con los integrantes del núcleo familiar	Identificación de la situación problemática y construcción de hipótesis en conjunto	Connotación y redefiniciones positivas en cada subsistema en aras de mejorar el funcionamiento adaptado y armónico del sistema en general.	Entrenamiento psicoeducativo en técnicas cognitivas encaminadas a evitar aquellas etiquetas o rotulaciones que se venían utilizando los subsistemas frente al portador del síntoma, lo que en muchas ocasiones dificultan el cambio.
Trabajar autobiografía personal, comprender la historia	Evaluación y toma de conciencia de las diversas interacciones y/o contactos con los integrantes de la familia	Comprender e identificar el círculo causal del problema con el compromiso de cada subsistema	Tareas directas, responsabilidades y compromisos con cada subsistema.	Toma de conciencia o darse cuenta del tipo de etiquetas que se venían utilizando en el sistema en general y por cada subsistema.
Evaluar resonancias de la historia personal y el nivel de energía del sujeto o cliente y la energía de apoyo del terapeuta	Evaluar las percepciones y resonancias energéticas del sujeto con los integrantes de la familia, el sentido de pertenencia y de vinculación afectiva con los mismos	Evaluar e identificar los recursos de apoyo de cada subsistema en aras de conciliar el camino seguir para fortalecer la vinculación afectiva y el sentido de pertenencia entre los integrantes del sistema	Manejo de metáforas interaccionáles y comunicacionales a partir de los recursos que cada subsistema posee.	Evaluar el grado de afectación de la etiqueta impuesta a cada subsistema y la respuesta de este frente a la etiqueta impuesta o a las comparaciones realizadas al interior del sistema y el nivel de respuesta que esperaban los otros integrantes del sistema, en comparación a la respuesta dada.
Contrastar las percepciones sensoriales y emocionales con relación a la historia personal y el nivel de trasferencia con el terapeuta	Contrastar con los integrantes de la familia las percepciones, sensaciones y emociones del sujeto con cada integrante de la familia	Centrar la atención en las coaliciones de los subsistemas para evitar manipulaciones y recorrer el camino en igualdad de condiciones entre los diferentes subsistemas	Entrenamiento asertivo en base a tareas simuladas con cada subsistema para el manejo equitativo entre ellos y evitar dificultades relacionales e interaccionáles en el sistema en general.	Entrenamiento asertivo y procesual en el cambio de rotulación del síntoma o la problemática subyacente al subsistema rotulado donde el terapeuta redefine la situación en términos positivos en busca de que el sujeto estigmatizado o rotulado descargue sus cogniciones, emociones, percepciones y comportamientos asumidos por el dolor experimentado frente al rotulo y de esta manera cambie su percepción que tiene de sí mismo y de la problemática.

Retomar los permisos que el sujeto, cliente o paciente otorga al terapeuta para ser "tocado" confrontado, evaluado y posicionado frente a su realidad personal y sus vivencias emocionales y la presentación de sus bloqueos y las posibilidades de visualizar y proponer alternativas de desbloqueo.	Retomar los permisos de la familia y del sujeto para ser tocados en ambiente terapéutico con la única finalidad de restituir canales de comunicación e interacción efectivo emocional, visualizando posibilidades de desbloqueo energético y por ende restituir relaciones vinculares.	Retomar los permisos otorgados a nivel individual para ser fortalecidos a nivel familiar en el sistema completo con la finalidad de co-construir un recorrido a seguir en igualdad de condiciones respetando las imágenes de poder y otorgándoles la posición existencial que a cada cual le corresponde.	Una vez otorgado el permiso de todos los subsistemas se realizan tareas paradójicas entre los integrantes. En primera instancia se pide al sujeto que presenta la disfuncionalidad de adicciones que tome nota de las circunstancias que rodean la aparición del síntoma y se lo somete a control voluntario buscando incrementar la capacidad de hacer desaparecer el síntoma con la ayuda de los subsistemas, especificando la clase de ayuda que se pide a cada subsistema.	Entrenamiento asertivo y procesual en el cambio de rotulación del síntoma o la problemática subyacente al interior del sistema; donde el terapeuta redefine la situación en términos positivos facilitando que los integrantes del sistema comprendan la problemática subyacente del subsistema estigmatizado o rotulado en busca de que el sistema en conjunto descarguen sus cogniciones, emociones, percepciones y comportamientos asumidos por el dolor experimentado frente a los comportamientos y conductas que presentaba el subsistema por el cual se veían afectados y de esta manera cambien su percepciones que tenían del subsistema portador del síntoma o propiciador de la problemática

Evaluación y confrontación de las posturas del cliente en los planos corporal, emocional, cognoscitivo, relacional y de prospección en la construcción de su proyecto de vida	Evaluación y confrontación de las posturas de los integrantes de la familia con relación al sujeto en tratamiento encaminado a disminuir bloqueos y facilitar canales de comunicación e interacción emocional, relacional y de apoyo vincular en el proceso psicoterapéutico.	Evaluar y confrontar el sistema en conjunto dirigido a fortalecer relaciones armónicas y adaptadas respetando las líneas de poder (autoridad, manejo de roles) y dirección familiar evitando coaliciones que afecten el desarrollo normal de la interacción familiar en la construcción de individuos sanos para la sociedad.	Para fortalecer el compromiso de cada subsistema en la ayuda que se propone al subsistema afectado que mantiene el síntoma conscientemente (pauta adictiva, conflictos conyugales, fobias, obsesiones, manifestaciones somáticas, etc.) se realiza un proceso psicoeducativo de entrenamiento de manejo de la conducta problema y respaldarlo cuando se presente, de tal manera que se pide a cada subsistema que exprese al sistema involucrado en la problemática que se responsabilice de sus acciones asumiendo las estrategias de ayuda, como por ejemplo el responsabilizarse de tomar medicamentos para disminuir la aparición del craving en el caso de las conductas adictivas o el expresar que se encuentra en estado de ansiedad para apoyarlo en el manejo de la situación y evitar recaer en la conducta adictiva	Para fortalecer el proceso de reestructuración y resignificación del síntoma del subsistema que afecta a todo el sistema se propone directamente al sistema en pleno la realización de otras conductas alternativas por medio de aproximaciones sucesivas en apoyar positivamente al subsistema afectado para que asuma la responsabilidad de manejar la problemática que presenta, reconociendo los pequeños logros mediante la aprobación positiva, responsabilizarlo de pequeñas tareas bajo supervisión, de motivarlo reconociendo el valor que posee dentro del sistema en momentos de dificultad en aras de empoderarlo y fortalecer la confianza en si mismo del poder que posee para controlar y manejar la conducta problema o enfermedad y hacerle tomar conciencia que cuenta con el apoyo de todos.

Restituir el flujo energético del sujeto por medio de estrategias psicofísicas como el manejo de la respiración como medio canalizador del flujo energético ayudándole al sujeto a entrar en contacto con su sí mismo o a self, centrándolo en sus sensaciones ayudándolo a contactarse con su respiración y sus emociones retomando su autobiografía y los diferentes eventos que bloquearon su experiencia personal re contextualizando y resignificando los diversos eventos y experiencias de bloqueo por su historia personal y familiar	Restituir el flujo energético de interacción vincular afectivo, relacional y comunicacional por medio de estrategias corporales, de contacto emocional por medio del psicodrama entrenándose en conjunto para disminuir bloqueos e incrementar patrones comunicacionales, co-construyendo la historia familiar, re contextualizando eventos dolorosos y resinificándolos ampliando el panorama de conflicto y colocándose en el lugar del otro, comprendiendo su situación sin juzgar, ni culpabilizar, aceptando las situaciones tal cual como se presentaron.	Restituir el flujo energético de la familia, realizando acuerdos en la implementación de las estrategias a seguir por cada integrante y por la familia en grupo para superar la sintomatología de uno de los integrantes que desestabilizo el sistema, porque al interior del sistema no había equidad y congruencia en el flujo energético de apoyo con cada subsistema.	Entrenamiento del sistema en restituir el flujo energético interaccional y de sentido de pertenencia sin juzgamientos o etiquetamientos de quien provoca el síntoma, haciendo tomar conciencia de que cada subsistema es responsable de la aparición del síntoma en el sistema en general, donde se entrena a todos los integrantes del sistema en el manejo del síntoma favoreciendo una comunicación asertiva entre los integrantes como forma de fortalecer la unión y la solución de conflictos orientándolos en actitudes y comportamientos positivos en el ejercicio de sus roles en aras de evitar fortalecer estrategias manipuladoras de unos para con otros y de esta manera evitar la aparición del síntoma.	Entrenar a todo el sistema incluyendo al subsistema afectado justificando asumir positivamente las tareas o recomendaciones que como terapeuta las hace; ya que cuando se presenta una mayor congruencia entre la creencia o la acción mantenida y la necesidad sentida del sistema en persuadirlo frente a la presentación del síntoma o conducta problema, más alta es la probabilidad de que la conducta se presente o produzca; de tal manera que el entrenamiento está centrado en manejar la prescripción del síntoma enfocado con el aporte de datos concretos y reales en aras de posibilitar una evaluación más rigurosa para mejorar la eficacia del tratamiento y prevenir de esta manera conductas de riesgo y por ende prevenir reincidencias.

Una vez contextualizado y re significado el panorama que provoco el conflicto se trabaja con el sujeto la posibilidad de restituir el derecho a vivenciar y expresar la emociones y los sentimientos que no pudieron ser sentidos ni expresados en su momento por la historia personal y contextual del sujeto tales como el odio, dolor, terror, tristeza, esto es abrir la historia congelada, que no le ha permitido expresarse tal cual es en su momento histórico, que lo ha llevado a sentirse inadecuado en la mayoría de situaciones de interacción con otros y esta enorme dificultad de sostener encuentros sociales satisfactorios lo ha llevado a buscar externamente sustitutos de adaptación inadecuados como la utilización de sustancias alucinógenas.	Una vez contextualizado y resignificando el panorama de conflicto, se construyen estrategias en conjunto para encaminarse a restituir lazos afectivos, interaccionales, comunicaciones y de sentido de pertenencia perdonando situaciones dolorosas, de odio, terror o tristeza debido a las experiencias negativas vividas en el contexto familiar por repetición de pautas, e historias mecanizadas a lo largo del tiempo histórico de la vivencia y convivencia del núcleo familiar, resignificando imaginarios, actitudes y comportamientos autoimpuestos a lo largo del ciclo evolutivo familiar por medio de las alianzas y coaliciones que se presentan en el transcurso de la vida de los integrantes del sistema familiar.	Una vez contextualizado y resignificando el panorama de conflicto del sistema y el grado de afectación a cada subsistema, se construyen estrategias para el manejo asertivo y resiliente en la vivencia y convivencia al interior del sistema restituyendo la vinculación afectiva con cada subsistema, aportando significativamente en la restitución del sentido de pertenencia entre los integrantes del sistema convirtiéndose en soporte significativo de unos para con otros por medio de la aprobación positiva estableciendo un marco relacional de compromiso y poder entre los diferentes subsistemas con el fin de cambiar los factores que generan desequilibrios en el manejo de poder, en la asunción de roles y en la retroalimentación de unos para con otros frente a las reacciones y actuaciones en la vivencia y convivencia cotidiana del diario vivir.	Una vez clarificada la responsabilidad de todos y entrenados en el manejo de la conducta problema o aparición del síntoma, se fortalece la vinculación afectiva basada en la aprobación positiva, la representación de roles y el establecimiento de límites los cuales deben ser practicados al interior del sistema logrando un cambio de visión al interior del sistema modificando los constructos cognitivos, emocionales y relacionales entre los subsistemas.	Para finalizar la intervención se busca que el sistema en conjunto en alianza de unos para con otros en la estabilización del sistema asuman una posición de colaboración de unos para con otros desplazando de manera provisional el síntoma, proporcionando al subsistema afectado directamente con la conducta problema que se dé cuenta del valor que posee como persona frente al poder del síntoma (necesidad del consumo de drogas), desplazándolo de su contexto original evitando que la manifestación de este sea generalizada, el cual se puede hacer de dos formas, uno de espacio (desplazarse o evitar el contexto de riesgo) y otro de tiempo (prolongar el tiempo del deseo de consumo, con ayudas externas como el manejo de medicamentos para evitar la crisis de abstinencia y estabilizar el sistema dopaminérgico o el acompañarlo a realizar actividades distractoras por referentes positivos afectivos que le generan un espacio de apoyo frente a la crisis); la tarea consiste en tomar conciencia de la frecuencia, e intensidad del síntoma, para que sujeto identifique y recupere el control de su poder personal sobre el síntoma y disminuir la creencia de que el síntoma o deseo de consumo lo puede controlar, aumentando el nivel de seguridad y eficacia en el manejo del síntoma o conducta problemática. Para lograr este aspecto es fundamental el tratamiento integral donde la enfermedad adictiva hay que manejarla a nivel neurobiológico estabilizando el sistema dopaminérgico para disminuir los efectos negativos del síndrome de abstinencia.

***NOTA: El proceso psicoterapéutico co-construido para la movilización energética para el cambio (MEC) es posible siempre y cuando se suman las estrategias psicoterapéuticas de manera puntal y en corresponsabilidad de todos los actores, ya que el psicoterapeuta únicamente es la luz en el camino como asesor e integrar las múltiples posibilidades que posee cada uno de los actores del sistema en tratamiento para fortalecer las potencialidades de un subsistema que se encuentra afectado directamente y que por ende afecta a todo el sistema y que todo el sistema afecta directa o indirectamente a este subsistema, por lo tanto; el accionar personal y del sistema en su conjunto están encaminadas a ampliar el panorama individual del sujeto para resolver ambivalencias y empezar a construir hábitos que promuevan estilos de vida más saludables, buscando facilitar al sujeto o cliente y al sistema en general que se posicionen hacia el deseo de cambio, provocando el aumento de motivaciones internas y externas en la construcción de su proyecto de vida adaptado y funcional a nivel personal y familiar en su contexto real.

IMPORTANTE,en el caso del consumo de drogas y enfermedades mentales donde hay un desequilibrio neurobiológico por incremento o disminución de la actividad normal de los diferentes neurotransmisores o moduladores del nivel neurobiológico es necesario buscar el equilibrio biológico por lo tanto la ayuda médica farmacológica es indispensable para disminuir el sufrimiento físico y emocional, que únicamente con procedimientos psicoterapéuticos, psicoeducativos y de entrenamiento para manejo de la enfermedad no es factible, por lo tanto el apoyo es integral.

ANEXO No. 12

FORMATO DE PAUTA DE RESPONSABILIDAD INTERSUBJETIVA

RESPONSABILIDAD PERSONAL	RESPONSABILIDAD SOCIAL	TOMA DE DESICIONES Y JUICIO MORAL
COMO SE VE A SI MISMO	COMO MANEJA LA PRESION DE GRUPO	QUE HAGO FRENTE A MI MISMO Y CON RELACION A LOS OTROS SEGÚN MIS PRINCIPIOS
COMO SE VE A SI MISMO FRENTE A LA REALIDAD DE OTROS	COMO MANEJA LAS RELACIONES INTERPERSONALES	COMO INTEGRA SU REALIDAD EN COMPARACION CON LA REALIDAD DE OTROS
QUE TIPO DE JUICIOS EMITE FRENTE A SI MISMO	QUE TIPO DE JUICIOS EMITE FRENTE A LAS SITUACIONES PARTICULARES DE OTROS	LOS JUICIOS EMITIDOS LE APORTAN EN LA CONSTRUCCION DE SU VIDA Y EN LA TOMA DE DESICIONES…EXPLIQUE…
COMO CONSTRUYE SU REALIDAD A PARTIR DE SUS PROPIAS EXPERIENCIAS	COMO CONSTRUYE SU REALIDAD A PARTIR DE LA EXPERIENCIA DE OTROS	QUE DECISIONES TOMA PARA SU VIDA?
QUIEN ES USTED?	CUAL ES SU RESPONSABILIDAD SOCIAL DESDE SU SER PERSONAL?	QUE DECISIONES SE DEBEN TOMAR DESDE SU SER PERSONAL Y RESPONSBILIDAD SOCIAL?

*** NOTA***La intersubjetividad enfatiza que la cognición compartida y el consenso es esencial en la formación de nuestras ideas y relaciones sociales; por lo tanto las dificultades individuales, no son separadas del ámbito social, por lo tanto la responsabilidad intersubjetiva nos atañe a todos por que tiene que ver con la generación de normas, actitudes y valores los cuales generan cohesión social según el nivel de relaciones interpersonales que vivamos y fomentemos entre nosotros.

ANEXO No. 13

FORMATO DE PAUTA DE COMPRENSIÓN PROCESAL

REALIDAD	CONTEXTUALIZACIÓN	PROCESO	RESULTADO
Realidad personal actual	Análisis de mi realidad	A donde quiero llegar	Que meta deseo alcanzar u obtener
Como estoy	Como me veo	Como me quiero ver	Como quiero estar
Como me siento	Que muestro o expreso	Que deseo sentir y mostrar	Como quiero ser
Como me encuentro	Como me relaciono	Que resistencias presento	Como quiero encontrarme
Que deseo o aspiro	Que tengo hasta el momento	Que estoy dispuesto a dar o hacer	Que tanto quiero logar
CUÁL ES MI PROYECTO DE VIDA, ENTENDIDO COMO PROCESO A CORTO, MEDIANO Y LARGO PLAZO.			

NOTA los seres humanos somos un proceso continuo, en crecimiento e inacabado, no es una función estática o inmutable, como desarrollo ontogenético se está formando por etapas y eslabones que a medida que se va desarrollando actúa en concordancia posibilitando su funcionamiento, por lo tanto comprender la naturaleza procesal a nivel biológico, psicológico, social y espiritual facilita comprender el potencial que cada sujeto posee para realizar las diversas tareas de la vida y por ende ir resolviendo los conflictos que se vayan presentando.

ANEXO No. 14

FORMATO DE PAUTA DE COMPLEJIDAD

AMBITOS	INFORMACION	CONOCIMIENTO	COMPROMISO	ESTRATEGIA
	Que está sucediendo?	Interpretación de la información, que podría estar sucediendo o para que se presenta de esta manera? aprendizajes	Que podemos hacer?	Que haremos?
	Acciones y reacciones		En términos de actuaciones a nivel físico, psicológico, social, espiritual	Como lo haremos o hacemos?
				Según el resultado que busquemos
SUJETO y OBJETO				
COMO RELATIVIDAD TEMPORAL				
CUANDO RELATIVIDAD CONTEXTUAL				

NOTA Frente al fenómeno multicausal del consumo de drogas o conductas adictivas para intervenir en un proceso psicoterapéutico es indispensable realizar este cuestionario aparentemente complejo que ayuda a visualizar el grado de compromiso frente la conducta adictiva, brindando parámetros específicos de intervención, haciendo la claridad que el sujeto es la persona que está inmersa en un proceso de psicoterapia y el objeto es la conducta o síntoma que desencadena la problemática, en cuanto a la relatividad temporal se refiere al proceso en el momento actual de como el sujeto se encuentra frente a si mismo con los diversos recursos de los cuales dispone a nivel interno o potencialidades como sujeto y externo como el grado de vinculación afectivos y referentes protectivos; como de los dispositivos sociales en el contexto para ayudarse en la solución de su sintomatología y por último <u>la relatividad contextual</u> se refiere a los juicios evaluativos del contexto o grado de estigmatización social y las posibilidades con las que cuenta para salir de dicha situación problemática.

GLOSARIO

ACTIVACIÓN ENERGÉTICA NEUROBIOLÓGICA O INTRAPSÍQUICA: se refiere al proceso interno cerebral, en el manejo de la información externa la cual ingresa a la psiquis de cada ser humano y esta a su vez es procesada internamente en nuestro YO, como respuesta a los diferentes estimulos, tanto internos como externos estimulando las miles de neuronas existentes en nuestro cerebro, la cual genera multiples imputs nerviosos sensoriales los cuales activan el accionar psicológico que posee cada ser humano y la manera de reaccionar frente a los acontecimientos que la vida le presenta favoreciendo la resignificación de expereincias

ACTIVACION ENERGETICA PARA EL CAMBIO: Es la fuente de energía responsable de activar el comportamiento de los individuos, cumpliendo una función directiva, donde cada fuente impulsora es específica para cada conducta. Que dependiendo de la intensidad en la movilización de la energía o esfuerzo se lleva a cabo determinada acción, lo que implica una selección de la dirección para la ejecución de la acción, estableciendo de qué modo o hacia qué meta se dirige la acción. Este aspecto energético ha recibido diferentes denominaciones: arousal (Anderson), tensión dinamogénica (Courts), movilización de energía (Duffy) y activación (Duffy y Malmo, éste es el término que se usa de forma genérica para indicar el aspecto energético o de intensidad de la motivación). Por lo tanto desde el modelo ecoclinico; se le da el nombre de activación energética, partiendo del principio neurobiológico, la cual genera multiples imputs nerviosos sensoriales los cuales activan el accionar psicológico que posee cada ser humano y la manera de reaccionar frente a los acontecimientos que la vida le presenta favoreciendo la resignificación de experiencias

ÁREAS LIBRES DE CONFLICTO, Conjunto de funciones que, en un momento determinado, tienen efecto fuera del campo de los conflictos mentales. Es una dotación innata de funciones que no guarda relación directa con los impulsos. Es un importante instrumental auxiliar que el Yo podrá usar para resolver los conflictos que se le presentan en su relación con el inconsciente y la Realidad. Es la parte "sana" que posee la psiquis de un individuo que le permiten vivir con adecuada capacidad de adaptación, las cuales aportan los datos de pronóstico, en cuanto a la fuerza yoica o del yo, favoreciendo el desarrollo de expectativas de esperanza, actitud proactiva frente a la necesidad de cambio, apoyándose en los aspectos positivos, etc.

AUTO-REGULACIÓN EMOCIONAL, Es la capacidad específica de la Inteligencia Emocional del sujeto para intervenir y modificar el curso y la generación de las propias emociones, tanto antes como durante la emoción misma; aquí el papel de las emociones entra a jugar un papel importante y fundamental, ya que estas son respuestas a los acontecimientos que son significativos para una persona y existe un amplio rango de emociones o respuestas posibles, en función de cómo se interpretan las situaciones, y en función de los paradigmas personales y familiares, los códigos culturales, los cuales expresan una clara realidad social, por lo tanto, saber analizar los feed-back significativos, son un elemento crucial, sabiendo qué lo que se piensa, cómo se siente y como se reacciona ante los mensajes externos que provienen de las ordenes o mandatos de los demás, son importantes, ya que de ahí surgen las creencias irracionales, las distorsiones cognitivas y los pensamientos automáticos, según los componentes cognitivos, fisiológicos, comportamentales y sociales, donde se tiene en cuenta que: En primer lugar, *la experiencia subjetiva depende de cómo se interpreta y recuerda una situación.* Por lo tanto, las sensaciones y sentimientos surgen, precisamente, de cómo se definen las situaciones. De esta manera, aprendiendo a reconocer tanto los pensamientos como situaciones con que suelen ir asociadas las emociones constituye un objetivo clave si se quiere aprender a manejarlas. En segundo lugar, *las vivencias emocionales tienen un importante componente fisiológico*, tales como, los cambios de temperatura de la piel, ritmo cardíaco, sudoración..., y de hecho, en los seres humanos se ha comprobado sobre el peso que puede ejercer el hambre, el cansancio, el estrés o el ejercicio físico, tanto en el estado de ánimo como en las emociones personales, donde *los cambios en la activación fisiológica inciden sobre las emociones y por ende en el comportamiento y los diferentes procesos de adaptación social.* En tercer lugar *las expresiones de conducta, tanto no verbal como la expresión facial, volumen y tono de voz..., como verbal inciden sobre las emociones y el comportamiento en el ser humano,* materializando que determinados comportamientos favorecen el desarrollo de ciertas emociones y que determinadas emociones despiertan y desarrollan ciertos comportamientos, donde la intensidad de las emociones van unidas a la intensificación de la expresión facial y comportamental. En cuarto y último lugar, *las emociones son construcciones sociales que se aprenden.* En este sentido, las emociones tienen una inscripción genética y que ciertas emociones, tales como el miedo, el enojo, la tristeza o la satisfacción llamadas primarias, parecen existir independientemente del contexto sociocultural, lo cierto es que sus manifestaciones varían en función del sujeto mismo. El resto de las emociones denominadas secundarias tales como culpa, orgullo, gratitud, nostalgia, amor, estan más condicionadas por las experiencias de socialización y tienen mecanismos aún más variables, por lo tanto, descubrir esos mecanismos sociales constituye un gran objetivo en cualquier proceso psicoterapéutico y plan de autoconocimiento y de regulación emocional o autorregulación, con el fin de aprender a expresar las emociones de forma socialmente adecuada y tener el "control" del proceso de adaptación social bajo parámetros de una convivencia sana y armónica.

BALANCE DECISIONAL: Es un registro escrito de las razones para continuar igual y las razones para desear el cambio. Sirve para clarificar las dificultades y los beneficios de la conducta y de cualquier cambio. En su forma más sencilla es una hoja de dos columnas y resulta útil dividirla en apartados sobre diferentes aspectos bio-psico-socio espirituales que se desee trabajar.

CONFLICTO PSICOLÓGICO. Este se conceptualiza, como dos o mas fuerzas que se relacionan entre si con la intención de destruirse recíprocamente. En lo psicológico, el conflicto se da cada vez que un organismo produce, ante una situación dada, dos o mas respuestas que coexisten sin sintetizarse y que, además, se relacionan pretendiendo imponerse una a la otra. Las respuestas que luchan entre si implican dos partes en combate. "Todos los conflictos se producen siempre entre partes de un conjunto".

DIAGNOSTICO INTEGRAL, Se trata de un estudio sistemático, integral y periódico que tiene como propósito fundamental conocer la psiquis de un sujeto en todas las áreas de su vida y su nivel de funcionalidad, con la finalidad de detectar las causas y efectos de los problemas que pueda estar presentando, para analizar y proponer alternativas viables de solución que ayuden al manejo adecuado y oportuno del mismo.

DIARIO DE VIDA: Registro escrito, por el cliente de la frecuencia con que suceden los hechos a nivel de sensaciones, emociones, pensamientos y comportamientos que suceden en la presentación de la problemática que se esta abordando o trabajando relacionados con la presentación de los hechos. Ayuda al cliente a aumentar la autopercepción sobre la conducta y sus consecuencias y al terapeuta y el equipo de trabajo a realizar observaciones que le permitan proponer cambios específicos en los hábitos.

EVALUACIÓN DE REINCIDENCIAS O RECAÍDAS: Las reincidencias o recaídas se comprende y entienden como algo frecuente y normal en el proceso del cambio e incluso necesario en un contexto de aprendizaje, como es el cambio de hábitos memorizados por situaciones extremas o arraigados por la presencia de conductas disfuncionales repetitivas como es el consumo de sustancias adictivas, frente a las cuales el sistema límbico y circuito dopaminergico las tienen grabadas y la tendencia es volver a repetirlas, es ahi donde la voluntad o capacidad de decisión del cliente las evalue y tome como son, tendencia a la repetición involuntaria. Aquí conviene distinguir entre una caída ocasional, "un simple resbalón", y una recaída mantenida con justificaciones "repetición continuada de la conducta". Una actitud del terapeuta y la familia debe ser bajo parámetros de calidez, acogida y acompañamiento, exenta de ser punitiva y descalificadora, con un mensaje claro de que un desliz aislado, no tiene que implicar una recaída total que ocasione desmotivación, que puede ser efectiva para reforzar el sentido de autoestima del cliente para que no abandone la nueva conducta iniciada y se fortalezca eficazmente con la utilización de las herramientas que ya aprendio a aplicar. Conviene evaluar los intentos previos de cambio y los sentimientos asociados a la aparición de la conducta tales como culpa, enojo, placer, alivio de estrés, etc. Asi, como la falta de habilidades para afrontar la nueva conducta o la presencia de situaciones estresantes del entorno. Mientras que las estrategias motivacionales son más importantes en los primeros momentos de iniciación del cambio como en el darse cuenta, la activación energética para el cambio, la resignificación de experiencias, el empoderamiento de herramientas para el manejo de las mismas, el nivel de conciencia en el balance decisional, la realización de cambios, el mantenimiento de logros y por ende la satisfaccion de tener el control en el manejo de la conducta adictiva o el manejo del evento estresor y determinación activa en el desarrollo y aplicacion del plan de cambios para la adquisición de las habilidades de afrontamiento, experimentando un adecuado sentimiento de autoestima y eficacia en la consecución de la meta terapéutica planteada en el abordaje del motivo de consulta.

GRAVEDAD DEL DIAGNOSTICO, La gravedad de un diagnostico esta constituido por un conjunto de signos y síntomas de tipo emotivo, cognitivo, volitivo y físicos predominantes que confluyen entre si, ocasionando una afectación global del funcionamiento personal, con especial énfasis en la esfera de mayor afectación, lo que va a depender de su naturaleza y los factores causales inherentes tales como: las experiencias de aprendizaje y/o trauma y la presencia y cantidad de síntomas, como la cantidad de áreas afectadas o deterioradas; complementando la estructura de personalidad con sus diferentes rasgos caracteristicos de menor a mayor gravedad desde los estados neuróticos hasta los estados psicóticos, atravesando una multiple gama de conbinaciones relacionadas, tales como: neurótico, limítrofe, psicótico equivalente al trastono de desarrollo=(TD); pasando por las neurosis sintomáticas=(NS); las neurosis de carácter simple=(NC); las neurosis de carácter crónico=(NCC); las neurosis del limite o el borde limítrofe= (NBL); como también el limítrofe en el borde neurótico=(LBN); adicionalmente el limítrofe como si=(LCS); el limítrofe clásico=(LC); y el limítrofe en el borde psicótico=(LBP), finalizando con la presencia de psicosis propiamente dicha, como la expresión máxima de las alteraciones mentales en su máxima expresion,(P= Psicosis.). Como por ejemplo frente a un cuadro depresivo, los síntomas se presentan fundamentalmente en tres esferas a saber:

- **Esfera afectiva y conductual**: irritabilidad, agresividad, agitación o inhibición psicomotriz, astenia, apatía, tristeza, y sensación frecuente de aburrimiento, culpabilidad y en ocasiones ideas recurrentes de muerte.

- **Esfera cognitiva y actividad escolar**: baja autoestima, falta de concentración, disminución del rendimiento escolar, fobia escolar, trastornos de conducta en la escuela y en la relación con sus iguales.

- **Esfera somática**: cefaleas, dolor abdominal, trastornos del control de esfínteres, trastorno del sueño (insomnio o hipersomnia), no alcanzar el peso para su edad cronológica y disminución o aumento del apetito. En el caso de adolescentes los síntomas son semejantes a los de la edad puberal, y aparecen más conductas negativistas y disociales, tales como el abuso de alcohol y sustancias, irritabilidad, inquietud, mal humor y agresividad, hurtos, deseo e intentos de fugas, sentimientos de no ser aceptado, falta de colaboración con la familia, aislamiento, descuido del aseo personal y autocuidado, hipersensibilidad con retraimiento social, tristeza, anhedonia y cogniciones típicas (autorreproches, autoimagen deteriorada y disminución de la autoestima). En ocasiones pueden tener pensamientos relativos al suicidio. Es frecuente que el trastorno depresivo se presente asociado a trastornos disociales, trastornos por déficit de atención, trastornos de ansiedad, trastornos por abuso de sustancias y trastornos de la conducta alimentaria.

INSIGHT, termino introducido por la psicología de la Gestalt, proveniente de idioma ingles, que traducido al español significa "visión interna, percepción o entendimiento", el cual se usa para designar la comprensión de algo, es asi, que mediante un insight el sujeto o cliente "capta", "internaliza" o "comprende", una "verdad" revelada. Un **insight** provoca cambios en la conducta del sujeto o cliente, ya que no sólo afecta la conciencia de sí mismo, sino su relación e interaccion con relación a los otros, sobre todo, tomando como base la mirada integral holística gestaltica, la cual dice que el todo es más que la suma de las partes. Donde la mayoría de las escuelas psicológicas, coinciden en que es más importante la realidad percibida, que la realidad efectiva, lo que realmente acontece, es asi, que el reconocimiento y aceptación de las experiencias de la vida, especialmente en época de crisis y conflicto interno, experienciados por el sujeto o cliente

MECANISMOS DE DEFENSA, Proceso mediante el cual la persona se protege psicológicamente de aquello que vive como una amenaza. Se caracteriza por ser un proceso inconsciente y por influir en la percepción de la realidad. Los mecanismos de defensa son procesos inconscientes que nuestra mente dispara sin avisar, cuando una situación nos desborda. Si bien es posible reconocerlos y analizarlos, probablemente no advirtamos su presencia en el preciso momento en que se ponen en funcionamiento, además, como se relacionan y se complementan, suelen aparecer unidos. Por otro lado también se los determina como aquellos recursos psicológicos defensivos por los cuales el psiquismo busca preservar su sentimiento placentero de seguridad, frente a la angustia generada por conflictos internos y por las amenazas del mundo externo, colocando barreras que permiten rechazar ciertos impulsos y solucionar conflictos internos, externos y ambientales; además se debe diferenciar los mecanismos de defensa avanzados y primitivos. De esta manera, los mecanismos de defensa avanzados están basados en la represión como son los de negación, represión, desplazamiento, idealización, conversión, formación reactiva, proyección, aislamiento, racionalización e intelectualización. Por otro lado los mecanismo de defensa primitivos basados en la escisión como son splitting dinámico, splitting estático, idealización primitiva, identificación proyectiva, devaluación primitiva, identificación adhesiva, renegación, disociación, escisión, y omnipotencia.

MODELO ECOSISTEMICO CLINICO: Parte de la concepción de ser humano como "un ser integral ecosistémico e interrelacionado desde lo biológico, psicológico, social, y espiritual con una genética y herencia interrelacionada y sistemática con la experiencia en sí mismo y en relación con el entorno, concebido como ser holístico biopsicosocioespiritual interrelacionado y cambiante; tomando como sustento lo biológico genético desde la estructura psíquica inconsciente, preconsciente y consciente, su desarrollo evolutivo, los procesos de adaptación e influencia del entorno con sus experiencias expresadas en conductas y comportamientos dependiendo de la cultura e influencias de la misma, sus niveles de cognición, percepción, autopoiesis, autoreferencia y autorreflexión según sus características individuales, familiares, sociales, culturales y experienciales; con la finalidad de vivirse, sentirse, experimentarse, adaptarse, comportarse, proyectarse y autorrealizarse, elaborando una reinterpretación, recontextualización, resignificación y autorregulación de sí mismo, como ecosistema dinámico y en continuo movimiento energético mediante el reaprendizaje de nuevos hábitos y estilos de vida en la construcción de su proyecto de vida individual, familiar, social y de su especie"

MOVILIZACIÓN ENERGÉTICA. Son un conjunto de ejercicios basados en diversas técnicas psicoterapéuticas que facilitan la movilización o liberación de la energía vital del individuo permitiendo el incremento de la capacidad de toma de conciencia de nosotros mismos y el desarrollo de la capacidad de expresión, adicionalmente permite la localización física para el alivio de tensiones reforzando el sistema inmune y aumentando la conciencia corporal; estos ejercicios se centran en procesos de entrenamiento en autoconocimiento y movilización energética de aspectos relacionados con el darse cuenta de si mismo, de los otros y el contexto, donde se utilizan técnicas de bioenergética, movimiento y desrrollo integral, autoconciencia corporal, relajación, meditación, conciencia plena entre otros

PROCESO PSICOTERAPÉUTICO, Es un proceso de comunicación entre una o un psicoterapeuta (una persona entrenada y calificada para evaluar y acompañar el proceso de cambio) y una persona que busca su apoyo (cliente, consultante o paciente). La Psicoterapia es un método de tratamiento de los trastornos físicos y psíquicos debidos a conflictos intrapsíquicos y/o extrapsíquicos conscientes y/o inconscientes, que requieren resolverse y que exigen un compromiso voluntario por parte del cliente, consultante o paciente, una colaboración y el deseo y la posibilidad de entablar con el psicoterapeuta una relación interpersonal subjetiva muy particular a la que se llama relación psicoterapéutica, que permite que se establezca un proceso psicoterapéutico en el cual el lenguaje interviene como modo preferente de comunicación. El fin ideal de la psicoterapia es permitir al cliente o paciente resolver por sí mismo los conflictos, teniendo en cuenta su ideología y valores, y en ningún modo los del psicoterapeuta.

PSICODIAGNOSTICO. Método de examen para descubrir la topografía psicológica que determina una conducta. El término "psicodiagnóstico" partió del ámbito médico-psiquiátrico, en el que el médico asumía el papel del actual psicólogo. Si se realiza una traducción prácticamente literal de la palabra se aproximá a "conocer a fondo el alma". A lo largo de la historia del psicodiagnóstico, el contenido de la "psykhé" (alma) ha ido variando a medida que ha ido avanzando y evolucionando la psicología como ciencia. En definitiva, del estudio del alma (sustancia) se pasó a la mente (conjunto de fenómenos de la experiencia), de la mente a la conducta, y finalmente a la integración de lo mental con lo comportamental. Por lo tanto, se denomina Psicodiagnóstico a la evaluación completa del estado mental de una persona, por lo general con el propósito de explicar un determinado comportamiento, rasgo o padecimiento y determinar la forma más adecuada de abordarlo o intervenirlo y por ende manejarlo o remediarlo.

PSICOTERAPIA APLICADA, FUNDAMENTADA EN EL MODELO ECOSISTEMICO CLINICO. En psicoterapia ecoclinica, los trastornos no son "mentales" sino del organismo total o integrales. La división en cuerpo mente es, en sí misma una forma "dividida, trastornada" de pensar al ser humano integral. Se parte del principio, de que el cuerpo solo, como entidad única y dividida, no puede ponerse enfermo, lo que enferma al cuerpo son los pensamientos, las ideas, las emociones, los miedos, las conductas aprendidas y repetitivas, etc, que abarcan el sistema completo, de lo que significa ser humano, por lo tanto, es la psiquis "alma", la que esta enferma y por ende es la integralidad del ser humano la que esta enferma, el ser humano en su totalidad esta enfermo. Aquello que se denomina "trastornos mentales", es lo que en el concepto de la terapia eco-clinica se llama **interferencia en el proceso de activación energética y concienciación en el "darse cuenta"**, que mediante la toma de conciencia de la situación que desencadeno un comportamiento es importante descodificarlo o desbloquearlo para que nuevamente se de la activación energética del fluir del sujeto, aquí es importante, tomar conciencia de la capacidad de verse a si mismo en la percepción de la realidad que el individuo o cliente se encuentra, observando e interiorizando, los diferentes esmtimulos en un panorama amplificado, donde se busque encontrar coherencia entre lo que piensa, desea, siente, y actua consigo mismo y en relación con los otros, sin justificación que conllevaría a la racionalización donde se emitirían criticas, juicios, etc. Dicha interferencia acarrea distorsiones y desequilibrios a la integración básica como seres humanos integrales, o como sistemas individuales en el sistema social.

RECONTEXTUALIZACIÓN DEL PANORAMA DE CONFLICTO:

Se da a travez del análisis del contexto y su realidad personal en el aquí y ahora, centrada en restablecer el equilibrio cognitivo, afectivo y comportamental del cliente, con miras a facilitar el equilibrio psíquico y por ende la adaptación a las circunstancias que la vida presenta en ese momento histórico del sujeto o cliente; fortaleciendo sus funciones psíquicas frente a si mismo, tales como la clarificación y el empoderamiento de su autoconcepto, autoimagen y autoestima, y la realidad existente; ubicándolo en el contexto real e inmediato en el que interactua, en el que puede estar relacionado bajo tres estados tales como: a) *lo psíquico* disminuido frente al ambiente, en el cual se percibe aplastado por el ambiente; b) *lo psíquico y el ambiente en igual magnitud,* donde su percepción es de igualdad, en los dos campos interno y externo; c) *lo psíquico aumentado frente al ambiente,* donde se percibe intocable frente al ambiente y asume actitudes y comportamientos transgresores frente a los otros sin respetar los limites; que bajo la comprensión de estos estados anotados anteriormente, facilitan reciclar las situaciones desagradables convirtiendo lo negativo en positivo, y de esta manera ampliar el panorama del conflicto, viéndolo tal cual es y como se presenta sin exajerarlo, para de esta manera abordarlo y darle una solución, desde sus potencialidades y herramientas que el sujeto o cliente posee. Como por ejemplo; cuando el cliente sufre un gran impacto emocional y se genera un conflicto que no se resuelve, el cerebro lo va a guardar como un programa o paradigma el cual lo va a meter en la memoria celular como una creencia destinada a repetirse en el tiempo a través de otros eventos que tendrán en común emociones ocultas parecidas.

REINTERPRETACION DE PARADIGMAS: Un paradigma supone un determinado entendimiento de las cosas que promueve una forma de pensar en particular por sobre otras, concebido como la forma de visualizar e interpretar los múltiples conceptos, esquemas o modelos del comportamiento en todas las etapas de la humanidad en lo psicológico y filosófico, que influyen en el desarrollo de las diferentes sociedades, empresas, y personas. En ciencias sociales, el término se usa para describir el conjunto de experiencias, creencias y valores que afectan la forma en que un individuo percibe la realidad y la forma en que responde a esa percepción. Por lo tanto, cuando se habla de **"cambio de paradigma"**, entonces, se hace referencia a la evolución de pensamiento que ocurre en las disciplinas y en las sociedades a través de la historia y que promueve el surgimiento de un nuevo modelo imperante de pensamiento. De esta manera en el modelo ecoclinico la reinterpretación de paradigmas se refiere a "la toma de conciencia o el darse cuenta de las emociones ocultas o reprimidas, que se puede llegar a entender como el motivo de consulta, desde su raíz y por ende, lograr reinterpretar los paradigmas que el cliente esta utilizando en el funcionamiento, vivencia y proyección de su vida, con el propósito de hacer renunciar al sujeto o cliente la idea de que es victima de la situación problema, por la cual consulta y de esta manera llevarlo a la madurez emocional, que tanto busca o anhela; para que el cliente pueda hacer consciente y pueda expresar verbalmente los síntomas de esta emoción, que tras un proceso de tratamiento de experienciación con los órganos de los sentidos y verbalización de cada uno de los síntomas asumidos con coherencia entre el sentir, pensar, decir, hacer el cliente se sienta, visualice y se comprenda integrado, lo que conducirá al cliente hacia la salud integral, principio fundamental del proceso de curación o manejo asertivo de la enfermedad.

RESIGNIFICACIÓN EXISTENCIAL, evalua la experiencia vivida y la idea de concebir la realidad como un texto, la primera evalua la realidad tal cul es y como se presenta, la segunda le da una explicación de los hechos bajio unpanorama amplio de los acontevimientos y circunsatncias brindándole una explicación diferente a los hechos sucedidos. En el marco de los conflictos psicológicos,específicamente en el manejo de los conflictos internos, elproceso psicoterapéutico contribuye en las diferentes sesiones a que se realice con el sujeto o cliente un análisis exhaustivo en este espacio, el cual esta centrado en la evaluación de las expectativas de cambio, con el compromiso de ser actor de su propio cambio, los niveles de comunicación franca y fluida, la aceptación del problema o problemáticas, la aceptación de ayuda y la expresión de la necesidad de ayuda dentro del proceso de identificación de causa-efecto en la búsqueda de datos que se relacionen con las experiencias previas y la forma de resolverlo, amplificando el panorama inicial del conflicto y otorgándole un nuevo significado.

RESIGNIFICACIÓN Y AUTOREGULACION EXISTENCIAL DE SI MISMO Y DEL ENTORNO: Partiendo del principio, que el ser humano es un ecosistema dinamico y en continuo movimiento energético, se facilita la búsqueda de nuevos significados o sentido a las situaciones del si mismo y el entorno, mediante el análisis de las situaciones, los síntomas y la conducta bajo los siguientes parámetros. *Resignificar el presente en función del pasado*, dando un nuevo sentido a una experiencia actual en función de algo ocurrido en el pasado, teniendo en cuenta que un síntoma expresa un conflicto infantil. *Resignificar el pasado en función del presente*, dando un nuevo sentido a algo del pasado en función de algo ocurrido en el presente, por ejemplo lo que le ocurrió en la infancia adquiere un nuevo sentido que antes no tenía, porque ahora ocurrió algo, una interpretación, que brinda nueva luz sobre aquella situación pasada, que fue analizada, comprendida y resignificada. *Resignificar el presente en función del futuro*, una situación presente puede ser significada en función de una situación futura. *Resignificar el futuro en función del presente*, como el caso de una persona que se saca la lotería y, en función de ello, resigniffca todas las imágenes que hasta entonces tenía sobre su futuro. *Resignificando lo significado*, se comprende nuevos parámetros de visualización de la realidad histórica, bajo la perspectiva de torear los toros y no mirarlos únicamente desde la barrera, interiorizando la experiencia y creando nuevos paradigmas de comprensión de la realidad actual. Mediante el reaprendizaje de nuevos habitos y estilos de vida, en la construcción de los sentidos y proyectos de vida individual, familiar, social y comunitario y de la especie, a travez de la resiliencia o capacidad de superar la adversidad y salir fortalecido de ella, respondiendo por los actos, en *primer lugar* comprendiendo que cada acto es propio de cada individuo y no ajeno, *en segundo lugar*, comprender las consecuencias que este acto puede ocasionar para uno mismo o los demás y en *tercer lugar* que cada acto y su consecuencia pueden ser superados por mas graves que ellos sean.

BIBLIOGRAFIA

Los conceptos esquematizados aquí corresponden a la integración de muy diferentes referencias. Sin embargo, el lector interesado en ampliar las ideologías esbozadas en los mismos, puede remitirse a las siguientes obras:

NAFI. (2009), Modelo teórico de intervención ecosistémica, Gestar Futuro ONG, Colombia.

R.J. Álvarez (1999): Cuando el problema es la solución. Bilbao: Descleé de Brouwer. Colección Crecimiento personal.

CHÓLIZ, Mariano. Técnicas para el Control de la Activación: Relajación y Respiración. Valencia (España): Universidad de Valencia, 2005. CASTANEDO, Celedonio. Grupos de encuentro en terapia gestalt. Barcelona: Herder.

CASTANEDO, Celedonio. Terapia gestalt. Un enfoque centrado aquí y ahora. Barcelona: Herder.

FRANKL, V., (1986), La psicoterapia al alcance de todos. Barcelona: Ed. Herder.

FUENTES J, Alonso S. Aprendiendo a ser empático. FMC 2000; 7: 538-539.

MARTINEZ Ortiz, Efren, Acción y Elección. Logoterapia de grupo y una visión de las drogodependencias". Colectivo Aquí y Ahora, Bogota D.C.2008

ROGERS, Carl (2000). El proceso de convertirse en persona: mi técnica terapéutica. Barcelona: Ediciones Paidós Ibérica. ISBN 84-493-0993-X.

ROGERS, Carl (1997) Psicoterapia centrada en el cliente. Barcelona: Ediciones Paidós Ibérica. ISBN 978-84-7509-094-8.

SALAMA, P.Héctor. Gestalt de Persona a Persona. Ed. Centro Gestalt de México. México. 1997.

SALAMA, P. Héctor. Encuentro con la Psicoterapia Gestalt: Proceso y Metodología. Ed. Instituto Mexicano de Psicoterapia Gestalt. México. 1999.

STANTON y otros, Terapia familiar del abuso y adicción a las drogas.Ed. Gedisa, 1988.

STEVENS, John. En darse cuenta. Santiago: Cuatro Vientos.

WEAKLAND. Fish, Segal, "La táctica del cambio", Ed. Herder

YONTEF, G. (1995). Proceso y Diálogo en Psicoterapia Gestáltica. (1a ed). Santiago de Chile: Cuatro Vientos.

YONTEF. Gary, Proceso y Diálogo en Psicoterapia Gestalt. Ed. Cuatro Vientos. México. 1995.

ZINKER, J. (1999). El proceso creativo en la terapia gestáltica. (1a ed). México: Paidós.

www.ingramcontent.com/pod-product-compliance
Lightning Source LLC
Chambersburg PA
CBHW031818170526
45157CB00001B/97